普通高等教育"十四五"规划教材

冶金工程专业实验教程

杨长江 主编

北 京
冶金工业出版社
2022

内容提要

本书根据新工科冶金工程专业人才培养目标编写，共56个实验主要包括冶金工程基础实验、有色金属冶金实验、钢铁冶金实验、金属学实验和虚拟仿真及热处理。

本书可作为高等院校冶金工程专业本科生的实验教材，也可供从事冶金专业相关科研及生产单位的工程技术人员参考。

图书在版编目 (CIP) 数据

冶金工程专业实验教程/杨长江主编. —北京：冶金工业出版社，2022.8

普通高等教育"十四五"规划教材

ISBN 978-7-5024-9183-3

Ⅰ.①冶… Ⅱ.①杨… Ⅲ.①冶金—实验—高等学校—教材 Ⅳ.①TF-33

中国版本图书馆 CIP 数据核字（2022）第 102986 号

冶金工程专业实验教程

出版发行	冶金工业出版社	电 话	(010)64027926
地 址	北京市东城区嵩祝院北巷39号	邮 编	100009
网 址	www.mip1953.com	电子信箱	service@ mip1953.com

责任编辑　郭雅欣　美术编辑　彭子赫　版式设计　郑小利
责任校对　王永欣　责任印制　禹　蕊

三河市双峰印刷装订有限公司印刷
2022年8月第1版，2022年8月第1次印刷
787mm×1092mm　1/16；14.75印张；359千字；230页
定价48.00元

投稿电话　（010)64027932　投稿信箱　tougao@ cnmip. com. cn
营销中心电话　（010)64044283
冶金工业出版社天猫旗舰店　yjgycbs. tmall. com
（本书如有印装质量问题，本社营销中心负责退换）

前　言

冶金工业是推动国民经济发展的重要力量,是支撑工业经济发展的支柱。新时代冶金工业发展对高素质人才的实践创新能力提出了更高要求。冶金工业跨越式、高质量发展需要大量专业素质好、实践能力优、创新思维强的工程技术人才。高等院校是培养工程师的"摇篮",随着工程教育专业认证的不断发展,对实验教学体系和内容的规范也日渐提高。实验教学内容的系统化和过程的模块化成为了发展趋势,聚焦于解决复杂冶金工程问题能力的培养成为新工科背景下冶金工程实验教学的新目的和新要求。因此,将碎片化的传统实验教学模式转变为系统化的独立实验课程,已成为众多高校冶金专业实验教学范式的新选择。

昆明理工大学冶金工程专业是国家级一类特色专业建设点,是教育部"卓越工程师教育培养计划"试点专业,在2014年通过工程教育专业认证,为国内冶金高等院校首家。冶金工程专业的实验教学依托于冶金工程国家级实验教学示范中心和国家级冶金工程虚拟仿真实验教学中心,不断探索和完善实验教学模式,并将实验教学规划和改革成果编写为本教材,该教材的实验以专业认证的人才培养要求为导向,以设计性、综合性实验为主,结合特色实验,使学生对课堂所学的基础理论和专业知识有更深层的理解和掌握。通过系统化的实验教学培养学生研究和解决冶金科学技术和复杂工程问题能力、创新意识和工程实践能力,使学生初步具备冶金科学研究、工艺开发等技能和素养。

本书的编写基于冶金工程专业最新版的培养方案。全书共分为5章,第1章为冶金工程基础实验(涉及的课程知识有冶金原理、传输原理、冶金反应工程学等),主要是物质物理量及其变化的测定方法和应用实验,动量、热量传输实验,煤基本特性和燃烧性能的检测实验。第2章、第3章为冶金工程专业实验（有色金属冶金和钢铁冶金），主要包括炼铁原料基本性能的测定和球团实验，有色金属的湿法和火法冶炼工艺，真空冶金、微波冶金等。第 4 章为金属学实验，主要涉及金属性能的测试和热加工对金属性能的影响实验。第 5 章为虚拟仿真实验，与山东星科公司合作，采用仿真的方法实现从烧结、高炉炼铁、转炉炼钢到连铸的全流程工程实训，属于学生工程实践能力拓展环节。

本书的编写总结了我校冶金工程专业自成立以来实验教学改革的经验，也参考了兄弟院校实验教学的优点，结合冶金工业发展的最新工艺，体现出了实验教学的综合性和创新性。

本书由杨长江担任主编并负责策划和统稿，翟大成、胡翠、张利华、刘能生、朱道飞、熊恒、漆鑫、李秀凤、黄晓燕、李鑫培、李艳等参与部分实验的写作。

由于编者水平所限，书中不足之处，恳请读者批评指正。

编　者
2021 年 10 月

目　录

1 冶金工程基础实验 ··· 1

　实验 1　差热及热重分析实验 ··· 1
　实验 2　碳酸盐分解压力的测定实验 ·· 6
　实验 3　Fe-H_2O 系电位-pH 图测定实验 ·· 8
　实验 4　铁矿石气体还原动力学实验 ·· 12
　实验 5　用过剩碳还原金属氧化物实验 ·· 16
　实验 6　液体黏度的测定实验 ··· 18
　实验 7　电化学综合实验一　阳极极化曲线的测量 ······································ 22
　实验 8　电化学综合实验二　电化学交流阻抗谱的测定 ································ 24
　实验 9　雷诺实验 ··· 26
　实验 10　流体能量的转换——伯努利方程 ··· 28
　实验 11　流体力学综合实验一　离心泵特性测定 ····································· 32
　实验 12　流体力学综合实验二　流体流动阻力测定 ·································· 36
　实验 13　边界层实验 ··· 40
　实验 14　流体流速和流量的测量及毕托管校正实验 ·································· 43
　实验 15　连续流动管式反应器实验 ··· 48
　实验 16　间歇与连续流动釜式反应器实验 ·· 53
　实验 17　空气-蒸汽给热系数测定实验 ··· 59
　实验 18　非金属固体材料导热系数的测定实验 ·· 64
　实验 19　流化床干燥实验 ··· 68
　实验 20　燃煤发热量的测定实验 ·· 72
　实验 21　煤的工业分析实验 ·· 75
　实验 22　煤灰熔点测定实验 ·· 80
　实验 23　热电偶校验实验 ··· 83
　实验 24　热电阻校验实验 ··· 85

2 冶金工程专业实验（有色金属冶金） ··· 90

　实验 25　锌焙砂浸出实验 ··· 90
　实验 26　硫酸锌溶液的电积实验 ·· 92
　实验 27　铜电解精炼实验 ··· 95
　实验 28　有机溶剂萃取分离 Ni、Co 实验 ·· 98
　实验 29　铝土矿的拜耳法溶出实验 ·· 100

实验 30　贵铅坩埚熔炼实验 ··· 104
实验 31　冰铜熔炼实验 ··· 107
实验 32　锡精矿的还原熔炼实验 ··· 110
实验 33　真空蒸馏处理 Bi-Ag-Zn 合金提取粗银和铋锌合金实验 ························· 111
实验 34　真空蒸馏提纯粗硒实验 ··· 114
实验 35　微波焙烧高钛渣实验 ·· 117

3　冶金工程专业实验（钢铁冶金） ·· 121

实验 36　铁矿石综合实验：球团实验 ··· 121
实验 37　铁矿石荷重还原软化温度测定实验 ·· 124
实验 38　铁水脱硫实验 ··· 127
实验 39　铁水脱磷实验 ··· 132
实验 40　转炉顶部与复合吹炼水力学模型模拟实验 ·· 134
实验 41　炉外精炼钢包吹氩水力学模型模拟实验 ··· 139
实验 42　金属连续铸锭水力学模型模拟实验 ·· 144
实验 43　钢中非金属夹杂物金相实验 ··· 148
实验 44　钢铁材料中碳硫元素测定实验 ·· 154
实验 45　钢中典型有害气体元素测定实验 ··· 158

4　金属学实验 ·· 160

实验 46　铁碳合金平衡组织分析实验 ··· 160
实验 47　硬度测定实验一　布氏硬度 ··· 166
实验 48　硬度测定实验二　洛氏硬度 ··· 170
实验 49　硬度测定实验三　显微硬度 ··· 173
实验 50　金属热处理实验 ·· 181

5　虚拟仿真实验 ··· 185

实验 51　烧结 ··· 185
实验 52　高炉炼铁 ··· 197
实验 53　铁水预处理 ·· 208
实验 54　转炉炼钢 ··· 213
实验 55　LF 精炼 ·· 222
实验 56　连铸 ··· 226

参考文献 ·· 230

1 冶金工程基础实验

实验 1　差热及热重分析实验

一、实验目的

(1) 了解差热分析法（DTA）和热重分析法（TG）的原理及实验方法。
(2) 初步掌握 DTA 和 TG 的正确使用方法。
(3) 学习对实验所得的差热曲线 $\Delta T\text{-}T$、热重曲线 $m\text{-}T$ 及差重曲线 $\Delta m\text{-}T$ 进行理论分析，得出所测试样的具体反应参数。

二、实验原理

热分析是在程序控制温度下测量物质的物理性质与温度关系的一类技术。热分析主要设备有热重仪（thermogravimetry, TG）、差热分析仪（differential thermal analysis, DTA）、差式扫描量热仪（differential scanning calorimeter, DSC）、热膨胀仪（dilatometer, DIL）、热机械仪（thermal mechanical analysis, TMA）、动态热机械仪（dynamic mechanical analysis, DMA）、热分析仪与红外分析仪、质谱分析仪联用等。物质在受热或冷却的过程中，随其物理或化学变化而伴随有热效应产生。差热分析是在程序温度控制下测量试样与参比物之间的温度差 ΔT 随温度 T 变化的一种技术。根据差热曲线，不仅能判别物质在受热或冷却过程中所发生的热效应，而且还能定量测定热效应的大小。

差热分析方法能较精确地测定和记录一些物质在加热过程中发生的失水、分解、相变、氧化还原、升华、熔融、晶格破坏和重建，以及物质间的相互作用等一系列的物理化学现象，并借以判断物质的组成及反应机理。

差热分析法作为定量测定的依据是热峰面积与反应热成正比。

根据热电偶的原理，把直径相同、长度相等的金属丝 A（例如铂丝）两段，与直径和 A 相同、长度适中的金属丝或合金丝 B（例如铂-铑合金丝）一段，焊接成如图 1-1 所示的回路式 Pt-PtRh 差热热电偶。将两焊点分别插入等量的试样和参比物的容器中，放置于电炉的均热带，热电偶的两端与信号放大系统及记录仪相连接，构成图 1-1 和图 1-2 所示的差热分析示意图。

测试时将试样与参比物——氧化铝或直接用刚玉坩埚，分别放在两只坩埚内，由于参比物是热中性体，在整个加热过程中只是随炉温而升高温度，被测试样则将产生热变化，这时在热电偶的两个焊点间则形成温度差，产生温差电动势，其大小为：

$$E_{A/B} = \frac{k}{e}(T_s - T_r)\ln\frac{n_{eA}}{m_{eB}} \tag{1-1}$$

式中，$E_{A/B}$ 为由 A、B 两种金属丝组成闭合回路中的温差电动势，eV；k 为波耳兹曼常数；e 为电子电荷；T_s、T_r 为差热电偶两个焊点的温度，K；n_{eA} 为金属 A 中的自由电子数；m_{eB} 为金属 B 中的自由电子数。

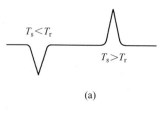

(a)

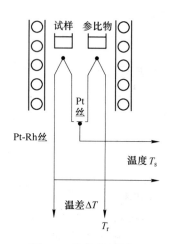

图 1-1　差热分析原理

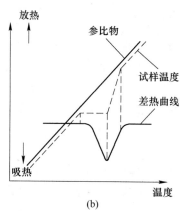

(b)

图 1-2　差热曲线

（a）典型差热曲线；（b）发生吸热反应的差热曲线

由式（1-1）可知，闭合回路中温差电动势的大小与两个焊点间的温度差（$T_s - T_r$）成正比。

当电炉在程序控制下均匀升温时，如果不考虑参比物与试样间的热容差异，而且试样在该温度下又不产生任何反应，则两焊点间的温度相等，$T_s = T_r$，$E_{A/B} = 0$，这时记录仪上只呈现一条平行于横轴的直线，称为差热曲线的基线。

如果试样在加热过程中产生熔化、分解、吸附水与结晶水的排除或晶格破坏等，试样将吸收热量，这时试样的温度 T_s 将低于参比物的温度 T_r，即 $T_r > T_s$，闭合回路中便有温差电动势 $E_{A/B}$ 产生，记录笔向一侧偏斜，随着试样吸热反应的结束，T_s 与 T_r 又趋相等。记录笔针将回到基线位置，构成一个吸热峰。显然，过程中吸收的热量越多，在差热曲线上形成吸热峰的面积越大。

当试样在加热过程中发生氧化、晶格重建及形成新矿物时，一般为放热反应，试样温度升高，热电偶两焊点的温度为 $T_s > T_r$，闭合电路中产生的温差电动势，使记录笔向另一侧偏转，随着放热反应的完成，T_s 又等于 T_r，记录笔针回到基线，形成一个放热峰（见图 1-2（a））。

通常差热分析仪由加热炉、温度程序控制器、信号放大系统、试样支撑-测量系统及记录系统等组成，如图 1-1 和图 1-3 所示。

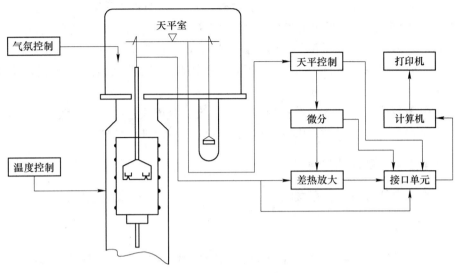

图 1-3　差热分析仪工作原理

许多物质在加热或冷却过程中除产生热效应外，往往有质量变化，其变化的大小及出现的温度与物质的化学组成和结构密切相关。因此，利用加热或冷却过程中物质质量变化的特点，可以区别和鉴定不同的物质，这种方法称做热重法，把试样的质量作为温度或时间的函数记录分析，得到的曲线称为热重曲线。热重曲线的纵轴方向表示试样质量的变化，通常以试样余重的百分数表示，横轴表示温度或时间，如图 1-4 所示。

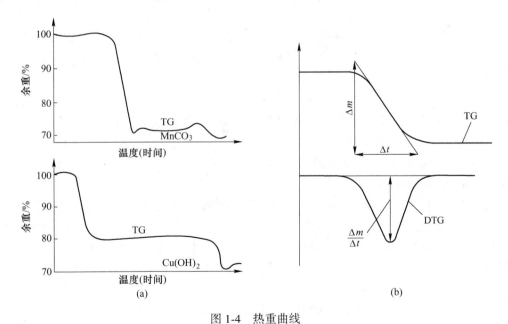

图 1-4　热重曲线
（a）$MnCO_3$ 和 $Cu(OH)_2$ 的热重曲线；（b）热重曲线和微分热重曲线的关系

热重分析仪分为热天平式和弹簧秤式两种。目前热重分析仪多采用热天平式。天平梁的支点使用刀口、针轴或扭系。热重分析仪的原理是将被加热试样的质量变换成电流，以电流大小来代表试样的质量大小。当天平左侧热重-差热联用样品支架上加入试样质量时，天平横梁连同线圈和遮光小旗发生逆时针的转动，只有当试样质量产生的力矩和线圈产生的力矩相等时，才达到平衡。此时，试样质量正比于电流、电压，经放大后，通过接口单元送入计算机处理。试样质量 m 在升温过程中随温度不断变化，就得到热重曲线 TG（见图 1-4）。

综合热分析仪主要由天平测量系统、微分系统、差热放大和温度控制系统组成，辅之以气氛和冷却循环水，测量结果由计算机的数据处理系统进行处理（见图 1-3）。

三、实验仪器、药品及材料

HCT-2 型综合热分析仪；草酸钙（C.P.）、碳酸氢钾、碱式碳酸铅、铟、锌等。

四、实验步骤

（1）接好 HCT-2 型综合热分析仪的冷却水管，通入自来水，流量约为 200L/h。

（2）接通综合热分析仪的电源开关（有较长响声为正常）。

（3）启动计算机，双击电脑桌面的"恒久仪器分析"，进入 HCT-2 型综合热分析仪的应用软件窗口。

（4）仪器参数的设置：

1）单击软件窗口"设置"下拉菜单中的"基本测量参数"，选定"TG、DTA"一项；

2）"量程设置"中 DTA 量程推荐为 100μV、DSC 为 10mW、TG 量程为 20mg、TG 基线位置 5；

3）"温升参数设定"中采样周期 1000ms、温度轴最小值 0℃、温度轴最大值 1500℃；

4）"气氛控制"中如需气氛控制，则选中此项，无气氛控制则不操作；

5）上述参数选定后，单击"确认"。

（5）单击软件窗口"设置"下拉菜单中的"串口设置"，选定所操作仪器的串口（仪器分别对应串口 1 或 3），其他选择默认设置即可，然后点击"确认"。

（6）仪器调零和样品称重：

1）使用精密分析天平进行试样称重。样品的量不要大于 TG 量程最大值，一般为量程最大值的 70%~80%较合适；

2）双手轻轻托住综合热分析仪的炉体，使炉体缓慢垂直地上升，待炉体右侧活动支撑杆完全露出固定口为止，将炉体旋开一定角度固定在炉壳上（注意不要碰撞热天平的样品杆，以免折断），用镊子小心地将称好质量的坩埚放在样品杆右侧平台上（左侧的参比物坩埚不动），待样品杆稳定后，双手再轻轻地拖住旋开的炉体，将炉体支撑杆对准固定口缓慢下降至底座，炉体合住；

3）上述操作完成后，点击对话框"确认"，仪器发出短响声。

（7）单击软件窗口下的"开始采集"，自动弹出"新采集设置参数"对话框，首先对对话框左边参数进行设置，填写试样名称、试样质量、操作人员及试样序号。在对话框右半栏内进行温控参数设置，设置步骤如下：单击参数栏内的任一处，出现系统默认参数，即"序号样"为 0、"初始温度"为 25，再分别点击"终止温度""升温速率"及

"保温时间"，参数行变为蓝色，再左键单击进入修改状态，同时窗口自动增加参数栏，可进行阶梯升温参数的设定，采集过程将根据每次设置的参数进行阶梯升温。参数设置完后，点击"确认"，仪器发出短响声，系统进入采集状态。

（8）系统自动弹出"采样过程监控"对话框，并发出短响声，此时仪器开始预热，时间约 10min 后，再次发出一声短响声，开始进行数据采集。

（9）数据采集完毕后，仪器发出短响声，此时关闭"采样过程监控"对话框，将采集图表和数据保存至计算机指定文件夹中，关闭综合热分析仪的电源开关。

（10）按上述第（6）步中2）操作将综合热分析仪样品杆右侧带试样的坩埚用镊子轻轻取出放在指定的金属器皿上（此时坩埚热量很高，注意不要烫伤及烫坏操作台），炉体敞开散热，继续通冷却水，约 30min 后合住炉体及关闭水源。

（11）数据分析：点击软件窗口下的"数据分析"菜单，选择下拉菜单中的选项，进行对应分析，分析过程中，用鼠标左键单击选取分析起始点及结束点，自动弹出分析结果。分析结束后应再次保存文件。

（12）点击软件窗口下的"打印"，将热重差热曲线及分析结果打印，以备实验报告分析用。关闭计算机电源，实验结束。

（13）上述操作是在不通气体的情况下进行操作，如实验过程中需通入气体，则在上述第 6 步的仪器调零和样品称重操作完毕后通入气体，操作步骤为：打开气瓶阀门，压力表指示 0.1MPa 左右，从综合热分析仪进气系统中通入所需气体，调解进气系统的压力表，使之指示为 0.05MPa，后面的操作按上述步骤进行，实验结束后关闭气瓶阀门。

五、注意事项

（1）做实验时，放完试样后，炉子一定要向下放好，如没有下炉子，在实验时会把加热炉烧断。

（2）做实验前先打开电源。

（3）通冷却水，保证水畅通。

（4）参比物放支撑杆左侧，测量物放右侧。

（5）每次升温，炉子应冷却到室温左右。

（6）升温过程中如果出现异常情况，应先关闭仪器电源。

（7）实验结束后应继续通冷却水 30min 左右。

六、数据记录与处理

（1）分析热重曲线，将结果填入表 1-1。

表 1-1 热重曲线记录表

台阶号	开始温度 /℃	失重速率最大点 温度/℃	结束温度 /℃	失去质量 /μg	失重率/% 实验值	失重率/% 理论值
台阶 1						
台阶 2						
台阶 3						
台阶 4						

（2）分析差热曲线，将结果填入表1-2。

表1-2 差热曲线记录表

峰号	放热峰或吸热峰	开始温度/℃	峰顶温度/℃	结束温度/℃	外延点温度/℃	热焓/J·g^{-1}	焓变/J·g^{-1}
峰1							
峰2							
峰3							

七、思考题

（1）如果升温速度增大，每阶段草酸钙分解质量会发生怎样的变化？
（2）如果升温速度增大，草酸钙分解温度会发生怎样的变化？

实验2 碳酸盐分解压力的测定实验

一、实验目的

（1）掌握一种测定碳酸盐分解压力的实验方法。
（2）初步掌握普通真空操作技术，认识一种造成真空条件的实验方法。
（3）初步掌握温度的控制和测温方法，测定不同温度下碳酸盐的分解压，并进行数据处理，分析影响碳酸盐分解的因素。
（4）掌握本实验的仪器装置及使用方法。

二、实验原理

化合物的分解压是指在给定温度下，该化合物生成反应与其分解反应处于平衡状态时反应体系的平衡压力，它是化合物稳定性大小的标志。对于碳酸盐而言，在较高温度下按式（1-2）分解，并吸收一定的热量：

$$MeCO_3(s) \Longleftrightarrow MeO(s) + CO_2 \tag{1-2}$$

在这个反应体系内存在三个单独的相，彼此不相互溶解，若 $MeCO_3$ 和 MeO 都是纯物质（不含杂质），在恒定温度下该化学反应达到平衡，反应的平衡数：

$$K_p = \frac{a_{MeO} \cdot p_{CO_2}}{a_{MeCO_3}} = p_{CO_2} \tag{1-3}$$

则上述反应的平衡压力 p_{CO_2} 便是 $MeCO_3$ 的标准分解压力。根据相律：

$$F = C - P + 2 = 2 - 3 + 2 = 1 \tag{1-4}$$
$$(C = 3 - 1 = 2, P = 3)$$

上述 $MeCO_3$ 分解体系的自由度为1，即：$p_{CO_2} = f(T)$，或 $T = \phi(p_{CO_2})$，温度 T 和分解压力 p_{CO_2} 两个变量中只有一个是独立变量，若取温度（T）为独立变量，那么分解压力 p_{CO_2} 是温度的函数 $p_{CO_2} = f(T)$，也就是说分解压力只与温度有关，而与任何固相的量无关。这样，p_{CO_2} 便被 T 的单值确定，即对应于一个给定的温度，只能有一个 p_{CO_2} 平衡值。温度一定分解压力为定值,温度改变,分解压力也随之改变,因此测定不同温度下碳酸盐的分解压,可以绘出 p_{CO_2}-T 曲线,称做分解压曲线,并根据分解压曲线可以判断反应的方向。

各种碳酸盐的分解压与温度的关系具有如下形式:

$$\lg p_{CO_2} = \frac{-A}{T} + B \tag{1-5}$$

例如:碳酸钙分解压力(大气压下)可按式(1-6)计算:

$$\lg p_{CO_2} = \frac{-8920}{T} + 7.54 \tag{1-6}$$

可由实测数据与按 $\lg p_{CO_2} = \frac{-A}{T} + B$ 计算值对比,并进行讨论。

分解压力可以由实验直接测定,测定方法有以下几种:

(1) 静态法:将被测定物质放在抽成真空的容器内,使其在一定温度下分解,然后直接用压力计测定。此法只适用于分解压较大的化合物的测定。

(2) 动态法(化学沸点法):将被测物质放在容器中加热至一定的温度,然后降低外压,当外压与分解压相等时,化合物发生剧烈分解,此外压即是化合物在该温度的分解压。

(3) 喷出法:这个方法是以分解速度为基础来决定分解压的,用来测定分解压比较小的化合物。

三、实验仪器、药品及材料

本实验所采用的是静态测定法,用来测定碳酸钙分解压,实验试剂和仪器如下:

(1) 试剂:碳酸钙;
(2) 仪器:管式电阻炉、水银压力计、真空泵、控温仪、热电偶等。实验装置如图 1-5 所示。

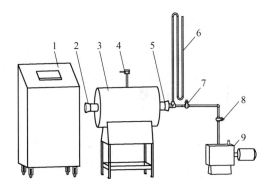

图 1-5 碳酸钙分解实验装置
1—触摸屏控制柜;2—密封橡皮塞;3—管式电炉;4—测温热电偶;5—刚玉管;
6—水银 U 形压力计;7—压力传感器;8—闸阀;9—真空泵

四、实验步骤

(1) 检查实验装置及连接。
(2) 在冷态下试抽真空,抽到水银柱稳定时,转动真空活塞,使体系与真空泵隔绝,停真空泵。在 5min 内水银柱高度不应变化。此时，使电阻炉通电升温。转动真空活塞使体系与大气相通，取下瓷管任一端的橡皮塞。

(3) 称取 3~5g（粒度为 1~3mm）烘干的碳酸钙试样装入瓷舟内，放在瓷管与大气相通的一端，在炉温升到 500℃时，推入瓷舟至炉子正中位置（高温区），然后用橡皮塞塞紧，立即密封接头处。当炉温升到离实验温度差 50℃时，开动真空泵抽真空，直到水银柱高度稳定为止，记录此水银柱高度，作为起始压力。并转动真空活塞，使体系与真空泵隔绝（停抽真空）。

(4) 在炉温升到指定温度并恒温时，每隔 3min 记一次压力，直到压力不再变化（或变得很小）时，即视为达到平衡。

(5) 用同样方法测出 600℃、650℃、700℃、750℃、800℃时不同温度下碳酸钙的分解压力。

(6) 测定结束清理实验设备和仪器，并进行数据处理。

五、注意事项

(1) 本实验必须在系统不漏气时方能进行，否则无效。

(2) 抽真空检查漏气时，必须首先旋转活塞，切断系统与真空泵通路，再旋转活塞使真空泵与大气相通，然后再停泵，防止泵内油倒灌。

(3) 实验温度控制准确，当温度恒定后，水银柱液面不再波动时方可读数。

(4) 恒温下连测几次，求平均值，尽可能消除误差。

(5) 实验完毕，必须切断电源，并旋转活塞使系统与大气相通。

六、数据记录与处理

(1) 作 $p_{CO_2}^{实}$-T 曲线和 $p_{CO_2}^{理}$-T 曲线。

(2) 根据式 $\lg p_{CO_2} = \dfrac{-8920}{T} + 7.54$ 计算 600℃、650℃、700℃、750℃及 800℃时的 p_{CO_2} 理论值，并与实验的 p_{CO_2} 实测值进行比较。

七、思考题

讨论 p_{CO_2} 随温度变化的趋势及特点，p_{CO_2} 实测值与 p_{CO_2} 理论值偏差的原因，从而分析影响其分解压的原因。

实验 3 Fe-H_2O 系电位-pH 图测定实验

一、实验目的

(1) 测定 Fe-H_2O 系溶液在不同 pH 值下的电极电位，绘制 Fe-H_2O 系电位-pH 图。

(2) 掌握电极电位 pH 值测定原理和方法，熟悉 pH 计的使用。

二、实验原理

一般电位-pH 图是通过热力学数据绘制出来，称为理论电位-pH 图。实际中的电位-pH 图常与理论电位-pH 图有一定偏差。下面对理论电位-pH 图的绘制原理和方法及实际的电位-pH 图测定进行讨论。

物质在水溶液中的反应，根据有无 H^+ 和电子参加，可分为三类，以通式 $bB+hH^++ne \rightarrow rR+WH_2O$ 表示。

(1) 当反应只与电子有关，与 H^+ 无关时（$h=0$）：

$$E = E^{\ominus} + \frac{RT}{nF}\lg\frac{a_B^b}{a_R^r}$$

(2) 当反应只与 H^+ 有关，与电子无关时（$n=0$）：

$$pH = pH^{\ominus} + \frac{1}{n}\lg\frac{a_B^b}{a_R^r}$$

(3) 当反应与 H^+ 和电子都有关时：

$$E = E^{\ominus} + \frac{2.303RT}{nF}\lg\frac{a_B^b \cdot a_H^h}{a_R^r}$$

现以 $Fe-H_2O$ 系为例：

(1) 当反应只与电子有关时：

$$Fe^{3+} + e \rightleftharpoons Fe^{2+}, \quad E = 0.77 + 0.059\lg\frac{a_{Fe^{3+}}}{a_{Fe^{2+}}} \tag{1-7}$$

$$Fe^{2+} + 2e \rightleftharpoons Fe, \quad E = -0.44 + 0.0295\lg a_{Fe^{2+}} \tag{1-8}$$

(2) 当反应只与 H^+ 有关时：

$$Fe^{3+} + 3H_2O \rightleftharpoons Fe(OH)_3 + 3H^+ \tag{1-9}$$

$$pH = 1.54 - \frac{1}{3}\lg a_{Fe^{3+}}$$

$$Fe^{2+} + 2H_2O \rightleftharpoons Fe(OH)_2 + 2H^+ \tag{1-10}$$

$$pH = 6.64 - \frac{1}{3}\lg a_{Fe^{2+}}$$

(3) 当反应与电子及 H^+ 都有关时：

$$Fe(OH)_3 + 3H^+ + e \rightleftharpoons Fe^{2+} + 3H_2O \tag{1-11}$$

$$E = 1.04 - 0.059\lg a_{Fe^{2+}} - 0.177pH$$

$$Fe(OH)_3 + H^+ + e \rightleftharpoons Fe(OH)_2 + H_2O \tag{1-12}$$

$$E = 0.258 - 0.059pH$$

$$Fe(OH)_2 + 2H^+ + 2e \rightleftharpoons Fe + 2H_2O \tag{1-13}$$

$$E = -0.048 - 0.059pH$$

根据上述反应在 25℃ 的相应电位-pH 值，可以作出 $Fe-H_2O$ 系在 25℃ 的理论电位-pH 图如图 1-6 所示。

上述七个反应的基本条件是：(1) 温度为 25℃；(2) $a_{Fe^{2+}} = a_{Fe^{3+}} = 1g/L$。

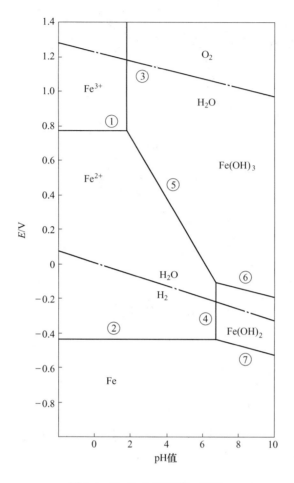

图 1-6 Fe-H_2O 系电位-pH 图

由图 1-6 可以看出：在指定离子浓度和温度一定时，线①和线②与 [H^+] 无关，是水平线，线③和线④与电子无关，是垂直线，线⑤~线⑦与电子和 [H^+] 都有关，是斜线。

从上述讨论可知，实验必须在严格的温度条件下进行，离子活度或对比活度为 1，这在实验中很难保证，因此实测结果与理想曲线有差别。并且水稳定区以外的曲线难以测定。

三、实验仪器和试剂

实验仪器和试剂如下。

仪器：(1) 电源稳压器 1 台；(2) 磁力搅拌器 1 台；(3) pHS-2 酸度计 1 台（配铂金电极 1 支、pH 复合电极 1 支、饱和甘汞电极 1 支）；(4) DT890A 数字电压表 1 块。

试剂：(1) $Fe_2(SO_4)_3 \cdot 6H_2O$（化学纯 CP）；(2) $FeSO_4 \cdot 7H_2O$（分析纯 AR）；(3) 硫酸（分析纯 AR）；(4) NaOH（分析纯 AR）。

实验 3　Fe-H₂O 系电位-pH 图测定实验

四、实验步骤

（1）溶液配制：用 $Fe_2(SO_4)_3 \cdot 6H_2O$ 和 $FeSO_4 \cdot 7H_2O$ 试剂配成 $C_{Fe^{3+}} = C_{Fe^{2+}} = 0.01 g/L$ 的溶液。

步骤：称取 0.381g $Fe_2(SO_4)_3 \cdot 6H_2O$ 及 0.417g $FeSO_4 \cdot 7H_2O$ 于烧杯中，加蒸馏水 150mL，充分摇匀，至完全溶解，溶液呈透明、清亮为止。

（2）仪器线路连接如图 1-7 所示。

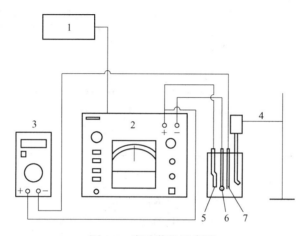

图 1-7　实验装置示意图

1—电源；2—酸度计；3—数字电压表；4—搅拌器；5—饱和甘汞电极；6—复合电极；7—铂电极

五、操作步骤

（一）pH 值测量及 pHS-2 型酸度计的使用

（1）插入插头，接通电源，打开仪器电源开关，预热仪器 30min 左右。
（2）选择 pH 值测量。
（3）用温度计测量被测溶液温度值。
（4）调节温度调节器在该温度值。
（5）将斜率调节器调到最大值。
（6）定位：在试杯内放入 pH = 6.864 标准试液作为定位标液。将 pH 复合电极浸入标液中，调节定位开关使其指示在该 pH 值（pH = 6.864），并摇动试杯使指示稳定为止，定位完毕。
（7）测量：换上被测溶液，开动搅拌器（1~2 挡），按下读数开关，读 pH 值，记下读数，在试液中滴加硫酸，调试液 pH 值为 1，并测 pH 值为 1 所对应的电位值。然后在试液中滴加不同浓度的 NaOH 溶液调试液 pH 值为 1.5、2.0、2.3、3.5、4.5、5.5、6.5、7.5、8.0、9.0、10.0 并测出以上试液的 pH 值所对应的电位值。做好记录。

（二）电位测量

（1）接上数字电压表，正极接甘汞电极，负极接铂电极，测出试液不同 pH 值的对应电位值（指针要稳定时才能读数），做好记录。

(2) 电压表扭到直流电（DC）、2V 位置，接通电源。

六、注意事项

(1) pH 计校准后，不能再扭动定位开关和零点开关。
(2) 不能用手触及玻璃电极前端的小球部分，以免玻璃电极损坏。
(3) 在 pH 值小于 2 时，可使用较浓的碱液，中性时，应用稀碱液调 pH 值。

七、数据记录与处理

(1) 实验记录：室温：____℃；溶液温度：____℃；离子溶液浓度：____g/L。
将测试结果填入表 1-3。

表 1-3 实验数据记录表

序号	1	2	3	4	5	6	7	8	9	10
pH 值										
E										

(2) 电位值修正：

$$E_{实际} = -(E_{测} - E_{修正})$$

式中，$E_{实际}$ 为实际电位，V；$E_{测}$ 为实验中测得的电位值，V；$E_{修正}$ 为使用饱和甘汞电极作参比电极的标志电位作为修正值，V，$E_{修正} = 0.2415 - 7.6 \times 10^{-4}$。

(3) 绘制电位-pH 图。

八、思考题

实验测得的电位-pH 图与 Fe-H_2O 系理论的电位-pH 图有何差异？

实验 4 铁矿石气体还原动力学实验

一、实验目的

(1) 了解冶金动力学过程。
(2) 学会建立冶金动力学模型。
(3) 理解铁矿石还原动力学过程，熟练实验操作。

二、实验原理

冶金反应的动力学在于研究反应的机理及反应的速度和对其影响的各种因素，在某种具体的反应条件下它的影响程度（即在该具体条件下，建立起相应的反应体系的物理模型并进而导出恰当的数学模型）确定反应的限制环节，进而找出加快此限制环节的反应措施，最终得出加速整个反应速度（提高产量）的最佳技术措施的目的。

铁矿石（或铁精矿球团）被气体还原剂还原，是典型的气固相反应过程，其总反应由下述环节组成：

(1) 还原剂气体（CO 或 H_2）穿过矿粒外表面附近的气体边界层（气膜）向矿粒表面的扩散（称为外扩散）；

(2) 还原剂气体穿过矿粒外层已被还原的固相产物层向内部未反应部分的扩散；

(3) 矿粒体上反应界面上（随着反应的进行，该反应界面以其外表面开始逐步向矿粒内部中心推进，直至还原完全为止）的结晶化学反应，包括气体反应物的吸附及气相产物的脱附和固相产物晶格的新建；

(4) 还原生产的气体产物（如 CO_2 或 H_2O）从矿粒体上的瞬时反应界面脱附后向外穿过已还原的固相产物层，矿粒表面附近的气膜层向气体中心的逆扩散。

综而述之，整个气固相的还原反应过程，是由气相的内、外扩散及反应界面上的化学反应三个环节所构成。故当该气固相反应在某一定的温度下，开始反应之后，此三个反应环节就紧密相连地并相互制约地决定着整个还原反应速度的大小，其中哪一个环节最慢，它就成为影响整个还原反应速度的限制性环节，如气相的内（或外）扩散最慢时，即整个反应过程速度最慢时，则整个反应过程又要受此环节所限，此时称此过程为动力学控制过程（或界面化学反应控制过程）；又如，当气相的内（或外）扩散速度与界面化学反应速度相等为综合控制（或平行控制）过程。

通过实验，找出在某种反应条件下，金属氧化物被气体还原剂还原的速度控制环节，即可针对影响此限制环节速度的各种因素进行研究，例如：温度、还原气体的种类、气体流速、矿粒的物理化学性质（如粒度、孔隙度、化学组成及结构形式）等，找出影响限制环节速度的主要因素，加以改进，即可得出在此具体实验条件下加速整个还原反应速度（提高生产率）的最佳技术措施。

针对典型的气固相反应动力学研究，根据对界面未反应核模型的实验研究测定，建立下列几种数学模型：

(1) 当整个反应处于动力学控制过程时：

$$1 - (1-R)^{\frac{1}{3}} = \frac{k}{r_0 \rho_0 K}(1+k)(c_0 - c)t \tag{1-14}$$

式中，R 为固相反应物经时间 t 时还原的转化程度（或称反应转化度或还原度），%；r_0 为矿石（或铁精矿球团）的原始半径，cm；ρ_0 为固相反应物的原始密度，g/cm³；c_0 为气相中气体还原剂的浓度（或分压），mol/L（或 Pa）；c 为在实验的温度值时该反应达平衡时的反应气相（还原气体）的平衡浓度（或分压），mol/L（或 Pa）；k 为化学反应速度常数，cm/s；t 为反应时间，s；K 为平衡常数。

(2) 当整个反应处于扩散控制过程时有：

$$\frac{1}{6}[3 - 2R - 3(1-R)^{\frac{2}{3}}] = \frac{De}{r_0 \rho_0}(c_0 - c)t \tag{1-15}$$

式中，De 为有效扩散系数，g/(cm·s)。

(3) 当整个反应处于综合控制过程时有：

$$\frac{r_0}{6De}[3 - 2R - 3(1-R)^{\frac{2}{3}}] + \frac{K}{k(1+K)}[1 - (1-R)^{\frac{1}{3}}] = \frac{c_0 - c}{r_0 \rho_0} \tag{1-16}$$

在冶金物理化学的学习中已知：一般地气固相反应体系中，界面上的化学反应的活化能值（$E_化$）都大于气相在固相中的内扩散的活化能值（$E_扩$），更大于气相从气体主体内向固相表面（含穿过气膜）的外扩散的活化能值。故在反应过程中，温度对化学反应速度常数（k）的影响程度显然较对气相在固相中的内扩散系数（De）大得多。因此，当其他条件基本不变的情况下，整个还原反应过程出现三段控制过程：1）在低温范围，由于$k \ll De$ 属于动力学控制；2）在中温范围，由于$k \approx De$ 属于综合控制；3）在高温范围，由于$k \gg De$ 属于扩散控制。

在某种条件下，等温反应过程受哪个反应环节所控制，情况比较复杂，因为不仅温度这个主要因素起作用，而且还要同时考虑气相的外扩散、内扩散、固相反应物直径的大小、密度的大小等因素的影响程度。针对具体的矿石（或球团）在具体的反应条件下，整个气固相反应的过程受何环节控制？最直接、最可靠的判断手段，就是通过实验来得到。

当然，如果我们的实验条件符合（或者很接近）上述的反应模型，那么即可使用据其导出的数学模型，将实验所得各种参数代入，计算得到该反应过程在各个温度下的k、De数值，以及该反应的界面化学反应的活化能和扩散活化能的具体数值。由此不但可以计算出在某种条件下的具体反应速度，还可为研究该种反应的机理提供可靠的数据，进而为改进与此实验条件相符的实际工业生产提供可靠的技术依据。

三、实验仪器及设备

实验仪器和设备如下：

（1）由弹式高压钢瓶（150atm）装气，经减压调节供气或关气。

（2）气体净化装置：根据气体所含杂质气体成分，采用相应的净化手段和装置，吸收或脱除有害气体杂质。

（3）流量计：使用转子流量计，对气体进行计量。

（4）电炉：立式管式电炉（硅碳棒元件加热）。

（5）刚玉工作炉管：下端密封，仅使实验气体通入和测温控温用的热电偶插入，上端开口将试料（矿粒或球团矿）装于多孔吊篮（镍制）用细钼丝吊挂置于炉管中心适当的高度，钼丝上端固定于上面的电子天平底部的吊钩上。

（6）电子天平 QD-1 型：精度 1/1000，最大称重 160g，分度值 0.01g。数码管显示和输出信号由记录仪自动连续跟踪记录。

（7）电源使用 220V 单相线路，经由交流电子稳压器（5kV·A、614-C_3）稳压后输出。

（8）KWD-001 精密温度自控仪：它接受测温控温热电偶输入的直流毫伏信号，经PID 计算调节给出信号，对来自稳压器的交流电源经可控硅控制调节输给电炉进行加热和温度自动控制。

四、实验步骤

（1）检查加热装置（见图 1-8）是否正常，以及吊篮是否处于反应管的中心位置。启动加热装置达到指定温度后，通入 N_2，对空吊篮称重，记录为 W_0。

（2）将粒度为 3~4mm 的铁矿石装入吊篮中，装入高度为篮高的 3/4。约 2min 后再称吊篮的质量 W_1。

（3）待炉子达到指定温度稳定后，通入还原性气体 H_2，流量为 0.3L/min，同时在反

实验 4 铁矿石气体还原动力学实验

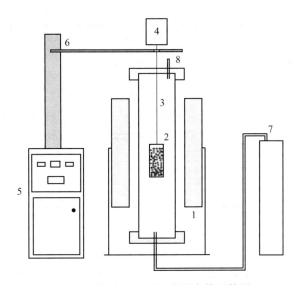

图 1-8 铁矿石还原反应测定装置简图
1—高温炉；2—试样；3—吊篮线；4—天平；5—控制柜；6—电缆；7—还原气体；8—气孔

应管口点燃逸出的 H_2。用秒表开始计时，观察记录随着还原反应进行试样质量的变化。

（4）每隔 2min 记录一次质量变化，一般可以测量 10~15 个点。

（5）实验完毕后，切断加热装置电源，关闭天平。关闭 H_2，通入 N_2。待炉温降低后，从炉内取出矿石，再关闭 N_2。

五、实验数据记录与处理

本实验发生反应为：

$$\text{MeO(s)} + \text{H}_2(\text{g}) \rightleftharpoons \text{Me(s)} + \text{H}_2\text{O(g)} \tag{1-17}$$

采用热减重法测定还原反应的动力学参数。整个还原反应的速度以反应过程中固相反应物 MeO 的转换度 R（或称为还原度）随反应时间 t(min) 的变化率来表示。

$$R = \frac{G_0 - G_t}{G_\text{氧}} \times 100\% \tag{1-18}$$

式中，$G_\text{氧}$ 为铁氧化物矿粒（或球团）中的原始氧含量，即当该试样完全还原时氧失去的总量，g；G_t 为反应时间为 t（min）时矿粒（或球团）的质量，g；G_0 为初始反应时矿粒（或球团）的质量，g。

$G_\text{氧}$ 值依据矿粒（或球团）中总 Fe 含量和 Fe/O 分子结构计算得到；G_t 值是在试验过程中，一定的反应时间间隔（本实验为 10min 一次）内从电子天平上读得矿样的质量，g，具体见表 1-4。

表 1-4 铁矿石气体还原数据记录与处理

序号	反应时间 t/min		固相反应的热还原过程减重/g		还原度/%
	间隔	累计	瞬时重	累计失重	
0	0	0	G_0	0	

续表 1-4

序号	反应时间 t/min		固相反应的热还原过程减重/g		还原度/%
	间隔	累计	瞬时重	累计失重	
1	2	2	G_1		
2	4	4	G_2		
3	6	6	G_3		
4	8	8	G_4		
5	10	10	G_5		
⋮	⋮	⋮	⋮		

六、思考题

(1) 计算出还原度 R、$1-(1-R)^{1/3}$、$3-2R-3(1-R)^{2/3}$，并作 R-t 图、$1-(1-R)^{1/3}$-t 图、$3-2R-3(1-R)^{2/3}$-t 图。

(2) 根据 R-t 图规律，区分出整个反应过程中三个反应环节取控制作用的区域，并用相应的数学模型及实验数据，推导出铁矿石还原过程动力学控制步骤。

实验 5 用过剩碳还原金属氧化物实验

一、实验目的

(1) 认识碳的氧化反应与金属氧化物还原的关系。
(2) 初步掌握研究冶金反应的气体循环法（静态法）。
(3) 掌握本实验的仪器装置及使用方法。

二、实验原理

固体碳还原金属氧化物称做直接还原，可以看成间接还原与碳的气化反应的综合：

$$MeO(s) + CO \rightleftharpoons Me(s) + CO_2 \qquad (1-19)$$
$$CO_2 + C \rightleftharpoons 2CO \qquad (1-20)$$
$$MeO(s) + C \rightleftharpoons Me(s) + CO \qquad (1-21)$$

在此反应体系中，实际上对 MeO 起还原作用的是 CO，生成物 CO_2 又与 C 作用，而形成的 CO 又去还原 MeO，如此循环往复，消耗的不是 CO 而是 C，而 CO 在这里起了将 MeO 的氧转移给固体的作用。

直接还原的平衡图如图 1-9 所示。图中曲线 1 和曲线 2 交点对应的温度 $T_{开}$ 是直接还原的开始温度。当体系的温度高于交点温度（$T > T_{开}$）时，在碳过剩的情况下，曲线 2 的气相 CO 浓度高于曲线 1 的 CO 平衡浓度，而 CO_2 的浓度则低于曲线 1 的 CO_2 平衡浓度，因而反应

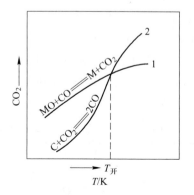

图 1-9 直接还原的平衡图

1 将向着 MeO(s) + CO ══ Me(s) + CO$_2$ 的方向进行，直到 MeO(s) 完全还原为止。这时体系的共存相是 Me(s)、C 和（CO+CO$_2$），而 CO + CO$_2$ 混合气体与固相 Me(s)+C 保持平衡，因此体系在曲线 2 上建立平衡。

本实验用气体循环法测定某指定温度（$T > T_{开}$）和压力为 1atm 条件下金属氧化物直接还原体系的气相组成。利用图 1-10 所示的实验装置，使直接还原反应在一个封闭体系中进行，并借助于循环管中液面的升降促使气体不断来回循环，循环的次数越多，气体接触灼热的固体反应物的机会越多，实验结果越精确。

本实验在纯 CO$_2$ 气氛中开始进行，而且所用 MeO 和碳都是纯净的，故反应体系的相组成（体积分数）可认为是 CO$_2$+CO = 100%，因此只要分析气相中一种气体的含量，便可得知另一种气体的含量。

$$\varphi(CO_2) = \frac{\text{被 KOH 溶液吸收后的 CO}_2\text{毫升数}}{\text{取混合气体毫升数}} \times 100\% \tag{1-22}$$

在指定温度下气体的组成不再改变，这就表明反应体系已经达到平衡。

三、实验装置

本实验用的实验装置如图 1-10 所示。

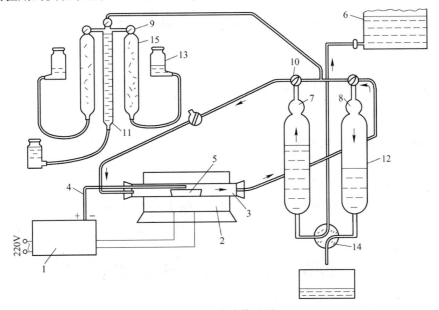

图 1-10　实验装置图

1—温度指示控制器；2—电阻炉；3—瓷管；4—热电偶；5—瓷舟（内装活性炭粉和二氧化锡粉）；
6—高位水箱；7，8—安全球；9—二通活塞；10—三通活塞；11—取样管（20mL）；
12—循环瓶（用饱和食盐水作循环水）；13—水准瓶；14—转换开关（用以升降 12 中的液体，使气体循环）；
15—吸收瓶（内装 40%的 KOH 溶液可吸收 CO$_2$）

四、实验步骤

（1）接通电源，升温。

(2) 当温度升到 400℃ 左右时，转动三通活塞，用纯 CO_2 赶尽反应系统里的空气；送实验物料于炉子高温区，使反应系统成封闭状态后再次用小流量的 CO_2 赶尽空气；吸收纯 CO_2 于循环管中，占其容积的 3/5 为止，转动活塞，使系统和外界隔离。

(3) 当到达实验温度后就开始循环，每循环 15 次后取样分析一次，直到反应达到平衡为止。

五、注意事项

(1) 要求反应系统不漏气；

(2) 在操作过程中，任何一个三通活塞，在任何时候只能是两通；

(3) 在循环时切不可使液面升、降到循环管的显著细小部分，也不能使高位瓶及循环瓶内的循环水流完；

(4) 取样分析时，需将取样管内和取样时经过气路的残气清洗干净，因此在每次取样分析前应先用反应系统里的混合气体洗净管路，取好样后用 40%KOH 溶液吸收混合气体的 CO_2 时，要来回吸收两次以上方可读数。

六、数据记录与处理

(1) 根据式（1-22）计算 $\varphi(CO_2)$ 和 $\varphi(CO)$ 的值，代入式 $K_p = \dfrac{p_{CO}^2}{p_{CO_2}}$ 中计算实测 K_p 值。

(2) 根据式 $\lg K_p = \dfrac{-8916}{T} + 9.113$ 计算 800℃ 时的理论 K_p 值，并与实测 K_p 值进行比较，计算还原率 α。

(3) 作还原率 α 与时间 t 的关系曲线。

七、思考题

讨论随着实验次数的增加，实测 K_p 值不断变化，与理论 K_p 值偏差的原因有哪些？

实验 6 液体黏度的测定实验

一、实验目的

(1) 了解液体黏度的概念。
(2) 掌握旋转黏度计和恒温水浴槽等设备的使用方法。
(3) 掌握旋转黏度计测定蓖麻油和液态石蜡黏度的方法。
(4) 理解黏度与温度幂函数方程的推导方法。

二、实验原理

黏度是液体层与分子间有相对运动时内摩擦力大小的量度，它是流体基本的物理性质,也是油品最主要的技术指标,特别是对各种润滑油分类分级、质量鉴别和确定用途有决定性意义。因此本实验选取蓖麻油和液态石蜡为测试对象,测定这两种有机液体黏度随温度的变化曲线,一般是随着温度的升高,液体黏度下降,变化曲线符合以下幂函数方程:

$$Y = aX^b \tag{1-23}$$

由测定数据推导黏度与温度的幂函数方程,了解和掌握有机液体黏度和温度的关系和测定方法。

本实验采用旋转黏度计测定有机液体黏度,旋转黏度计法是测定液体动力黏度的基本方法之一,动力黏度是各种黏度表示法的基础,是最科学、最直接反映液体黏性真实情况的。本实验采用的是NDJ-8S型旋转黏度计,是智能化的液体黏度测量仪器,可自动完成液体黏度的测试工作,结果由显示屏输出,具有测量快速方便、数据准确可靠,可用于测量液体的黏性阻力与液体的绝对黏度,广泛地用于测量牛顿型液体的动力黏度、非牛顿型液体的表观黏度及流变特性。

旋转黏度计测定液体黏度的结构原理如图1-11所示,同步电机以稳定的转速旋转带动电机传感片,再通过游丝带动与之连接的游丝传感片、传动轴及转子旋转。如果转子未受到液体阻力,则上下两传感片同速旋转,保持在"零"的位置,反之,如果转子受到液体的黏滞阻力,则游丝产生扭矩与黏滞阻力抗衡,最后达到平衡。光电转换装置将上下传感片相对位置转换成计算机能识别的信息,经过计算机处理,最后输出显示被测液体的黏度值。

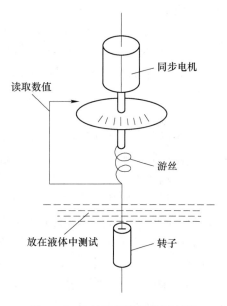

图1-11 旋转黏度计结构原理图

三、实验药品及设备

(1) 实验药品:蓖麻油、液体石蜡。

(2) 实验设备:量筒:50mL、100mL(若干);分析天平:AR5120;旋转黏度计:NDJ-8S;电热恒温水浴锅;烧杯:500mL(若干)。

四、实验步骤

(1) 向水浴槽内注入适量的水,并把旋转黏度计安装在正确位置。

(2) 旋转黏度计的操作步骤如下:

1) 准备被测液体:将被测液体置于直径不小于500mL的烧杯或直筒容器中,准确地控制被测液体的温度。

2) 安装转子:将选配好的转子旋入连接螺杆(向左旋入装上)。旋转升降旋钮,使仪器缓缓地下降,转子逐渐浸入被测液体中,直至液体的表面与转子的液面线相平为止(尽量居中)。

3) 本仪器有8挡不同的转速,分别为0.3r/min、0.6r/min、1.5r/min、3r/min、6r/min、

12r/min、30r/min、60r/min。在仪器的背面装有两个变速执手，左边的为高低挡转速切换执手，其上刻有"H""L"标志。右边为变速执手，上面刻有各挡转速的数字。当高低挡执手"H"标志向上时，旋转变速执手，使表示各挡转速的数字朝上，可切换 6r/min、12r/min、30r/min、60r/min 4 挡不同的转速。同样地，若"L"标志向上时，变速执手可切换 4 挡低转速。

4) 上述工作完毕，接通电源，显示屏即显示本仪器的型号 nd-8。进行测量时再打开电机电源开关。

5) 测量包括以下步骤：

①键盘说明：0~9：数字键；S：转子代号键；R：转速代号键；%：百分比键；η：黏度键；RUN：运行键；AC：复位键。

注：M、HOLD、AUTOZERO、AUTORANGE 这 4 键不用。

②将有关参数输入。输入当前仪器使用的转子代号。如果现在选用 1 号转子进行测量，请先按面板上 S 键，放手后，显示器即显示 S。然后按数字键 1，放手后即显示 S1（S1、S2、S3、S4 分别为 1~4 号转子的代号），至此，转子代号输入完毕，其他类推。

输入仪器当前运转的速度。假如仪器正运转在 60r/min 的转速，先按面板上 R 键，放手后，显示器即显示 R，然后按数字键 6 和 0，即显示 R60。至此，转速输入完毕，其他类推（如输入有误，重复上述操作步骤即可给予更正）。

旋动升降架旋钮，使黏度计缓慢地下降，转子逐渐浸入被测液体当中，直至转子上的标记与液面相平为止。调整黏度计位置至水平。

③在确定转子号及转速已经输入计算机后，按 RUN 键，仪器进行测量工作。在整个测量过程中，显示器一直显示"0000"。测量结束，显示器即显示被测液体的黏度值（单位：Pa·s），同时亮黏度指示器。显示时间持续 3s，然后仪器进入等待测量状态，显示 nd-8，在此期间，如果按下%键，仪器立即将本次被测液体的百分比读数告诉您。如果按下 η 键，则再次显示本次被测液体的黏度值，显示时间为 3s。如果按下 RUN 键，仪器将进入下一次的测量工作，重复前次测量过程。特别说明：当按下"%、η、RUN"键时，务必请等到 nd-8 后进行。另外，若按下 RUN 键后，显示器显示 S-00，说明未输入转子号，若显示 R-00，说明未输入转速，只要及时将上述两参数补上，仪器就可以进行测量。

④符号"H"为超量程显示。当在测量中看见显示屏显示此符号时，请变换转子或转速进行测量。

⑤在测量中，如遇停电、误操作及其他原因引起计算机不能正常运行，或者若想中途中止某次测量，可以使用 AC 键或切断电源。重新接通，重复开机后操作即可。

⑥量程、转子和转速的选择。先估算被测液体的黏度范围，然后根据量程表选择适当的转子和转速。如测定约 3000mPa·s 左右的液体，可选用下列配合：2 号转子，6r/min 或 3 号转子，30r/min；当估计不出被测液体的黏度时，应假定为较高的黏度。可试用由大到小的转子和由低到高的转速。不同转子和转速下对应测量黏度上限值见表 1-5，推荐测量范围在最大值的 20%~90%。

⑦在测量过程中，如果需要更换转子，可直接按复位键 AC，此时电机停止转动，而

黏度计不断电。当转子更换完毕后，重复以上第②～③条即可继续进行测量。

表 1-5　不同转子和转速下对应测量黏度上限值　　　（mPa·s）

转子	转速/r·min^{-1}							
	60	30	12	6	3	1.5	0.6	0.3
1	100	200	500	1000	2000	4000	10000	20000
2	500	1000	2500	5000	10000	20000	50000	100000
3	2000	4000	10000	20000	40000	80000	200000	400000
4	10000	20000	50000	100000	200000	400000	1000000	2000000

（3）用烧杯（500mL）取适量的蓖麻油，按照第（2）步所述的操作方法，依次测定蓖麻油在 25℃、30℃、35℃、40℃、45℃、55℃下的黏度值。

（4）用烧杯（500mL）取适量的液态石蜡，按照第（2）步所述的操作方法，依次测定液态石蜡在 25℃、30℃、35℃、40℃、45℃、50℃下的黏度值。

五、注意事项

（1）装卸转子时应小心操作，装卸时应将连接螺杆微微抬起进行操作，不要用力过大，不要使转子横向受力，以免转子弯曲。

（2）请不要把已装上转子的黏度计侧放或倒放。

（3）连接螺杆与转子连接端面及螺纹处保持清洁，否则会影响转子晃动度。

（4）黏度计升降时应用手托住，防止黏度计因自重下落。

（5）调换转子后，请及时输入新的转子号。每次使用后对换下来的转子应及时清洁（擦干净）并放回到转子架中，不要把转子留在一起进行清洁。

（6）当调换被测液体时，及时清洁（擦干净）转子和转子保护框架，避免由于被测液体相混淆而引起的测量误差。

（7）仪器与转子为一对一匹配，不要把数台仪器及转子相混淆。

（8）不要随意拆卸和调整仪器零件。

（9）搬动及运输仪器时，应将米黄色盖帽盖在连接螺杆处后，将仪器放入包装箱中。

（10）装上转子后，不要在无液体的情况下长期旋转，以免损坏轴尖。

（11）悬浊液、乳浊液、高聚物及其他高黏度液体中有许多属非牛顿液体，其黏度值随切变速度和时间等条件的变化而变化，故在不同转子、转速和时间下测定的结果不一致属正常情况，并非仪器误差。对非牛顿液体的测定一般应规定转子、转速和时间。

（12）常温下：蓖麻油 = 680mPa·s，液态石蜡 = 26mPa·s。

六、数据记录与处理

（1）在每个温度下，测定 3 次，取平均值为结果。

（2）蓖麻油测试记录见表 1-6。

表 1-6　蓖麻油测试记录表

测试次数	测试温度/℃					
	25	30	35	40	45	50
第 1 次						
第 2 次						
第 3 次						
平均值						

(3) 液体石蜡测试记录见表 1-7。

表 1-7　液体石蜡测试记录表

测试次数	测试温度/℃					
	25	30	35	40	45	50
第 1 次						
第 2 次						
第 3 次						
平均值						

七、思考题

(1) 做出蓖麻油黏度随温度的变化曲线并解释原因。
(2) 做出液态石蜡黏度随温度的变化曲线并解释原因。
(3) 求解蓖麻油和液态石蜡黏度与温度的幂函数方程。

实验 7　电化学综合实验一　阳极极化曲线的测量

一、实验目的

(1) 掌握恒电位法测定阳极极化曲线的原理和方法。
(2) 了解自腐蚀电位、自腐蚀电流、自腐蚀速率、自腐蚀电流密度、致钝电位和维钝电位、过钝化电位及致钝电流密度和维钝电流密度等概念。
(3) 了解极化曲线的意义和应用。

二、实验原理

极化曲线的测定是研究电极过程机理和电极过程影响各种因素的重要方法。将一种金属浸在电解液中，在金属与溶液之间就会形成电位，称为该金属在该溶液中的电极电位。当电极上几乎没有电流通过，每个电极反应都是在接近于平衡状态下时，该电极反应是可逆的；当有电流明显地通过电极时，平衡状态被破坏，电极电势偏离平衡值，电极反应处于不可逆状态，而且随着电极上电流密度的增加，电极反应的不可逆程度也随之增大，称为电极的极化。如果电极为阳极，则电极电位将向正方向偏移，称为阳极极化；对于阴极，电极电位将向负方向偏移，称为阴极极化。由于电流通过电极而导致电极电势偏离平衡值的现象称为电极的极化，描述电流密度与电极电势之间关系的曲线称作极化曲线。

阳极极化曲线可以用恒电位法和恒电流法测定。图 1-12 是一条较典型的阳极极化曲线，曲线 ABCD 是恒电位法（即维持电位恒定，测定相对应的电流值）测得的阳极极化曲线。当电位从 A 逐渐正向移动到 B 点，即临界钝化电位 E_b，电流也随之增加到 B 点；当电位过 B 点以后，电流反而急剧减小，钝化开始发生，这是因为在金属表面上生成了一层高电阻耐腐蚀的钝化膜，人为控制电位的增高到 C 的同时，电流逐渐衰减到 C。随着电位继续增高，由于金属完全进入钝态，电流维持在一个基本不变的很小的值——维钝电流 i_p；当电位增高到 D 点以后，金属进入了过钝化状态，电流又重新增大。A 点到 B 点的范围称做活化区，从 B 点到 C 点称做活化—钝化过渡区，从 C 到 D 点称做钝化稳定区，过 D 点以后称做过钝化区，钝化了的金属又重新溶解。对应于 B 点的电流密度称做致钝电流密度 i_b，对应于 C 点或 D 点的电流密度称作维钝电流密度 i_p。

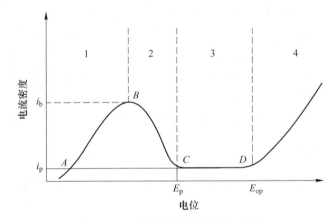

图 1-12 金属的典型阳极极化曲线

若把金属作为阳极，通过致钝电流使之钝化，用维钝电流去保护其表面的钝化膜，可使金属的腐蚀速度大大降低，这是阳极保护的原理。

三、实验设备和试剂

V3 电化学工作站（AMETEK）1 台；电解池 1 个；饱和甘汞电极（参比电极）；工作电极 ϕ1cm（Q235 和 304 钢）；铂片电极；试剂：1mol/L（NH_4）$_2CO_4$ 溶液；磁力搅拌器（CJJ78-1）。

实验设备操作参照《进行动电位阳极极化测量的标准参考试验方法》（ASTM G5—2014）和《不锈钢用阳极极化曲线测量方法》（JIS G0579—2007）。

四、实验步骤

（1）电极处理：用金相砂纸将电极表面打磨平整光亮，用蒸馏水冲洗，乙醇超声波清洗 10min，冷风吹干。

（2）测量极化曲线步骤如下：

1) 打开电化学工作站的软件 Versastudio。
2) 安装电极，使电极进入电解质溶液中，将绿色夹头夹工作电极，黑色夹头夹铂片电极，白色夹头夹参比电极。
3) 测定开路电位。在菜单栏"New"中选"Actions-Open Circuit"实验技术，双击选择参数，时间选 500s，其他可用仪器默认值，点击"确认"。点击"▶"开始实验。
4) 开路电位稳定后，测电极极化曲线。选中"Actions"中的"Potentiodynamic"实验技术，双击。初始电位设为"-0.25V"（OCP），终止电位设为"1.1V"（RF），扫描速度设为"1mV/s(不锈钢)、10mV/s(Q235)"，其他可用仪器默认值，点击"▶"开始实验，极化曲线自动画出。

(3) 实验完毕，清洗电极和电解池。

五、注意事项

在实际测量中，常采用的恒电位法有两种：（1）静态法是将电极电势较长时间地维持在某一恒定值，同时测量电流密度随时间的变化，直到电流基本上达到某一稳定值，如此逐点地测量在各个电极电势下的稳定电流密度值，以获得完整的极化曲线的方法。(2) 动态法控制电极电势以较慢的速度连续地改变（扫描），并测量对应电势下的瞬时电流密度，并以瞬时电流密度值与对应的电势作图就得到整个极化曲线。所采用的扫描速度（即电势变化的速度）需要根据研究体系的性质选定。一般说来，电极表面建立稳态的速度越慢，则扫描也应越慢，这样才能使测得的极化曲线与采用静态法测得的结果接近。

六、数据记录与处理

画出 Q235 和不锈钢的极化曲线，求出自腐蚀电流密度、自腐蚀电位、钝化电流密度及钝化电位范围。

七、思考题

(1) 参比电位、平衡电极电位和自腐蚀电位有何不同？
(2) 分析 Q235 和不锈钢的极化曲线，得出结论。

实验 8 电化学综合实验二 电化学交流阻抗谱的测定

一、实验目的

(1) 掌握交流阻抗法（EIS）的实验原理及方法。
(2) 了解 Nyquist 图和 Bode 图的意义。
(3) 学习简单电极反应的等效电路及对应的电化学反应机理。

二、实验原理

交流阻抗法是一种以小振幅的正弦波电位（或电流）为扰动信号，叠加在外加直流电压（或电流）上，并作用于电解池，通过测量系统在较宽频率范围的阻抗谱以获得研究体系相关动力学信息和电极界面结构信息的电化学测试方法。

测得的阻抗通常以复数形式表示，$Z = Z_{re} + jZ_{im}$（其中，Z_{re} 和 Z_{im} 是与频率 ω 有关的阻抗实部与虚部）。结合电极界面的等效电路模型，可为研究电化学过程提供丰富信息。

图 1-13 所示为典型电极界面的等效电路图。

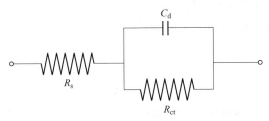

图 1-13 典型电极界面的等效电路

R_s—溶液电阻；C_d—电极溶液的双电层电容；R_{ct}—电荷传递电阻

此等效电路阻抗的实部（Z_{re}）和虚部（Z_{im}）分别为：

$$Z_{re} = R_s + \frac{R_{ct}}{1 + \omega^2 C_d^2 R_{ct}^2}$$

$$Z_{im} = -\frac{\omega C_d R_{ct}^2}{1 + \omega^2 C_d^2 R_{ct}^2}$$

以实部（Z_{re}）和虚部（Z_{im}）在不同的频率 ω 下作图，得到一条曲线，成为复数阻抗曲线，如图 1-14 所示，该图称为 Nyquist 图。由图可以解析出等效电路中对应元素的值，从而得到该电极界面结构的特征。

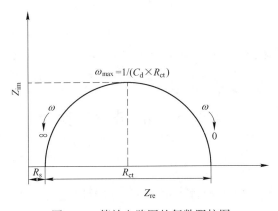

图 1-14 等效电路图的复数阻抗图

三、实验设备和试剂

V3 电化学工作站（AMETEK）1 台；电解池 1 个；饱和甘汞电极（参比电极）；工作电极 ϕ1cm（Q235 和 304 钢）；铂片电极；试剂：0.5mol/L Na_2SO_4 溶液；磁力搅拌器（CJJ78-1）。

实验设备操作参照《电化学阻抗测量用算法和仪器的验证规程》[ASTM G106—89（2015）] 和《涂漆和未涂漆金属试样的电化学阻抗谱（EIS）》（ISO 16773-2：2016）。

四、实验步骤

（1）电极处理：用金相砂纸将电极表面打磨平整光亮，用蒸馏水冲洗，乙醇超声波清洗 10min，冷风吹干。

（2）测量操作过程包括以下步骤：

1）打开电化学工作站的软件 Versastudio。

2）安装电极，使电极进入电解质溶液中，将绿色夹头夹工作电极，黑色夹头夹铂片电极，白色夹头夹参比电极。

3）测定开路电位。在菜单"New"中选"Actions—Open Circuit"实验技术，双击选择参数，时间选 15min，其他可用仪器默认值，点击"确认"。点击"▶"开始实验。

4）开路电位稳定后，测电交流阻抗曲线。电极菜单"New"，选中"Actions"中的"Potentiostatic EIS"实验技术，双击，在弹出的对话框中填入本次实验的文件名，点击"Save"。在当前窗口做如下设置，Start Frequency（Hz）设为 100k；End Frequency（Hz）设为 0.01；Amplitude（mV RMS）设为 10；Potential（V）设为 0vs OCP。其他可用仪器默认值，点击"▶"开始实验，EIS 曲线自动画出。

5）实验完毕，关闭软件，关闭电源，拆掉导线，取出电极用蒸馏水冲洗干净备用，最后冲洗电解池。

五、数据记录与处理

画出 Q235 和不锈钢的 Nyquist 图和 Bode 图，并求出 R_s、C_d 和 R_{ct} 等参数，并予以比较讨论。

六、思考题

（1）在进行电化学阻抗测量时，为什么所加正弦波信号的幅度要在 10mV 左右？

（2）实验测得的 Nyquist 图并非一个理想的正半圆形，可能的原因是什么？

实验 9　雷 诺 实 验

一、实验目的

（1）观察流体在管内流动的两种不同流型，以及层流时的速度分布情况，加深对层流与紊流概念的感性认识。

（2）通过实验测定临界雷诺数 Re。

二、实验原理

流体流动有两种不同型态，即层流（或称滞流）和紊流（或称湍流），这一现象最早是由雷诺（Reynolds）于 1883 年首先发现的。流体作层流流动时，其流体质点作平行于管轴的直线运动，且在径向无脉动；流体作紊流流动时，其流体质点除沿管轴方向作轴向运动外，还在径向作脉动，从而在宏观上显示出紊乱地向各个方向作不规则的运动。

实验 9 雷 诺 实 验

流体流动型态可用雷诺准数（Re）来判断，这是一个由各影响变量组合而成的无因次数群，故其值不会因采用不同的单位制而不同。但应当注意，数群中各物理量必须采用同一单位制。若流体在圆管内流动，则雷诺准数可由式（1-24）表示：

$$Re = \frac{du\rho}{\mu} \tag{1-24}$$

式中，Re 为雷诺数，无因次；d 为管子内径，m；u 为流体在管内的平均流速，m/s；ρ 为流体密度，kg/m³；μ 为流体黏度；Pa·s。

层流转变为紊流时的雷诺数称为临界雷诺数，用 Re 表示。工程上一般认为，流体在直圆管内流动时，当 $Re<2000$ 时为层流；当 $Re>4000$ 时，圆管内已形成紊流；当 $2000 \leqslant Re \leqslant 4000$ 时，流动处于一种过渡状态，可能是层流，也可能是紊流，或者是二者交替出现，这要视外界干扰而定，一般称这一雷诺数范围为过渡区。

式（1-24）表明，对于一定温度的流体，在特定的圆管内流动，雷诺数仅与流体流速有关。本实验即是通过改变流体在管内的速度，观察在不同雷诺数下流体的流动型态。

三、实验装置与示踪剂

实验装置如图 1-15 所示。主要由玻璃试验导管、流量计、流量调节阀、低位贮水槽、循环水泵、稳压溢流水槽等部分组成，演示主管路为 $\phi 20mm \times 2mm$ 硬质玻璃。

实验前，先将水充满低位贮水槽，关闭流量计后的调节阀，然后启动循环水泵。待水充满稳压溢流水槽后，开启流量计的调节阀。水由稳压溢流水槽流经缓冲槽、试验导管和流量计，最后流回低位贮水槽。水流量的大小可由流量计和调节阀调节。示踪剂采用红墨水，它由红墨水贮瓶经连接管和细孔喷嘴注入试验导管。细孔玻璃注射管（或注射针头）位于试验导管入口的轴线部位。

四、实验步骤

（1）层流流动型态。实验时，先少许开启调节阀，将流速调至所需要的值。再调节红墨水贮瓶的下口旋塞，并作精细调节，使红墨水的注入流速与试验导管中主体流体的流速相适应，一般略低于主体流体的流速为宜。在试验导管的轴线上，就可观察到一条平直的红色细流，好像一根拉直的红线一样。待流动稳定后，记录流体的流量。

（2）湍流流动型态。缓慢地加大调节阀的

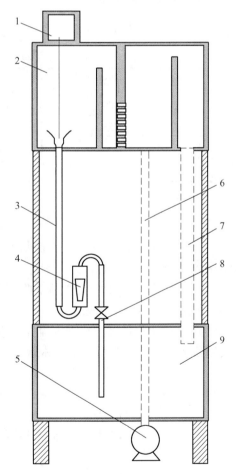

图 1-15 流体流型演示实验
1—红墨水储槽；2—溢流稳压槽；3—实验管；
4—转子流量计；5—循环泵；6—上水管；
7—溢流回水管；8—调节阀；9—储水槽

开度，使水流量平稳地增大，玻璃导管内的流速也随之平稳地增大。此时可观察到，玻璃导管轴线上呈直线流动的红色细流开始发生波动。层流向紊流过渡时的临界点称为上临界点，此临界雷诺数称为上临界雷诺数。随着流速的增大，红色细流的波动程度也随之增大，最后断裂成一段段的红色细流。当流速继续增大时，红墨水进入试验导管后立即呈烟雾状分散在整个导管内，进而迅速与主体水流混为一体，使整个管内流体染为红色，以致无法辨别红墨水的流线。逐渐减小流速，红色液体刚恢复成一直线时的流速对应的雷诺数称为下临界雷诺数。

五、注意事项

（1）实验用的水应清洁；
（2）红墨水的密度应与水相当；
（3）装置要放置平稳，避免震动。

六、数据记录与处理

实验数据记录表见表1-8。

表 1-8　实验数据记录表

实验次数	下临界流量 Q /dm³·h⁻¹	流体温度/℃	流体流速/m·s⁻¹	雷诺数 Re
1				
2				
3				

七、思考题

（1）根据实验观察现象，分别归纳层流与紊流特点，计算雷诺数并判别流体流态，若雷诺数与流态不符分析误差原因。

（2）为什么工程技术上要用下临界雷诺数来判别流体的流态，当水的温度变化时，下临界雷诺数也跟着变化吗？

（3）上述实验是针对圆管内流体运动的流态判断，对于非圆形断面流道中的流体运动其判断标准是什么，明渠中流体运动状态判断标准是什么，对球形物体绕流判断标准是什么？

（4）举一个或多个层流与紊流在日常生活或冶金工业中的应用实例。

实验 10　流体能量的转换——伯努利方程

一、实验目的

（1）观测动压头、静压头和位压头随流量的变化情况，验证连续性方程和伯努利方程，加深对伯努利方程的理解。

(2) 定量观察流体流经收缩和扩大管段时，流体流速与管径的关系。
(3) 定量观察流体流经直管段时，流体阻力与流量的关系。
(4) 定性观察流体流经节流件和弯头的压损情况。

二、实验原理

在冶金与化工生产中，流体的输送多在密闭的管道中进行，因此研究流体在管内的流动是冶金或化学工程中一个重要课题。任何运动的流体都遵守质量守恒定律和能量守恒定律，这是研究流体力学性质的基本出发点。

（一）连续性方程

对于流体在管内稳定流动时的质量守恒形式表现为：

$$\rho_1 \iint_1 v \mathrm{d}A = \rho_2 \iint_2 v \mathrm{d}A \tag{1-25}$$

根据平均流速的定义，有：

$$\rho_1 u_1 A_1 = \rho_2 u_2 A_2 \tag{1-26}$$

即

$$m_1 = m_2 \tag{1-27}$$

而对均质和不可压缩流体，$\rho_1 = \rho_2 =$ 常数，则式（1-26）变为：

$$u_1 A_1 = u_2 A_2 \tag{1-28}$$

可见，对均质和不可压缩流体，平均流速与流通截面积成反比，即面积越大，流速越小；反之，面积越小，流速越大。

对圆管，$A = \pi d^2/4$（其中，d 为直径），于是式（1-28）可转化为：

$$u_1 d_1^2 = u_2 d_2^2 \tag{1-29}$$

（二）机械能衡算方程

运动的流体除了遵循质量守恒定律以外，还应满足能量守恒定律，依此，在工程上可进一步得到十分重要的机械能衡算方程。

对于均质和不可压缩流体，在管路内稳定流动时，其机械能衡算方程（以单位质量流体为基准）为：

$$z_1 + \frac{u_1^2}{2g} + \frac{p_1}{\rho g} + h_\mathrm{e} = z_2 + \frac{u_2^2}{2g} + \frac{p_2}{\rho g} + h_\mathrm{f} \tag{1-30}$$

式中，z 为位压头；$u^2/(2g)$ 为动压头（速度头）；$P/(\rho g)$ 为静压头（压力头）；h_e 为外加压头；h_f 称为压头损失。

显然，式（1-30）中各项均具有高度的量纲。

无黏性即没有黏性摩擦损失的流体称为理想流体，就是说，理想流体的 $h_\mathrm{f} = 0$，若此时又无外加功加入，则机械能衡算方程变为：

$$z_1 + \frac{u_1^2}{2g} + \frac{p_1}{\rho g} = z_2 + \frac{u_2^2}{2g} + \frac{p_2}{\rho g} \tag{1-31}$$

式（1-31）为理想流体的伯努利方程。该式表明，理想流体在流动过程中，总机械能保持不变。若流体静止，则 $u = 0$，$h_\mathrm{e} = 0$，$h_\mathrm{f} = 0$，于是机械能衡算方程变为：

$$z_1 + \frac{p_1}{\rho g} = z_2 + \frac{p_2}{\rho g} \quad\quad (1\text{-}32)$$

式（1-32）即为流体静力学方程，可见流体静止状态是流体流动的一种特殊形式。

(三) 管内流动分析

按照流体流动时的流速及其他与流动有关的物理量（例如压力、密度）是否随时间而变化，可将流体的流动分成两类：稳定流动和不稳定流动。连续生产过程中的流体流动，多可视为稳定流动，在开工或停工阶段，则属于不稳定流动。

三、实验装置

伯努利实验装置如图 1-16 所示。该装置为有机玻璃材料制作的管路系统，通过泵使流体循环流动。管路内径为 30mm，节流件变截面处管内径为 15mm。单管压力计 h_1 和 h_2 可用于验证变截面连续性方程，单管压力计 h_1 和 h_3 可用于比较流体经节流件后的能头损失，单管压力计 h_3 和 h_4 可用于比较流体经弯头和流量计后的能头损失及位能变化情况，单管压力计 h_4 和 h_5 可用于验证直管段雷诺数与流体阻力系数关系，单管压力计 h_6 与 h_5 配合使用，用于测定单管压力计 h_5 处的中心点速度。

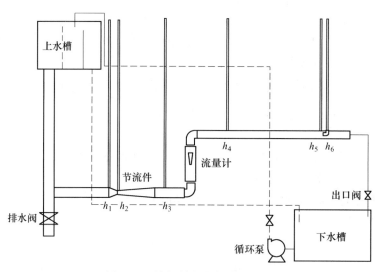

图 1-16 伯努利实验装置流程图

四、实验步骤

（1）先在下水槽中加满清水，保持管路排水阀、出口阀关闭状态，通过循环泵将水注入上水槽中，使整个管路中充满流体，并保持上水槽液位一定高度，可观察流体静止状态时各单管压力计内水位高度。

（2）通过出口阀调节管内流量，注意保持上水槽液位高度稳定（即保证整个系统处于稳定流动状态），并尽可能使转子流量计读数在刻度线上。流量调定后，使整个系统稳定流动 15~20min，观察记录各单管压力计读数和流量值。

(3) 改变流量，观察各单管压力计读数随流量的变化情况。注意每改变一个流量，需给予系统 15~20min，方可读取数据。

(4) 结束实验，关闭循环泵，全部打开出口阀排尽系统内流体，之后打开排水阀排空管内沉积段流体。

五、注意事项

(1) 若不是长期使用该装置，对下水槽内液体也应做排空处理，防止沉积尘土，否则可能堵塞测速管。

(2) 每次实验开始前，也需先清洗整个管路系统，即先使管内流体流动数分钟，检查阀门和管段有无堵塞或漏水情况。

六、数据记录与处理

分别在小流量与大流量情况下观察液柱高度，记录数据，并进行分析，数据记录表见表1-9。

表1-9 实验记录表

流量情况	流量值					
	h_1	h_2	h_3	h_4	h_5	h_6
大流量						
小流量						

（一）h_1 和 h_2 的分析

由转子流量计流量读数和管径可求得流体在 h_1 处的平均流速 u_1（该平均流速适用于系统内其他等管径处）。若忽略 h_1 和 h_2 间的沿程阻力，则适用伯努利方程，且由于 h_1 和 h_2 处等高，则有：

$$\frac{p_1}{\rho g} + \frac{u_1^2}{2g} = \frac{p_2}{\rho g} + \frac{u_2^2}{2g} \tag{1-33}$$

其中，两者静压头差即为单管压力计 h_1 和 h_2 的读数差（mm 水柱），由此可求得流体在 h_2 处的平均流速 u_2。将 u_2 代入式（1-33），验证连续性方程。

（二）h_1 和 h_3 的分析

流体在 h_1 和 h_3 处，经节流件后，虽然恢复到了等管径，但是单管压力计 h_1 和 h_3 的读数差说明了能头的损失（即经过节流件的阻力损失）。且流量越大，读数差越明显。

（三）h_3 和 h_4 的分析

流体经 h_3 到 h_4 处，受弯头和转子流量计及位能的影响，两者高度差为60cm，单管压力计 h_3 和 h_4 的读数差明显，且随流量的增大，读数差也变大，可定性观察流体局部阻力导致的能头损失。

(四) h_4 和 h_5 的分析

直管段 h_4 和 h_5 (h_4 与 h_5 直管段长 L = 60cm) 之间，单管压力计 h_4 和 h_5 的读数差说明了直管阻力的存在（小流量时，该读数差不明显，具体考察直管阻力系数的测定可使用流体阻力装置），根据：

$$h_f = \lambda \frac{L}{d} \frac{u^2}{2g} \tag{1-34}$$

可推算得阻力系数，然后根据雷诺数，作出两者关系曲线。

(五) h_5 和 h_6 的分析

单管压力计 h_5 和 h_6 之差指示的是 h_5 处管路的中心点速度，即最大速度 u_c，有：

$$\Delta h = \frac{u_c^2}{2g} \tag{1-35}$$

考察在不同雷诺数下，与管路平均速度 u 的关系。

七、思考题

(1) 分析流体在流动过程中的能量损失情况及其损失的原因。
(2) 举一两个伯努利方程在生活中应用的实例。

实验 11　流体力学综合实验一　离心泵特性测定

一、实验目的

(1) 能进行光滑管、粗糙管和闸阀局部阻力测定实验，测出湍流区阻力系数与雷诺数关系曲线图。
(2) 能进行离心泵特性曲线测定实验，测出扬程、功率和效率与流量的关系曲线图。
(3) 学习工业上流量、功率、转速、压力和温度等参数的测量方法，了解涡轮流量计、电动调节阀以及相关仪表的原理和操作。

二、实验原理

离心泵的特性曲线是选择和使用离心泵的重要依据之一，其特性曲线是在恒定转速下泵的扬程 H、轴功率 N 及效率 η 与泵的流量 Q 之间的关系曲线，它是流体在泵内流动规律的宏观表现形式。由于泵内部流动情况复杂，不能用理论方法推导出泵的特性关系曲线，只能依靠实验测定。

(一) 扬程 H 的测定与计算

取离心泵进口真空表和出口压力表处为 1、2 两截面，机械能衡算方程为：

$$z_1 + \frac{p_1}{\rho g} + \frac{u_1^2}{2g} + H = z_2 + \frac{p_2}{\rho g} + \frac{u_2^2}{2g} + \Sigma h_f \tag{1-36}$$

由于两截面间的管长较短，通常可忽略阻力项 Σh_f，速度平方差也很小故可忽略，则有：

$$H = z_2 - z_1 + \frac{p_2 - p_1}{\rho g}$$
$$= H_0 + H_1(\text{表值}) + H_2 \tag{1-37}$$

式中，H_0 为泵出口和进口间的位差，m，$H_0 = z_2 - z_1$；ρ 为流体密度，kg/m³；g 为重力加速度 m/s²；p_1、p_2 分别为泵进口和出口的真空度和表压，Pa；H_1、H_2 分别为泵进口和出口的真空度和表压对应的压头，m；u_1、u_2 分别为泵进口和出口的流速，m/s；z_1、z_2 分别为真空表和压力表的安装高度，m。

由式（1-37）可知，只要直接读出真空表和压力表上的数值及两表的安装高度差，就可计算出泵的扬程。

（二）轴功率 N 的测量与计算

$$N = N_{电} \times k \tag{1-38}$$

式中，$N_{电}$ 为电功率表显示值，W；k 为电机传动效率，$k = 0.95$。

（三）效率 η 的计算

泵的效率 η 是泵的有效功率 N_e 与轴功率 N 的比值。有效功率 N_e 是单位时间内流体经过泵时所获得的实际功率，轴功率 N 是单位时间内泵轴从电机得到的功，两者差异反映了水力损失、容积损失和机械损失的大小。

泵的有效功率 N_e 可用下式计算：

$$N_e = HQ\rho g \tag{1-39}$$

故泵效率为：

$$\eta = \frac{HQ\rho g}{N} \times 100\% \tag{1-40}$$

（四）转速改变时的换算

泵的特性曲线是在定转速下的实验测定所得。但是，实际上感应电动机在转矩改变时，其转速会有变化，这样随着流量 Q 的变化，多个实验点的转速 n 将有所差异，因此在绘制特性曲线之前，须将实测数据换算为某一定转速 n' 下（可取离心泵的额定转速 2900r/min）的数据。换算关系如下：

流量
$$Q' = Q\frac{n'}{n} \tag{1-41}$$

扬程
$$H' = H\left(\frac{n'}{n}\right)^2 \tag{1-42}$$

轴功率
$$N' = N\left(\frac{n'}{n}\right)^3 \tag{1-43}$$

效率
$$\eta' = \frac{Q'H'\rho g}{N'} = \frac{QH\rho g}{N} = \eta \tag{1-44}$$

三、实验装置

离心泵特性曲线测定装置流程图如图 1-17 所示。

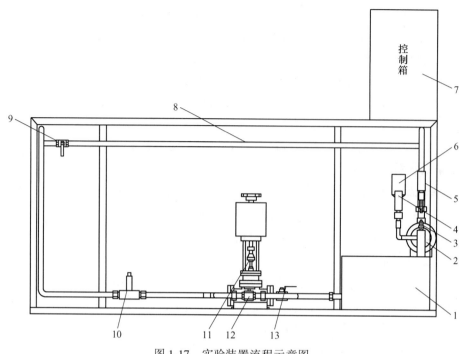

图 1-17 实验装置流程示意图

1—水箱；2—离心泵；3—铂热电阻（测量水温）；4—泵进口压力传感器；5—泵出口压力传感器；
6—灌泵口；7—电器控制柜；8—离心泵实验管路（光滑管）；9—离心泵的管路阀；
10—涡轮流量计；11—电动调节阀；12—旁路闸阀；13—离心泵实验电动调节阀管路球阀

四、实验步骤

（1）清理水箱中的杂质，然后加装实验用水。给离心泵灌水，直到排出泵内气体。

（2）检查各阀门开度和仪表自检情况，试开状态下检查电机和离心泵是否正常运转。开启离心泵之前先将出口阀关闭，当泵达到额定转速后方可逐步打开出口阀。

（3）实验时，通过组态软件或者仪表逐渐增加电动调节阀的开度以增大流量，待各仪表读数显示稳定后，读取相应数据。离心泵特性实验主要获取实验数据为：流量 Q、泵进口压力 p_1、泵出口压力 p_2、电机功率 N、泵转速 n、流体温度 T 和两测压点间高度差 H_0（$H_0 = 0.1\text{m}$）。

（4）测取 10 组左右数据后，可以停泵，同时记录下设备的相关数据（如离心泵型号、额定流量、额定转速、扬程和功率等），停泵前先将出口阀关闭。

五、注意事项

（1）一般每次实验前，均需对泵进行灌泵操作，以防止离心泵气缚。同时注意定期对泵进行保养，防止叶轮被固体颗粒损坏。

（2）泵运转过程中，勿触碰泵主轴部分，因其高速转动，可能会缠绕并伤害身体接触部位。

(3) 不要在出口阀关闭状态下长时间使泵运转，一般不超过 3min，否则泵中液体循环温度升高，易生气泡，使泵抽空。

六、数据记录与处理

（1）记录实验原始数据见表 1-10。

表 1-10　实验数据记录表

实验日期：　　　　　实验人员：　　　　学号：　　　　装置号：
离心泵型号：　　　　额定流量：　　　　额定扬程：
泵进出口测压点高度差 H_0：　　流体温度 T：　　额定功率：

实验次数	流量 Q /m³·h⁻¹	泵进口压力 p_1 /kPa	泵出口压力 p_2 /kPa	电机功率 $N_电$ /kW	泵转速 n /r·min⁻¹

（2）根据原理部分的公式，按比例定律校合转速后，计算各流量下的泵扬程、轴功率和效率，见表 1-11。

表 1-11　实验数据记录表

实验次数	流量 Q /m³·h⁻¹	扬程 H /m	轴功率 N /kW	泵效率 η /%

（3）分别绘制一定转速下的 H-Q、N-Q、η-Q 曲线。
（4）分析实验结果，判断泵最为适宜的工作范围。

七、思考题

(1) 试从所测实验数据分析离心泵在启动时为什么要关闭出口阀门？

(2) 启动离心泵之前为什么要引水灌泵，如果灌泵后依然启动不起来，可能的原因是什么？

(3) 为什么用泵的出口阀门调节流量，这种方法有什么优缺点，是否还有其他方法调节流量？

(4) 泵启动后，出口阀如果不开，压力表读数是否会逐渐上升，为什么？

(5) 正常工作的离心泵，在其进口管路上安装阀门是否合理，为什么？

(6) 试分析，用清水泵输送密度为 1200kg/m³ 的盐水，在相同流量下泵的压力是否变化，轴功率是否变化？

实验 12　流体力学综合实验二　流体流动阻力测定

一、实验目的

(1) 掌握测定流体流经直管、管件和阀门时阻力损失的一般实验方法。

(2) 测定直管摩擦系数 λ 与雷诺数 Re 的关系，验证在一般湍流区内 λ 与 Re 的关系曲线。

(3) 测定流体流经管件、阀门时的局部阻力系数 ξ。

(4) 学会倒置 U 形压差计和涡轮流量计的使用方法。

(5) 识辨组成管路的各种管件、阀门，并了解其作用。

二、实验原理

流体通过由直管、管件（如三通和弯头等）和阀门等组成的管路系统时，由于黏性剪应力和涡流应力的存在，要损失一定的机械能。流体流经直管时所造成的机械能损失称为直管阻力损失。流体通过管件、阀门时因流体运动方向和速度大小改变所引起的机械能损失称为局部阻力损失。

（一）直管阻力摩擦系数 λ 的测定

流体在水平等径直管中稳定流动时，阻力损失为：

$$h_f = \frac{\Delta p_f}{\rho} = \frac{p_1 - p_2}{\rho} = \lambda \frac{l}{d} \frac{u^2}{2} \tag{1-45}$$

即

$$\lambda = \frac{2d\Delta p_f}{\rho l u^2} \tag{1-46}$$

式中，λ 为直管阻力摩擦系数，无因次；d 为直管内径，m；Δp_f 为流体流经 1m 直管的压力降，Pa；h_f 为单位质量流体流经 1m 直管的机械能损失，J/kg；ρ 为流体密度，kg/m³；l 为直管长度，m；u 为流体在管内流动的平均流速，m/s。

滞流（层流）时，

$$\lambda = \frac{64}{Re} \quad (1\text{-}47)$$

$$Re = \frac{du\rho}{\mu} \quad (1\text{-}48)$$

式中，Re 为雷诺数，无因次；μ 为流体黏度，kg/(m·s)。

湍流时 λ 是雷诺数 Re 和相对粗糙度（ε/d）的函数，须由实验确定。

由式（1-46）可知，欲测定 λ，需确定 l、d，测定 Δp_f、u、ρ、μ 等参数。l、d 为装置参数（装置参数表格中给出），ρ、μ 可通过测定流体温度，再查有关手册而得，u 通过测定流体流量，再由管径计算得到。

例如本装置采用涡轮流量计测流量 V：

$$u = \frac{V}{900\pi d^2} \quad (1\text{-}49)$$

Δp_f 可用 U 形管、倒置 U 形管、测压直管等液柱压差计测定，或采用差压变送器和二次仪表显示。

（1）当采用倒置 U 形管液柱压差计时：

$$\Delta p_f = \rho g R \quad (1\text{-}50)$$

式中，R 为水柱高度，m。

（2）当采用 U 形管液柱压差计时：

$$\Delta p_f = (\rho_0 - \rho) g R \quad (1\text{-}51)$$

式中，R 为液柱高度，m；ρ_0 为指示液密度，kg/m³。

根据实验装置结构参数 l、d，指示液密度 ρ_0，流体温度 T_0（查流体物性 ρ、μ），以及实验测定的流量 V、液柱压差计的读数 R，通过式（1-46）、式（1-48）~式（1-51）求取 Re 和 λ，再将 Re 和 λ 标绘在双对数坐标图上。

（二）局部阻力系数 ξ 的测定

局部阻力损失通常有两种表示方法，即当量长度法和阻力系数法。

1. 当量长度法

流体流过某管件或阀门时造成的机械能损失可看作与某一长度为 l_e 的同直径的管道所产生的机械能损失相当，此折合的管道长度称为当量长度，用符号 l_e 表示。这样，就可以用直管阻力的公式来计算局部阻力损失，而且在管路计算时可将管路中的直管长度与管件、阀门的当量长度合并在一起计算，则流体在管路中流动时的总机械能损失 $\sum h_f$ 为：

$$\sum h_f = \lambda \frac{l + \sum l_e}{d} \frac{u^2}{2} \quad (1\text{-}52)$$

2. 阻力系数法

流体通过某一管件或阀门时的机械能损失表示为流体在小管径内流动时平均动能的某一倍数，局部阻力的这种计算方法，称为阻力系数法。即：

$$h'_f = \frac{\Delta p'_f}{\rho g} = \xi \frac{u^2}{2} \quad (1\text{-}53)$$

故
$$\xi = \frac{2\Delta p'_f}{\rho g u^2} \qquad (1\text{-}54)$$

式中，ξ 为局部阻力系数，无因次；$\Delta p'_f$ 为局部阻力压降，Pa（本装置中，所测得的压降应扣除两测压口间直管段的压降，直管段的压降由直管阻力实验结果求取）；ρ 为流体密度，kg/m^3；g 为重力加速度，9.81m/s^2；u 为流体在小截面管中的平均流速，m/s。

待测的管件和阀门由现场指定。本实验采用阻力系数法测定管件或阀门的局部阻力损失。根据连接管件或阀门两端管径中小管的直径 d、指示液密度 ρ_0、流体温度 T_0（查流体物性 ρ、μ），以及实验时测定的流量 V、液柱压差计的读数 R，通过式（1-51）~ 式（1-54）求取管件或阀门的局部阻力系数 ξ。

三、实验仪器

实验装置如图 1-18 所示。

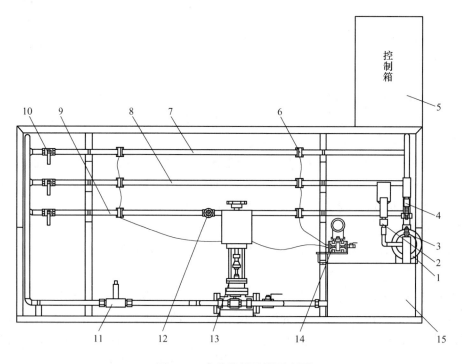

图 1-18 实验装置流程示意图

1—离心泵；2—进口压力变送器；3—铂热电阻（测量水温）；4—出口压力变送器；5—电气仪表控制箱；6—均压环；7—粗糙管；8—光滑管（离心泵实验中充当离心泵管路）；9—局部阻力管；10—管路选择球阀；11—涡轮流量计；12—局部阻力管上的闸阀；13—电动调节阀；14—差压变送器；15—水箱

实验对象部分是由贮水箱，离心泵，不同管径、材质的水管，各种阀门、管件，涡轮流量计和倒 U 形压差计等组成。管路部分有三段并联的长直管，分别用于测定局部阻力系数、光滑管直管阻力系数和粗糙管直管阻力系数。测定局部阻力部分使用不锈钢管，其上装有待测管件（闸阀）；光滑管直管阻力的测定同样使用内壁光滑的不锈钢管，而粗糙管直管阻力的测定对象为管道内壁较粗糙的镀锌管。水的流量使用涡轮流量计测量，管路和管件的阻力采用差压变送器将差压信号传递给无纸记录仪。

装置参数见表1-12。由于管子的材质存在批次的差异，因此可能会产生管径的不同，所以表中的管内径只能作为参考。

表 1-12 装置参数

名称	材质	管内径/mm		测量段长度/cm
		管路号	管内径	
局部阻力	闸阀	1A	20.0	95
光滑管	不锈钢管	1B	20.0	100
粗糙管	镀锌铁管	1C	21.0	100

四、实验步骤

（1）泵启动。首先对水箱进行灌水，然后关闭出口阀，打开总电源和仪表开关，启动水泵，待电机转动平稳后，把出口阀缓缓开到最大。

（2）实验管路选择。选择实验管路，把对应的进口阀打开，并在出口阀最大开度下，保持全流量流动 5~10min。

（3）流量调节。手控状态，电动调节阀的开度选择100，然后开启管路出口阀，调节流量，让流量在 1~4m³/h 范围内变化，建议每次实验变化 0.5m³/h 左右。每次改变流量，待流动达到稳定后，记下对应的压差值；自控状态，流量控制界面设定流量值或设定电动调节阀开度，待流量稳定记录相关数据即可。

（4）计算。装置确定时，根据 Δp 和 u 的实验测定值，可计算 λ 和 ξ，在等温条件下，雷诺数 $Re = du\rho/\mu = Au$（其中 A 为常数），因此只要调节管路流量，即可得到一系列 λ 和 Re 的实验点，从而绘出 λ-Re 曲线。

（5）实验结束。关闭出口阀，关闭水泵和仪表电源，清理装置。

五、数据记录与处理

（1）根据上述实验测得的数据填写到表 1-13 中。

表 1-13 实验数据记录表

直管基本参数：　　光滑管径：　　粗糙管径：　　局部阻力管径：

序号	光滑管			粗糙管			局部阻力管		
	温度/℃	流量/m³·h⁻¹	压差/kPa	温度/℃	流量/m³·h⁻¹	压差/kPa	温度/℃	流量/m³·h⁻¹	压差/kPa

(2) 根据粗糙管实验结果，在双对数坐标纸上标绘出 λ-Re 曲线，对照《传输过程原理》中图 4-2 的尼古拉则实验曲线图，即可估算出该管的相对粗糙度和绝对粗糙度。
(3) 根据光滑管实验结果，对照柏拉修斯方程，计算其误差。
(4) 根据局部阻力实验结果，求出闸阀全开时的平均 ξ 值。
(5) 对实验结果进行分析讨论。

六、思考题

(1) 在对装置做排气工作时，是否一定要关闭流程尾部的出口阀，为什么？
(2) 如何检测管路中的空气已经被排除干净。
(3) 以水作介质所测得的 λ-Re 关系能否适用于其他流体，如何应用？
(4) 在不同设备上（包括不同管径），不同水温下测定的 λ-Re 数据能否关联在同一条曲线上？
(5) 如果测压口、孔边缘有毛刺或安装不垂直，对静压的测量有何影响？

实验 13 边界层实验

一、实验目的

了解流体流过固体表面时形成边界的特性，以及影响其特性的因素。

二、实验原理

当流体流过固体表面时，在接触固体表面的地方，由于表面对流动流体的外摩擦作用，流体的流动速度为零。随着距表面法向距离 y 的增加，流速 u_x 逐渐增加，当 y 增加到一定值后，流速不再增加，并与来流（主流）速度 u_0 相等，这一速度变层称为边界层或附面层。边界层的形成和发展过程如图 1-19 所示，并具有如下的特征。

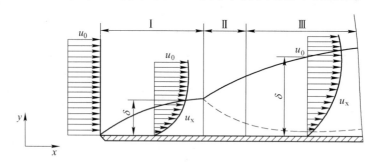

图 1-19 边界层典型形状
Ⅰ—层流区；Ⅱ—过渡区；Ⅲ—紊流区

边界的厚度 δ 定义为 $u_x/u_0 = 0.99$ 处距壁面的垂直距离，δ 与壁面长度相比为极小值；δ 随 x 的增加而增加；从 $x=0$ 开始至 x 为一定值 x_c 的距离内，流体呈层流流动，x_c 以后转化为呈紊流流动，在它们中间存在一个过渡区，为完全发展的紊流流动，在紊流区内，紧靠壁处仍有一薄层呈层流流动，称为层流底层。层流边界层区与紊流边界层区具有不同的速度剖面，前者为抛线分布，后者趋于一致。壁面处具有最大的速度梯度，对于流体流过平板的情况，转化为临界 Re_x 的值为 $1×10^5 \sim 5×10^5$。

$$Re_x = \frac{u_{ox} x_c}{\nu}$$

式中，Re_x 为雷诺数；u_{ox} 为原始流速；x_c 为临界距离；ν 为运动黏度。

在紊流区域内紊流层与层流底层之间事实上存在一个过渡层，但可略而不计（普兰特紊流边界层概念）。增大边界层外主流区的紊流度或增加表面的粗糙度都会降低临界雷诺数。

三、实验仪器

如图 1-20 所示，移动与螺旋测微器相连的特殊测压管就可测得平板表面上的速度分布和主流速度分布。边界层的厚度由螺旋测微器读出，螺旋测微器的读法是每转动一周为 0.5mm，转动两周为 1mm，小数点后可准确的读出两位数。

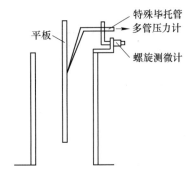

图 1-20　边界层测量示意图

四、实验步骤

（一）边界层形成发展边缘曲线的测定

（1）根据多管式压力计中心的平衡水泡，调节多管式压力计底部螺丝直至水平。

（2）旋转连通器底盘至多管式压力计玻璃管中的水位到达一个整数值，作为初始位置并记录。

（3）将刀口型毕托管（测全压）、毕托管（测静压）与多管式压力计相连，保持测静压的毕托管的静压进气口与刀口型毕托管的进气口在一个水平高度。

（4）开动风机，将风机底部闸板固定在某一位置，固定平板底部对准某一刻度线（100、130、160、190、220、250），然后转动螺旋测微器使刀口型毕托管紧靠平板表面（用小纸条能插入缝隙即可），视边界层原始厚度为零。旋转刀口型毕托管上的螺旋测微器直至测全压的玻璃管内的水位不再下降，记录下此时螺旋测位器的读数即为此平板位置处边界层的厚度。改变平板的位置，重复测量。

（5）变换闸板位置，重复步骤（4）。

（二）速度变化曲线的测定

（1）取边界曲线测定中的一组数据当中的两个平板位置进行速度变化曲线的测定实验。

（2）将选定平板位置对应的边界层厚度 δ 均分为 6 份，分别将螺旋测微器读数调至 $\frac{1}{6}\delta$、$\frac{2}{6}\delta$、$\frac{3}{6}\delta$、$\frac{4}{6}\delta$、$\frac{5}{6}\delta$、δ，记录下测全压和静压的玻璃管的水位。

（3）改变平板位置，重复以上步骤。

五、注意事项

（1）边界层边缘曲线测定实验中，螺旋测微器旋转速度一定要很慢。

(2) 对于边界层的边缘曲线可以认为 x_0 处 $\delta x_0 = 0$。

(3) 对于速度变化曲线，可认为 $y = 0$ 处速度为零。

六、数据记录与处理

大气压 $p_{大气} = $ ____ mm 汞柱；大气温度 $t = $ ____ ℃；

空气密度 $\rho = \dfrac{p_{大气} + p_{静}}{R(t + 273)}$ kg/m³；空气黏度 $\mu = \dfrac{\rho}{\nu}$ kg/(m·s)。

在两个不同风速下的实验数据见表 1-14。

表 1-14　两个不同风速下的实验数据

风速 I		风速 II	
$p_{全} = $ 　mmH₂O	$p_{静} = $ 　mmH₂O	$p_{全} = $ 　mmH₂O	$p_{静} = $ 　mmH₂O
$p_{动01} = $	$U_{01} = $ 　m/s	$p_{动02} = $	$U_{02} = $ 　m/s
x_n	δx_n	x_n	δx_n
$x_1 = 100$		$X_1 = 100$	
$x_2 = 130$		$X_2 = 130$	
$x_3 = 160$		$X_3 = 160$	
$x_4 = 190$		$X_4 = 190$	
$x_5 = 220$		$X_5 = 220$	
$x_6 = 250$		$X_6 = 250$	

同一风速下两个平板位置处的数据见表 1-15。

表 1-15　在同一风速下两个平板位置处的数据

$x_1 = $			$x_2 = $		
y_n	$p_{动}$	U_n/m·s⁻¹	y_n	$p_{动}$	U_n/m·s⁻¹
$y_0 = 0$	$p_{动y0} = $	$U_{xy0} = $	$y_0 = 0$	$p_{动y0} = $	$U_{xy0} = $
$y_1 = $	$p_{动y1} = $	$U_{xy1} = $	$y_1 = $	$p_{动y1} = $	$U_{xy1} = $
$y_2 = $	$p_{动y2} = $	$U_{xy2} = $	$y_2 = $	$p_{动y2} = $	$U_{xy2} = $
$y_3 = $	$p_{动y3} = $	$U_{xy3} = $	$y_3 = $	$p_{动y3} = $	$U_{xy3} = $
$y_4 = $	$p_{动y4} = $	$U_{xy4} = $	$y_4 = $	$p_{动y4} = $	$U_{xy4} = $
$y_5 = $	$p_{动y5} = $	$U_{xy5} = $	$y_5 = $	$p_{动y5} = $	$U_{xy5} = $
$y_6 = $	$p_{动y6} = $	$U_{xy6} = $	$y_6 = $	$p_{动y6} = $	$U_{xy6} = $

注：速度计算公式 $u_0 = \sqrt{\dfrac{2 \times 9.81(p_{全} - p_{静})}{\rho}}$。

七、思考题

（1）根据表 1-14 分别画出两个风速下边界层的形成发展边缘曲线，并对比分析两条曲线。

（2）根据表 1-15 画出两个平板位置处的速度分布曲线，即边界层内，在 x 方向一流体流动方向上的速度分布曲线。

（3）请分析风速的大小对边界层厚度及边缘曲线的影响。

实验 14　流体流速和流量的测量及毕托管校正实验

一、实验目的

（1）熟悉大气压力、多管压力计、毕托管的工作原理、结构和使用方法。

（2）学会用毕托管来测量矩形断面上的流速并计算流量。

（3）掌握毕托管的校正方法，确定毕托管的校正系数。

二、实验原理

流体流动时的能量，包括静压能、位压能和动压能。对于不可压缩的理想流体，这三种能量之和为常数。当流体水平流动时，流体的位压能保持不变，则其静压能与动压能之和为常数，称为全压能，即：

$$p + \frac{u^2}{2}\rho = p_0 \tag{1-55}$$

毕托管测量流速的原理就是根据式（1-55），通过测得流体的 p_0 和 p 来计算出流体速度的大小。故式（1-55）也可写为：

$$p_0 - p = \frac{u^2}{2}\rho \tag{1-56}$$

即：

$$u = \sqrt{\frac{2(p_0 - p)}{\rho}}$$

式中，p_0 为全压能，即全压力，Pa；p 为静压能，即静压力，Pa；ρ 为流体的密度，kg/m³。

全压力和静压力通常用毕托管来测量，它实际上是由测全压力管和测静压力管组成的复合测管，它由两个同心的套管所组成，中心管头部敞开，接受全压力，外套管头部封闭，而侧面开有许多小孔，接受静压力。使用时毕托管必须迎向气流方向，接受真正的全压力，然后分别接到压力计上，测得全压力和静压力，其结构如图 1-21 所示。

毕托管测得的为某点的速度，为了测定某截面上的平均速度，必须将截面按面积均分若干份，测定各份速度然后再求其平均值：

$$u_{均} = \frac{\sum F_i u_i}{nF_i} = \frac{1}{n}(u_1 + u_2 + \cdots + u_n) \tag{1-57}$$

对于矩形截面上的测点位置分布如图 1-22 所示。当测得平均流速后，根据截面大小即可求得流量 $Q = u_{均} \times F$；考虑到流体压缩性时，可按下式计算：

$$p_0 - p = \frac{u^2}{2}\rho\left[1 + \frac{m^2}{4} + \frac{2-X}{24}M^4 + \frac{(2-X)(3-2X)}{192}M^6 + \cdots\right] \quad (1\text{-}58)$$

式中，M 为马赫数；X 为气体绝对指数，$X = C_p/C_v$。

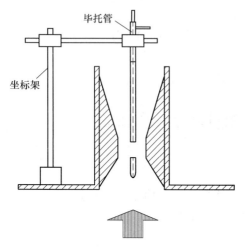

图 1-21 毕托管测速原理图

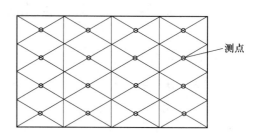

图 1-22 矩形截面上的测点位置分布

全压力和静压力可用多管式压力计测得，也可用 U 形压力计或斜管压力计综合测得其差值，即动压值。在使用多管式压力计时首先调整其水平，即利用底盘上的调整螺丝，观察水准线泡的位置，使其处于正中位置。接上引压管，即可测得压力的大小，待其稳定读数后，调整水位缸的高度，使通大气的液柱中的水位处于某个合适的位置，这时即可读数。

读数时按柱内液面的最低点为标准（若为水银时则读最高点）。如果测得读数较小，可将多管压力计转动，倾斜一定角度，则可读得较大读数。但实际的压力读数应乘以正弦倾斜角。如果测得压力波动较大，则可在管路上加阻尼管（例如用一毛细管连通，或用螺旋夹夹住，使流通面积减小，但不得夹死）。

由于毕托管的几何形状及制造工艺水平不同，使得测得的动压力（p_0-p）并非真正实际的动压力。严格来说，测得的全压力只是驻点附近的平均全压力，而不是驻点的全压力，同时静压力孔附近的流体静压力要受到毕托管头部形状的影响，很难测得真实的静压力，故必须引入校正系数 ξ。

$$(p_0 - p)\xi = \frac{u^2}{2}\rho \quad (1\text{-}59)$$

式中，ξ 为毕托管校正系数，一般近似等于 1。

对于每个毕托管，都必须校正后确定其值才能使用，结构良好的毕托管，其值接近于 1。

在实验中利用已知校正系数 $\xi_{已}$ 的标准毕托管，用比较法来校正未知 $\xi_{未}$ 的实用毕托管，校正时它是置于流场中同一点，其流速相同，通过测量值的比较，来算出被校正值毕托管的 $\xi_{未}$ 值。

根据
$$u = \sqrt{\frac{2(p_0-p)_{未}\xi_{未}}{\rho}} = \sqrt{\frac{2(p_0-p)_{已}\xi_{已}}{\rho}} \quad (1\text{-}60)$$

由此得到：

$$\xi_\text{未} = \frac{(p_0 - p)_\text{已}\,\xi_\text{已}}{(p_0 - p)_\text{未}} \tag{1-61}$$

式中，$(p_0-p)_\text{未}$ 为用未知 ξ 的毕托管测得的动压力；$(p_0-p)_\text{已}$ 为用已知 ξ 的毕托管测得的动压力。

在不同的流速下，可有不同的 $\xi_\text{未}$ 值，可以画出校正曲线，为了使用方便起见，也可求其平均值来应用于各流速。

三、实验装置

动量传输实验台。

四、实验步骤

（1）根据多管式压力计中心的平衡水泡，调节多管式压力计底部螺丝直至水平。

（2）连接毕托管和多管式压力计，旋转连通器底盘至多管式压力计玻璃管中的水位到达一个整数值，作为初始位置并记录。

（3）开动风机，将风机底部闸板选择固定在某一位置，如图 1-22 所示，将出口横截面分成 16 个等分小格，在同一个流量情况下，用毕托管测定每一个小格中心处的风速。在出口横截面的中心处和不同流量情况下，分别用标准毕托管的被校正毕托管测得气流的气压力和静压力。

（4）变换闸板位置，重复测量。

（5）毕托管的校正：在同一风速下分别用已知校正系数的毕托管和未知校正系数的毕托管测量出风口正中心位置的全压和静压，变化 5 个风速，重复测量。

五、注意事项

测量过程中毕托管务必保持垂直，倾斜会导致测量的数据不准。

六、数据记录与处理

（一）原始数据记录

3 个不同流量情况下，16 个分格中心处测得的气流数据见表 1-16。

表 1-16　气流数据

原始数据	大气温度 $t=$ 　℃；大气压 $p_\text{大气}=$ 　mmH$_2$O					
测量地点	风速Ⅰ		风速Ⅱ		风速Ⅲ	
	测全压力玻璃管内水柱高 /mmH$_2$O	测静压力玻璃管内水柱高 /mmH$_2$O	测全压力玻璃管内水柱高 /mmH$_2$O	测静压力玻璃管内水柱高 /mmH$_2$O	测全压力玻璃管内水柱高 /mmH$_2$O	测静压力玻璃管内水柱高 /mmH$_2$O
1						
2						
3						

续表 1-16

原始数据	大气温度 $t=$ ℃；大气压 $p_{大气}=$ mmH$_2$O					
测量地点	风速 I		风速 II		风速 III	
	测全压力玻璃管内水柱高 /mmH$_2$O	测静压力玻璃管内水柱高 /mmH$_2$O	测全压力玻璃管内水柱高 /mmH$_2$O	测静压力玻璃管内水柱高 /mmH$_2$O	测全压力玻璃管内水柱高 /mmH$_2$O	测静压力玻璃管内水柱高 /mmH$_2$O
4						
5						
6						
7						
8						
9						
10						
11						
12						
13						
14						
15						
16						

5 个不同流量情况下，在中心处测得的气流数据见表 1-17。

表 1-17　5 个不同流量情况下，在中心处测得的气流数据

流量情况	1	2	3	4	5
标准毕托管全压力读数/mmH$_2$O					
标准毕托管静压力读数/mmH$_2$O					
被校毕托管全压力读数/mmH$_2$O					
被校毕托管静压力读数/mmH$_2$O					

（二）数据整理及计算

流体性质计算：

$$p_{全}(\text{mmH}_2\text{O}) = 9.81 p_{全}(\text{Pa})$$
$$p_{静}(\text{mmH}_2\text{O}) = 9.81 p_{静}(\text{Pa})$$

$$\rho = \frac{p_{绝}}{RT} = \frac{p_{大气} + p_{静}}{287.2 \times (t + 273)} \tag{1-62}$$

利用式（1-63）求得各点速度：

$$u = \sqrt{\frac{2 \times 9.81 \times (p_{全} - p_{静})}{\rho}} \xi \tag{1-63}$$

式中，ξ 为毕托管校正系数；$p_{全}$-$p_{静}$ 为测得的动压力。

各点风速见表 1-18。

表 1-18 数据整理结果列表

测量位置	风速 I	风速 II	风速 III
	用毕托管测得风速/m·s^{-1}	用毕托管测得风速/m·s^{-1}	用毕托管测得风速/m·s^{-1}
1			
2			
3			
4			
5			
6			
7			
8			
9			
10			
11			
12			
13			
14			
15			
16			
平均			

根据已知标准毕托管的 $\xi_\text{已}$ 值测得压力 $(p_0-p)_\text{已}$、$(p_0-p)_\text{未}$，用式（1-64）求得被校毕托管的 $\xi_\text{未}$ 值，并求其平均值，见表 1-19。计算结果列于表 1-19 中。

$$\xi_\text{未} = \frac{(p_0-p)_\text{已} \cdot \xi_\text{已}}{(p_0-p)_\text{未}} \quad (1\text{-}64)$$

表 1-19 计算结果列表

实验次数	1	2	3	4	5	平均
标准毕托管测得的动压力						
被校毕托管测得的动压力 $(p_0-p)_\text{未}$						
$\xi_\text{未}$						

七、思考题

（1）如果所测管道为圆形截面，应如何来求其平均流速，从而确定流量。

（2）毕托管的校正系数受哪些因素的影响？

（3）用毕托管测量时为什么一定要对准来流方向，还应注意什么因素？

实验 15 连续流动管式反应器实验

一、实验目的

(1) 流体停留时间的测定方法。
(2) 连续流动管式反应器的实际流动状况与理想的活塞流模型的偏离程度。
(3) 流体的流动形态（层流与湍流）与活塞流模型的关系。
(4) 流体的湍动程度（雷诺数的大小）对流体的停留时间分布的影响。

二、实验原理

管道反应器是一种呈管状、长径比很大的连续操作反应器，这种反应器可以很长，如丙烯二聚的反应器管长以公里计；较短的如精细化工中的管道反应器，一般长度在几十米。反应器的结构可以是单管，也可以是多管并联。可以是空管，如管式裂解炉，也可以是在管内填充颗粒状催化剂的填充管，以进行多相催化反应，如列管式固定床反应器。通常，反应物流处于湍流状态时，空管的长径比大于 50；填充段长与粒径之比大于 100（气体）或 200（液体），物料的流动可近似地视为平推流（活塞流）。

当流体连续流过管式反应器时，若所有流体元在反应器内的停留时间都相同，则这种流动称为活塞流，活塞流是一种理想流动模型。但实际管式反应器都或多或少地偏离了这种完全理想化的活塞流模型，也就是说流体通过反应器时，存在着一定的停留时间分布。这种偏离产生的原因很多，其中除流体流过设备时的短路、死角等可以克服的不正常因素外，流动边界层的速度梯度和完整的轴向扩散本身往往是难以完全消除的重要因素。

要掌握连续流动反应器的性能，必须首先研究流体流过反应器的停留时间分布，然后才能提出改善反应器性能的措施和寻求非理想流动的数学模型。流动模型的准确程度决定模拟试验的可靠性和精确度。对于初学者来说，理解和掌握这样一个重要而又复杂的问题，首先应通过直接观察实验现象，对停留时间分布有一个直观、形象的认识，才能为进一步探讨非理想流动模型打开入门之路。

雷诺数 Re 的计算见式 (1-65)：

$$Re = u \frac{d}{\nu} \tag{1-65}$$

式中，u 为流速；d 为玻璃管直径，$d = 2.16\text{cm}$；ν 为运动黏度。

运动黏度由式 (1-66) 可得：

$$\nu = \frac{0.0178}{1 + 0.0337t + 0.000221t^2} \text{ (cm/s)} \tag{1-66}$$

式中，t 为实验用水的温度。

流速的计算见式 (1-67)：

$$u = \frac{Q}{A} = \frac{Q}{\pi \dfrac{d^2}{4}} \text{ (cm/s)} \tag{1-67}$$

式中，Q 为流量；A 为玻璃管的横截面积；d 为玻璃管直径，$d=2.16\text{cm}$。

管式反应器的特点：

（1）由于反应物的分子在反应器内停留时间相等，因此在反应器内任何一点上的反应物浓度和化学反应速度都不随时间而变化，只随管长变化。

（2）管式反应器具有容积小、比表面积大、单位容积的传热面积大的特点，特别适用于热效应较大的反应。

（3）由于反应物在管式反应器中反应速度快、流速快，因此它的生产能力高。

（4）管式反应器适用于大型化和连续化的化工生产。

（5）和釜式反应器相比较，其返混较小，在流速较低的情况下，其管内流体流型接近于理想流体。

（6）管式反应器既适用于液相反应，又适用于气相反应，用于加压反应尤为合适。

此外，管式反应器可实现分段温度控制。其主要缺点是反应速率很低时所需管道过长，工业上不易实现。

停留时间分布是研究设备流动状况的重要手段之一，但同样的停留时间分布不一定存在相同的流动、混合和接触状况。典型的停留时间分布结果如图 1-23 所示。

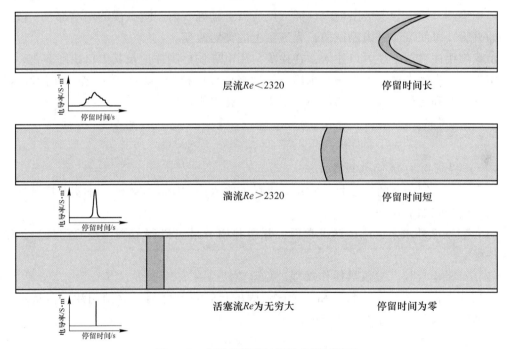

图 1-23 典型的停留时间分布测试结果

三、实验装置

实验装置主要由管式反应器、循环水泵和贮水槽，以及电导仪和电脑等组成，并以去离子水为实验物系，以氯化钾为示踪剂，如图 1-24 所示，水由贮水槽，经循环水泵、调节阀和转子流量计，流入管式反应器。反应器排出的水返回贮水槽，但在注入示踪剂后的整个测试阶段，反应器排出的水不得返回贮水槽。

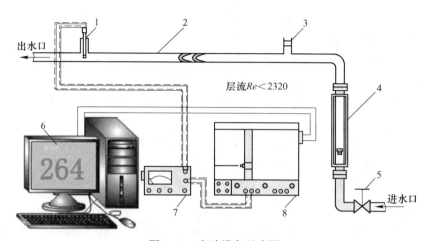

图 1-24 实验设备示意图

1—电导电极；2—管式反应器；3—示踪剂入口；4—流量计；5—阀门；
6—计算机；7—电导率仪；8—数据记录

管式反应器为一水平安装的玻璃管，取其中的一段作为测试段，测试段两端设示踪剂主入口和检测口。电导电极由检测口插入反应器管轴处。由于测试段的两端都有一段直径相同的直管，可使流体进出测试段，无流型上的突然改变。

示踪剂用注射器由注射口注入，在检测口用电导仪检测并记录其出口浓度变化。

实验前，先将去离子水灌满贮水槽；然后将电导电极插入玻璃管中心，连接好电路，并按流程检查和运行，表明仪器仪表一切正常后，关机待用。

四、实验步骤

（一）停留时间分布的测定方法

测定停留时间分布的方法目前常用的有脉冲输入法和阶跃加入法。本实验按脉冲加入法操作，其步骤如下：

（1）启动循环水泵，待运转正常后，开启并调节泵出口调节阀，按所需流量，使水流保持稳定。

（2）开动电导仪，按仪器操作规程进行调整。

（3）当主流流体的流动状况和各测试仪表的运转正常之后，立即用注射器从示踪剂注入口迅速注入 KCl 饱和溶液 4~5mL。

（4）待电导率仪显示的电导率不变后，关掉开关。

（5）实验结束后请关闭水管开关与所有设备的电源开关。

（6）通过演示操作，观察并了解脉冲输入法测定停留时间分布的全过程。

（二）流体的湍动程度与停留时间的分布

操作方法：调节泵出口阀 5，在雷诺数 4000~10000 范围内，任选 2~3 个流量值依次进行调节，每调一次水的流量，待流动稳定后，再按上述脉冲输入法的操作步骤，测定停留时间分布。

观察现象：当着色的示踪物注入后，从透明的反应器中可观察到不同雷诺数下的流速分布图像，即随着流速的增大，各流体元（着色示踪物）在同一截面上的流速分布趋于均匀的现象。

然后再比较记录仪记录下来的脉冲-响应曲线，可以清晰地看到雷诺数较大时响应曲线的宽度要比雷诺数较小时窄。

五、注意事项

（1）本实验装置采用开-开式管式反应器，旨在造成测试段内达到完全发展了的边界层流动。稍作改进也可以从事闭-闭式管式反应器的实验。本实验装置不仅可用作课堂演示，也可用于定量测定管式反应器内物料停留时间的数学期望与散度和模型参数等的教学实验。

（2）在开-开式管式反应器中，采用脉冲加入法测定停留时间分布，以在 Re 为 4000~10000 的范围内进行为宜。当雷诺数较小时，注入示踪物在径向难以分布均匀，而且示踪物的注入对流型的影响也较大。

（3）为了增强演示实验的直观性，应在示踪剂氯化钾溶液中加入适量的红色墨水。

（4）实验中采用去离子水效果较好，但也可以用普通的自来水作演示。

（5）由于实验设备材质较脆，请轻拿轻放。

（6）注意保护实验电气设备不要被水浸湿。

（7）实验结束后请关闭水管开关与所有设备的电源开关。

六、数据记录与处理

实验记录表见表 1-20。

表 1-20 实验记录表

实验号	水温 T /℃	运动黏度 ν /cm²·s⁻¹	电导率 σ /μS·cm⁻¹	流速 u /cm·s⁻¹	停留时间 t_1/s	停留时间 t_2/s	流量 Q /cm³·s⁻¹	雷诺数 Re	流体形态
1									
2									
3									
4									
5									

本实验采用电导仪检测出口示踪物 KCl 的浓度，因此所得的实验响应曲线为与 KCl 浓度相应的电信号随时间的变化关系，图中纵坐标为电压 U，横坐标为记录的时间。

实验证明，KCl 水溶液的浓度 c 与电导仪记录的电压信号呈线性关系。又经推导得出，示踪液的浓度 c 与停留时间分布密度函数 $E(t)$ 之间存在如下关系，即：

$$E(t) = \frac{V_s}{M_o} c(t)$$

式中，V_s 为主流流体的体积流率，m³/s；M_o 为示踪物加入总量，kg；$c(t)$ 为示踪物的浓度，kg/m³。

在一定的条件下，V_s 和 M_0 为定值，说明实验曲线纵坐标上的电压 $U(\mathrm{mV})$ 与停留时间分布密度函数也只是简单的倍率关系。

由此可见，实验获得的响应曲线可以经过变换得到停留时间分布函数曲线。

显然，实验所得的脉冲-响应曲线，也可直接用来定性分析研究反应器内物料的停留时间的分布规律及其流动状况与理想流动模型的偏离程度。根据实验曲线的形状和相对位置，可以检查反应器偏离理想流动模型的程度。判断反应器中产生的不正常流动状况。例如，从本实验所得的实验曲线可以断定反应器未能达到活塞流模型。因为活塞流模型的响应曲线应为一条按平均停留时间标绘的垂直线，即峰宽度为零，从峰宽度的大小可直接判断偏离理想模型的程度。

若要进一步定量表达反应内物料的流动状况，或求算流动模型参数，则也可以直接地由实验所得的响应曲线，计算停留时间分布的数学期望和散度（方差值）。

当流体在直管内作稳定流动时，从管中心到管壁存在一定径向速度梯度，各流体元在管内沿轴向流动的线速度是不一致的。这就是造成各流体元通过管式反应器时，具有不同停留时间的重要原因之一。

当流体在直管内作稳定的层流流动时，流体的流速分布按抛物面分布，径向速度梯度较大；当流体在直管内作稳定的湍流流动时，流体的流速分布趋于平坦，径向的速度梯度减小。这就是湍流较层流时各流体元停留时间分布趋于更均一的原因。

从湍流边界层的研究中得知，当流体作湍流流动时，流通主流的速度分布虽趋于均匀，但在近管壁处仍然存在速度梯度较大的层流底层。随着流量的增大，湍动程度加剧，层流底层减薄，速度分布更趋于均一，致使各流体元的停留时间更为均一。这就是实验中观察到的响应曲线的宽度随雷诺数增大（湍动加剧）而变窄的原因。

尽管湍动程度加大，近管壁处层流随之减薄，但总是不能完全消失。所以，湍动程度加大，虽可使停留时间趋于均一，但永远达不到理想的活塞流模型。这与观察到的实验现象是完全一致的。

由此可见，不同雷诺数下的流速分布，对反应器的性能会造成很大的影响。提高雷诺数，加剧湍动程度，是改善停留时间分布，使之更接近活塞流模型的有效措施。

通过演示实验，可以清晰地了解：流型、雷诺数、流速分布和停留时间分布之间的相互关系。

在管式反应器内造成非理想流动的原因，除了流动边界层的径向速度分布之外，还有物质扩散效应。对于空管来说，加大湍动，虽可使径向速度分布趋于均一，但涡流扩散也会引起轴向反混（不同流体元的轴向混合）加剧。因此，除加大湍动程度外，可加大管式反应器的长径比，或者在条件许可下，在管内均匀合理地装填填料。填料层会使流体的径向速度分布更趋于均一，而且有阻碍轴向的混合作用，较空管更趋近活塞流模型。水的容重、密度、黏度、表面张力与温度的性质见表 1-21。

表 1-21 水的容重、密度、黏度、表面张力与温度的性质

温度/℃	容重 γ /N·m^{-3}	密度 ρ /kg·m^{-3}	动力黏度 μ /kg·(m·s)$^{-1}$	运动黏度 ν /m^2·s^{-1}	表面张力 σ /N·m^{-1}
0	9805	999.9	1.792×10^{-3}	1.792×10^{-6}	7.62×10^2

续表 1-21

温度/℃	容重 γ /N·m^{-3}	密度 ρ /kg·m^{-3}	动力黏度 μ /kg·(m·s)$^{-1}$	运动黏度 ν /m·s^{-1}	表面张力 σ /N·m^{-1}
5	9806	1000.0	1.519×10^{-3}	1.519×10^{-6}	7.54×10^2
10	9803	999.7	1.308×10^{-3}	1.308×10^{-6}	7.48×10^2
15	9798	999.1	1.140×10^{-3}	1.141×10^{-6}	7.41×10^2
20	9789	998.2	1.005×10^{-3}	1.007×10^{-6}	7.36×10^2
25	9779	997.1	0.894×10^{-3}	0.897×10^{-6}	7.26×10^2
30	9767	995.7	0.801×10^{-3}	0.804×10^{-6}	7.18×10^2
35	9752	994.1	0.723×10^{-3}	0.727×10^{-6}	7.10×10^2
40	9737	992.2	0.656×10^{-3}	0.661×10^{-6}	7.01×10^2

七、思考题

（1）画出层流、紊流（湍流）及活塞流模型的停留时间分布图像曲线。
（2）随着流速的增加停留时间分布是怎样变化的？
（3）画出停留时间与流速、流量与雷诺数之间的关系曲线。
（4）金属液在浇铸过程中注流应保持饱满和表面圆滑的状态，即注流以层流或接近层流的状态进行浇铸，为什么？

实验 16　间歇与连续流动釜式反应器实验

一、实验目的

（1）认识单级连续流动釜式搅拌器和多级串联连续流动釜式搅拌器的装置流程，并了解它们各自的操作特点。
（2）了解在间歇式及连续式釜式反应器中搅拌动力对混合均匀时间影响的规律及其影响因素。
（3）分析比较物料在间歇式釜式反应器中搅拌动力对两相流混合均匀的规律及其流动特性。
（4）分析比较物料在连续搅拌釜式反应器的规律，了解物料在流经单级和多级连续搅拌釜式反应器时的流动特性。

二、实验原理

釜式反应器又称槽型反应器或锅式反应器，是一种低高径比的圆筒形反应器，用于实现液相单相反应过程和液液、气液、液固、气液固等多相反应过程。反应器内常设有搅拌（机械搅拌、气流搅拌等）装置。在高径比较大时，可用多层搅拌桨叶。在反应过程中物料需加热或冷却时，可在反应器壁处设置夹套或在反应器内设置换热面，也可通过外循环进行换热。操作时温度、浓度容易控制，产品质量均一。在生产中，既可适用于间歇操作过程，又可用于连续操作过程；可单釜操作，也可多釜串联使用；但若应用在需要较高转化率的工艺要求时，有需要较大容积的缺点。通常在操作条件比较缓和的情况下，如常压、温度较低且低于物料沸点时，釜式反应器的应用最为普遍。

釜式反应器类型很多，其中以搅拌釜式反应器最为典型（提供液体搅拌动力的有固体、液体、气体）。按操作方式搅拌釜式反应器可分为间歇搅拌釜式反应器（BSTR）（见图 1-25）和连续流动搅拌釜式反应器（CSTR）（见图 1-26）两大类。

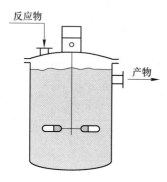

图 1-25　间歇釜式反应器

图 1-26　连续釜式反应器

间歇搅拌釜式反应器中的物料是分批加入的和取出的，物料在反应器内的停留时间是完全相同的，间歇式釜式反应器中搅拌动力增大可以缩小两相流体混合均匀的时间。

连续流动釜式反应器的特点：（1）反应器中物料浓度和温度处处相等，并且等于反应器出口物料的浓度和温度；（2）物料质点在反应器有长有短，存在不同停留物料的混合。在实际反应器中，连续搅拌釜式反应器由于强烈搅拌，物料混合均匀，其流动状况接近全混流。因此物料中各流体元从设备的进口到出口所经历的时间不同，存在着一定的停留时间的分布问题。

连续流动釜式反应器中的理想流动模型为完全反混流模型（简称全混流模型），全混流反应器是指物料流动状况符合全混流模型，该反应器称为全混流反应器（CSTR）。物料一进入就分散在整个反应器内，并且与釜内原有的物料充分混合，使整个反应器内的物料组成和温度等参数始终保持一致，但各流体元从设备入口到出口所停留的时间则不相同，这种理想模型在一定操作条件下是可以实现的。如果设备不良或操作不当，就会造成停留时间分布偏离全混流的状况。因此，测定连续流动釜式反应器的停留时间分布，是了解和研究设备性能的重要手段。

连续流动搅拌釜式反应器可以单个（单级）操作，也可几个（多级）串联操作。单级连续搅拌釜式反应器（1-CSTR）固然可以实现全混流，但多级串联连续流动搅拌釜式反应器（n-CSTR）（见图 1-27）随着串联级数的增多，往往偏离理想的全混流，而趋向另一种理想的流动模型——活塞流。这是从理论上讨论非理想流动模型的重要基础。

三、实验仪器及设备规格

搅拌釜式反应器为圆桶形玻璃槽，槽内可根据需要装置不同形式的挡板和搅拌器。间歇式釜式反应器可采用不同的搅拌器。

三级连续搅拌釜式反应器直接由电动搅拌器驱动，转速可调。整个装置由相同的三个

实验 16 间歇与连续流动釜式反应器实验

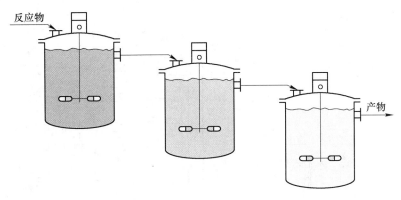

图 1-27 多级串联釜式反应器

搅拌釜串联组合而成，也可按单釜进行操作。每个搅拌釜的出口装有示踪物浓度检测装置，检测元件为电导电极。检测结果通过电导率仪和电脑以实验曲线形式记录下来。

间歇式釜式反应器的实验装置流程如图 1-28 所示。接通电源，打开电动搅拌器、电导率仪和记录仪进行预热和调整，使之处于稳定状态后待用。在间歇式釜式反应器中装入定量的水，每次采用一种搅拌器待用。

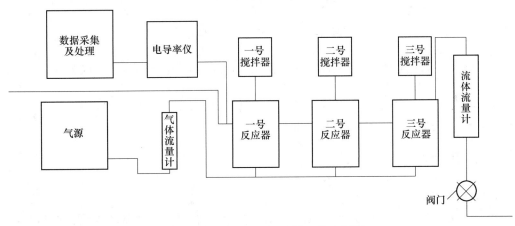

图 1-28 连续流釜式反应器工艺流程图

三级连续搅拌釜式反应器的实验装置流程如图 1-29 所示。水由低位贮水槽经循环水泵压送至高位稳压水槽后经调节阀和流量计流入第一级搅拌釜，然后依次流过各级搅拌釜，最后从釜中排出的水返回贮水槽，但在注入示踪物后的整个测试过程中，釜中排出的水不得返回贮水槽。高位稳压水槽的溢流水返回贮水槽，以供循环使用。

本实验是用一套间歇式釜式反应器、一套三级连续搅拌釜式反应器。

主要设备及仪表规格如下：

（1）反应釜：$\phi 100mm \times 200mm$，材质：硬质有机玻璃。

（2）搅拌器：双叶旋桨直径 50mm；三叶涡轮直径 50mm。

（3）搅拌电机：搅拌电机转速：0~3000r/min，数显、转速可调，搅拌时间可调。精度为±50r/min。

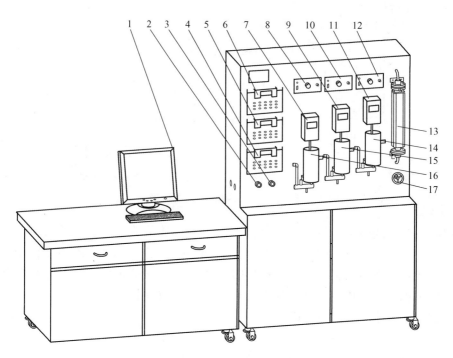

图 1-29 三级连续釜式反应器

1—电脑；2—电源停止按钮；3—电源启动按钮；4~6—电导率仪；7，9，11—搅拌器数显；
8，10，12—搅拌器控制按钮；13—转子流量计；14~16—反应釜；17—转子流量计控制阀

(4) 电导率仪：量程 $0 \sim 1.0 \times 10$ UΩ/cm，电极 DJS-1 型铂黑电导电极。

(5) 转子流量计：量程 40~400L/h。

四、实验步骤

(一) 间歇式釜式反应器

(1) 实验前，先将去离子水（或自来水）充满贮水槽，启动循环水泵，调节泵出口阀，使高位槽有适量的水溢出；配制好示踪剂 KCl 饱和溶液，并按需要量吸入注射器中待用。

(2) 在手动搅拌开始的同时计时，并立即用注射器由入口管迅速注入示踪物 3~5mL，或者用量筒直接将示踪物倒入釜内。

(3) 待电导率仪指针不动后，停止计时。

(4) 观察现象，当搅拌转速一定时，随着搅拌器的不同，注入示踪物后，可分别得到不同的混合均匀时间曲线。

(5) 实验结束后关闭水管开关和所有设备的电源开关。

结果分析：实验中得到的曲线，是以电压为纵坐标，以时间为横坐标的响应曲线。实验曲线可以变换为 $E(t)$ 曲线，也可以直接由实验曲线对反应器的性能和停留时间分布规律作定性分析研究。

（二）多级连续搅拌釜式反应器

1. 单级连续流动搅拌釜式反应器

操作方法：首先开启调节阀，将水流调至所允许的最大值，然后分别在设备所允许的最低和最高转速下，按脉冲输入法测定停留时间分布。

每次测定可按如下步骤进行：

（1）合上电键 K-1，启动第一釜的搅拌电动机，按预先规定的电压值调节直流电源的输出旋钮，使转速维持一定。

（2）待流动状况和设备运转正常后，打开记录软件，并立即用注射器由入口管迅速注入示踪物 3~5mL，或者用量筒直接将示踪物倒入釜内，同时让记录软件开始记录数据。

（3）待电导率返回水的电导率后，停止记录数据。

（4）实验结束后关闭水管开关和所有设备的电源开关。

2. 多级串联连续搅拌釜式反应器

操作方法：在以上实验的基础上，将水的流量保持恒定。按以上实验的操作方法，再启动另外两台搅拌器的电动机，并使三台电动机的转速保持基本相同。待运行正常后，同时调好两台（或三台）电导率仪。按上面试验同样的方法，向第一釜入口脉冲注入示踪剂 KCl 饱和溶液 3~5mL。

实验结束后关闭水管开关和所有设备的电源开关。

五、注意事项

（1）为了增强演示的直观性，提高形象化的效果，可在示踪剂 KCl 溶液中，用适量的红墨水着色。

（2）采用电脑软件可以同时描绘出几个釜的响应曲线，效果较好。但缺点是增加了装置的复杂性和所需仪表的数量。

（3）实验结束后关闭水管开关和所有设备的电源开关。

六、数据记录与处理

采用间歇式釜式手动搅拌器的试验记录见表 1-22 和表 1-23。

表 1-22　动力学条件差的数据记录

时间/s	0	5	10	20	30	40	50	60	70	80	90	100	110	120	130	140	150	160	170
电导率 σ /S·m^{-1}																			

表 1-23　动力学条件好的数据记录

时间/s	0	5	10	20	30	40	50	60	70	80	90	100	110	120	130	140	150	160	170
电导率 σ /S·m^{-1}																			

连续流动釜式搅拌器的试验数据记录表见表 1-24~表 1-26。

表 1-24　一级反应试验数据记录

时间/s	0	5	10	20	30	40	50	60	70	80	90	100	110	120	130	140	150	160	170
电导率 σ /S·m^{-1}																			

表 1-25　二级反应试验数据记录

时间/s	0	5	10	20	30	40	50	60	70	80	90	100	110	120	130	140	150	160	170
电导率 σ /S·m^{-1}																			

表 1-26　三级反应试验数据记录

时间/s	0	5	10	20	30	40	50	60	70	80	90	100	110	120	130	140	150	160	170
电导率 σ /S·m^{-1}																			

对于间歇式反应器，当主流流体的流量恒定时，反应器在不同的搅拌转速下具有不同的停留时间分布。搅拌转速较低时，停留时间分布偏离全混流，而搅拌转速较高时，停留时间分布同全混流极为接近。在一定流量下，搅拌转速超过某一数值以后，连续搅拌式反应器的流动状况即可达到全混流模型。在一定流量下，多大搅拌转速才能达到全混流，主要决定于设备的结构和搅拌器的形式；对于一定的设备，在一定的搅拌转速下，流体的流率大小起着决定作用，流体流率越小，越易达到全混流。

对于连续流动釜式反应器，从第一级反应器出口检测到的响应曲线得知，该反应器的流动模型为全混流。由于其他两级反应器的流动模型也都是全混流，当几个全混流反应器串联组合之后，多级串联全混流反应器的流动模型却偏离了全混流。这说明物料中各流体元从第一级入口到第 n 级出口，尽管中间经历了多次完全反混，但其停留时间分布却趋向均一。从单级、二级和三级的响应曲线比较中可以看出，随着串联级数的增多，流动模型偏离全混流向活塞流趋近。由此可以推论：多级串联全混流反应器的流动模型只要级数足够多可以达到活塞流。换言之，活塞流模型可视为级数为无穷多（即 $n=\infty$）时的全混流反应器的串联组合。

七、思考题

（1）画出间歇式搅拌釜式反应器动力学条件好与动力学条件差的两相液体的混合过程浓度与时间的关系曲线。

（2）间歇式搅拌釜式反应器响应曲线有什么特点，影响其响应曲线的因素有哪些？

（3）根据实验数据，画出多级串联连续流动搅拌釜式反应器的一～三级反应器的脉冲响应曲线。

（4）一级反应器的脉冲响应曲线有什么特点，影响其响应曲线的因素有哪些？

（5）管式反应器与釜式反应器的区别是什么？

实验 17 空气-蒸汽给热系数测定实验

一、实验目的

（1）了解间壁式传热元件，掌握给热系数测定的实验方法。
（2）掌握热电阻测温的方法，观察水蒸气在水平管外壁上的冷凝现象。
（3）学会给热系数测定的实验数据处理方法，了解影响给热系数的因素和强化传热的途径。

二、实验原理

在工业生产过程中，大量情况下冷、热流体系通过固体壁面（传热元件）进行热量交换，称为间壁式换热，如图 1-30 所示。间壁式传热过程由热流体对固体壁面的对流传热、固体壁面的热传导和固体壁面对冷流体的对流传热所组成。

达到传热稳定时，有：

$$Q = m_1 c_{p1}(T_1 - T_2) = m_2 c_{p2}(t_2 - t_1)$$
$$= \alpha_1 A_1 (T - T_W)_m = \alpha_2 A_2 (t_W - t)_m$$
$$= KA\Delta t_m \tag{1-68}$$

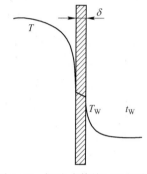

图 1-30 间壁式传热过程示意图

式中，Q 为传热量，J/s；m_1 为热流体的质量流率，kg/s；c_{p1} 为热流体的比热容，J/(kg·℃)；T_1 为热流体的进口温度,℃；T_2 为热流体的出口温度,℃；m_2 为冷流体的质量流率，kg/s；c_{p2} 为冷流体的比热容，J/(kg·℃)；t_1 为冷流体的进口温度,℃；t_2 为冷流体的出口温度,℃；α_1 为热流体与固体壁面的对流传热系数，W/(m²·℃)；A_1 为热流体侧的对流传热面积，m²；$(T - T_W)_m$ 为热流体与固体壁面的对数平均温差,℃；α_2 为冷流体与固体壁面的对流传热系数，W/(m²·℃)；A_2 为冷流体侧的对流传热面积，m²；$(t_W - t)_m$ 为固体壁面与冷流体的对数平均温差,℃；K 为以传热面积 A 为基准的总给热系数，W/(m²·℃)；Δt_m 为冷热流体的对数平均温差,℃。

热流体与固体壁面的对数平均温差可由式（1-69）计算：

$$(T - T_W)_m = \frac{(T_1 - T_{W1}) - (T_2 - T_{W2})}{\ln \dfrac{T_1 - T_{W1}}{T_2 - T_{W2}}} \tag{1-69}$$

式中，T_{W1} 为冷流体进口处热流体侧的壁面温度,℃；T_{W2} 为冷流体出口处热流体侧的壁面温度,℃。

固体壁面与冷流体的对数平均温差可由式（1-70）计算：

$$(t_W - t)_m = \frac{(t_{W1} - t_1) - (t_{W2} - t_2)}{\ln \dfrac{t_{W1} - t_1}{t_{W2} - t_2}} \tag{1-70}$$

式中，t_{W1} 为冷流体进口处冷流体侧的壁面温度,℃；t_{W2} 为冷流体出口处冷流体侧的壁面温度,℃。

热、冷流体间的对数平均温差可由式（1-71）计算：

$$\Delta t_\mathrm{m} = \frac{(T_1 - t_2) - (T_2 - t_1)}{\ln \dfrac{T_1 - t_2}{T_2 - t_1}} \tag{1-71}$$

当在套管式间壁换热器中，环隙通以水蒸气，内管管内通以冷空气或水进行对流传热系数测定实验时，则由式（1-72）测得内管内壁面与冷空气或水的对流传热系数：

$$\alpha_2 = \frac{m_2 c_{\mathrm{p}2}(t_2 - t_1)}{A_2 (t_\mathrm{W} - t)_\mathrm{m}} \tag{1-72}$$

$$A_2 = \pi d_2 l$$

式中，t_W 为实验中测定紫铜管的壁温；t_1 为冷空气或水的进口温度；t_2 为冷空气或水的出口温度；A_2 为实验用紫铜管的表面积；l 为铜管长度；d_2 为铜管内径；m_2 为冷流体的质量流量；$c_{\mathrm{p}2}$ 为冷流体的比热。

知道冷流体的质量流量，即可计算 α_2。

然而，直接测量固体壁面的温度尤其管内壁的温度，实验技术难度大，而且所测得的数据准确性差，带来较大的实验误差。因此，通过测量相对较易测定的冷热流体温度来间接推算流体与固体壁面间的对流给热系数就成为人们广泛采用的一种实验研究手段。

由式（1-71）得：

$$K = \frac{m_2 c_{\mathrm{p}2}(t_2 - t_1)}{A \Delta t_\mathrm{m}} \tag{1-73}$$

实验测定 m_2、t_1、t_2、T_1、T_2，并查取 $t_{平均} = 1/2(t_1 + t_2)$ 下冷流体对应的 $c_{\mathrm{p}2}$、换热面积 A，即可由式（1-73）计算得出总给热系数 K。

下面通过两种方法来求对流给热系数。

（一）近似法

以管内壁面积为基准的总给热系数与对流给热系数间的关系为：

$$\frac{1}{K} = \frac{1}{\alpha_2} + R_{\mathrm{S}2} + \frac{b d_2}{\lambda d_\mathrm{m}} + R_{\mathrm{S}1} \frac{d_2}{d_1} + \frac{d_2}{\alpha_1 d_1} \tag{1-74}$$

式中，d_1 为换热管外径，m；d_2 为换热管内径，m；d_m 为换热管的对数平均直径，m；b 为换热管的壁厚，m；λ 为换热管材料的导热系数，W/(m·℃)；$R_{\mathrm{S}1}$ 为换热管外侧的污垢热阻，m²·K/W；$R_{\mathrm{S}2}$ 为换热管内侧的污垢热阻，m²·K/W。

用该装置进行实验时，管内冷流体与管壁间的对流给热系数约为 $10^1 \sim 10^3$ W/(m²·K)；而管外为蒸汽冷凝，冷凝给热系数 α_1 可达 10^4 W/(m²·K) 左右，因此冷凝传热热阻 $\dfrac{d_2}{\alpha_1 d_1}$ 可忽略，同时蒸汽冷凝较为清洁，因此换热管外侧的污垢热阻 $R_{\mathrm{S}1} \dfrac{d_2}{d_1}$ 也可忽略。实验中的传热元件材料采用紫铜，导热系数为 383.8W/(m·K)，壁厚为 2.5mm，因此换热管壁的导热热阻 $\dfrac{b d_2}{\lambda d_\mathrm{m}}$ 可忽略。若换热管内侧的污垢热阻 $R_{\mathrm{S}2}$ 也忽略不计，则由式（1-74）得：

$$\alpha_2 \approx K \tag{1-75}$$

由此可见，被忽略的传热热阻与冷流体侧对流传热热阻相比越小，此法所得的准确性就越高。

（二）传热准数式法

对于流体在圆形直管内作强制湍流对流传热时，若符合如下范围：$Re = 1.0 \times 10^4 \sim 1.2 \times 10^5$，$Pr = 0.7 \sim 120$，管长与管内径之比 $l/d \geqslant 60$，则传热准数经验式为：

$$Nu = 0.023 Re^{0.8} Pr^n \tag{1-76}$$

其中，$Nu = \dfrac{\alpha d}{\lambda}$，$Re = \dfrac{du\rho}{\mu}$，$Pr = \dfrac{c_p \mu}{\lambda}$。

式中，Nu 为努塞尔数，无因次；Re 为雷诺数，无因次；Pr 为普朗特数，无因次；n 为指数，不同条件下 n 取不同的值，当流体被加热时 $n = 0.4$，流体被冷却时 $n = 0.3$；α 为流体与固体壁面的对流传热系数，W/(m²·℃)；d 为换热管内径，m；λ 为流体的导热系数，W/(m·℃)；u 为流体在管内流动的平均速度，m/s；ρ 为流体的密度，kg/m³；μ 为流体的黏度，Pa·s；c_p 为流体的比热容，J/(kg·℃)。

对于水或空气在管内强制对流被加热时，可将式（1-76）改写为：

$$\frac{1}{\alpha_2} = \frac{1}{0.023} \times \left(\frac{\pi}{4}\right)^{0.8} \times d_2^{1.8} \times \frac{1}{\lambda_2 Pr_2^{0.4}} \times \left(\frac{\mu_2}{m_2}\right)^{0.8} \tag{1-77}$$

令

$$m = \frac{1}{0.023} \times \left(\frac{\pi}{4}\right)^{0.8} \times d_2^{1.8} \tag{1-78}$$

$$X = \frac{1}{\lambda_2 Pr_2^{0.4}} \times \left(\frac{\mu_2}{m_2}\right)^{0.8} \tag{1-79}$$

$$Y = \frac{1}{K} \tag{1-80}$$

$$C = R_{S2} + \frac{bd_2}{\lambda d_m} + R_{S1} \frac{d_2}{d_1} + \frac{d_2}{\alpha_1 d_1} \tag{1-81}$$

则式（1-81）可写为：

$$Y = mX + C \tag{1-82}$$

当测定管内不同流量下的对流给热系数时，由式（1-81）计算所得的 C 值为一常数。当管内径 d_2 一定时，m 也为常数。因此，实验时测定不同流量所对应的 t_1、t_2、T_1、T_2，由式（1-69）、式（1-71）、式（1-77）和式（1-78）求取一系列 X、Y 值，再在 X-Y 图上作图或将所得的 X、Y 值回归成一直线，该直线的斜率即为 m。

任一冷流体流量下的给热系数 α_2 可用式（1-83）求得：

$$\alpha_2 = \frac{\lambda_2 Pr_2^{0.4}}{m} \times \left(\frac{m_2}{\mu_2}\right)^{0.8} \tag{1-83}$$

1. 冷流体质量流量的测定

（1）若用转子流量计测定冷空气的流量，还须用式（1-84）换算得到实际的流量：

$$V' = V \sqrt{\frac{\rho(\rho_f - \rho')}{\rho'(\rho_f - \rho)}} \tag{1-84}$$

式中，V' 为实际被测流体的体积流量，m^3/s；ρ' 为实际被测流体的密度，kg/m^3；均可取 $t_{平均} = 1/2(t_1 + t_2)$ 下对应水或空气的密度；V 为标定用流体的体积流量，m^3/s；ρ 为标定用流体的密度，kg/m^3，$\rho_{水} = 1000 kg/m^3$，$\rho_{空气} = 1.205 kg/m^3$；ρ_f 为转子材料密度，kg/m^3。于是：

$$m_2 = V'\rho' \tag{1-85}$$

（2）若用孔板流量计测冷流体的流量，则：

$$m_2 = \rho V \tag{1-86}$$

式中，V 为冷流体进口处流量计读数；ρ 为冷流体进口温度下对应的密度。

2. 冷流体物性与温度的关系式

在 0~100℃之间，冷流体的物性与温度的关系有如下拟合公式：

（1）空气的密度与温度的关系式：$\rho = 10^{-5}t^2 - 4.5 \times 10^{-3}t + 1.2916$。

（2）空气的热容与温度的关系式：60℃以下，$c_p = 1005$ J/(kg·℃)，70℃以上，$c_p = 1009$ J/(kg·℃)。

（3）空气的导热系数与温度的关系式：$\lambda = -2 \times 10^{-8}t^2 + 8 \times 10^{-5}t + 0.0244$。

（4）空气的黏度与温度的关系式：$\mu = (-2 \times 10^{-6}t^2 + 5 \times 10^{-3}t + 1.7169) \times 10^{-5}$。

三、实验仪器与设备规格

（一）实验仪器

实验仪器如图 1-31 所示。来自蒸汽发生器的水蒸气进入不锈钢套管换热器环隙，与来自风机的空气在套管换热器内进行热交换，冷凝水排出装置外。冷空气经孔板流量计或转子流量计进入套管换热器内管（紫铜管），热交换后排出装置外。

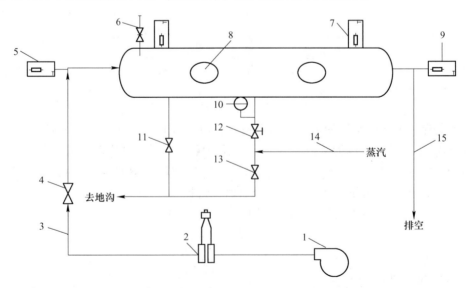

图 1-31 空气-水蒸气换热流程图

1—风机；2—孔板流量计；3—冷流体管路；4—转子流量计；5—冷流体进口温度；6—惰性气体排空阀；7—蒸汽温度；8—视镜；9—冷流体出口温度；10—压力表；11—冷凝水排空阀；12—蒸汽进口阀；13—冷凝水排空阀；14—蒸汽进口管路；15—冷流体出口管路

（二）设备与仪表规格

（1）紫铜管规格：直径 $\phi21mm \times 2.5mm$，长度 $L=1000mm$；
（2）外套不锈钢管规格：直径 $\phi100mm \times 5mm$，长度 $L=1000mm$；
（3）铂热电阻及无纸记录仪温度显示；
（4）全自动蒸汽发生器及蒸汽压力表。

四、实验步骤

（1）打开控制面板上的总电源开关和仪表电源开关，使仪表通电预热，观察仪表显示是否正常。

（2）在蒸汽发生器中灌装清水，开启发生器电源，使水处于加热状态。达到符合条件的蒸汽压力后，系统会自动处于保温状态。

（3）打开控制面板上的风机电源开关，让风机工作，同时打开冷流体进口阀，让套管换热器里充有一定量的空气。

（4）打开冷凝水出口阀，排出上次实验残留的冷凝水，在整个实验过程中也保持一定开度。注意开度适中，开度太大会使换热器中的蒸汽跑掉，开度太小会使换热不锈钢管里的蒸汽压力过大而导致不锈钢管炸裂。

（5）在通水蒸气前，也应将蒸汽发生器到实验装置之间管道中的冷凝水排除，否则夹带冷凝水的蒸汽会损坏压力表及压力变送器。具体排除冷凝水的方法是：关闭蒸汽进口阀门，打开装置下面的排冷凝水阀门，让蒸汽压力把管道中的冷凝水带走，当听到蒸汽响时关闭冷凝水排除阀，方可进行下一步实验。

（6）开始通入蒸汽时，要仔细调节蒸汽阀的开度，让蒸汽缓缓流入换热器中，逐渐充满系统，使系统由"冷态"转变为"热态"，不得少于10min，防止不锈钢管换热器因突然受热、受压而爆裂。

（7）上述准备工作结束，系统处于"热态"，调节蒸汽进口阀，使蒸汽进口压力维持在0.01MPa，可通过调节蒸汽进口阀和冷凝水排空阀开度来实现。

（8）自动调节冷空气进口流量时，可通过组态软件或者仪表调节风机转速频率来改变冷流体的流量到一定值，在每个流量条件下，均须待热交换过程稳定后方可记录实验数值，改变流量，记录不同流量下的实验数值。

（9）记录6~8组实验数据，可结束实验。先关闭蒸汽发生器、蒸汽进口阀和仪表电源；待系统逐渐冷却后关闭风机电源；待冷凝水流尽，关闭冷凝水出口阀和总电源；待蒸汽发生器内的水冷却后将水排尽。

五、注意事项

（1）先打开冷凝水排空阀，注意只开一定的开度，开得太大会使换热器里的蒸汽跑掉，开得太小会使换热不锈钢管里的蒸汽压力增大而使不锈钢管炸裂。

（2）一定要在套管换热器内管输以一定量的空气后，方可开启蒸汽阀门，且必须在排除蒸汽管线上原先积存的冷凝水后，方可把蒸汽通入套管换热器中。

（3）操作过程中，蒸汽压力必须控制在 0.02MPa（表压）以下，以免造成对装置的损坏。

（4）确定各参数时，必须是在稳定传热状态下，随时注意蒸汽量的调节和压力表读数的调整。

六、数据记录与处理

（一）数据记录软件的使用方法

（1）打开数据处理软件，选择"空气-蒸汽给热系数测定实验"，导入 MCGS 实验数据。

（2）打开导入的实验，可以查看实验原始数据以及实验数据的最终处理结果，点"显示曲线"，则可得到实验结果的曲线对比图和拟合公式。

（3）数据输入错误或明显不符合实验情况，程序会有警告对话框跳出。每次修改数据后，都应点击"保存数据"，再按第（2）步中次序，点击"显示结果"和"显示曲线"。

（4）记录软件处理结果，并可作为手算处理的对照。结束点"退出程序"。

（二）数据处理

（1）计算冷流体给热系数的实验值。

（2）冷流体给热系数的准数式：$Nu/Pr^{0.4} = ARe^m$，由实验数据作图拟合曲线方程，确定式中常数 A 及 m。

（3）以 $\ln(Nu/Pr^{0.4})$ 为纵坐标，$\ln Re$ 为横坐标，将处理实验数据的结果标绘在图上，并与《传输过程原理》中第 10 章的经验式 $Nu/Pr^{0.4} = 0.023Re^{0.8}$ 比较。

七、思考题

（1）实验中冷流体和蒸汽的流向对传热效果有何影响？

（2）在计算空气质量流量时所用到的密度值与求雷诺数时的密度值是否一致？它们分别表示什么位置的密度，应在什么条件下进行计算。

（3）实验过程中，冷凝水不及时排走，会产生什么影响，如何及时排走冷凝水？如果采用不同压强的蒸汽进行实验，对 α 关联式有何影响。

实验 18　非金属固体材料导热系数的测定实验

一、实验目的

（1）了解如何测定非金属固体材料的导热系数。
（2）学会作图法求出所测材料的导热系数。
（3）掌握导热系数的测定原理。

二、实验原理

热线法是测定材料导热系数的一种非稳态方法。它的基本原理是在均质均温的试样中

实验 18 非金属固体材料导热系数的测定实验

放置一根电阻丝,即所谓的"热线",一旦热线在恒定功率的作用下放热,则热线和热线附近的试样温度将会升高,根据其温度随时间的变化关系,就可确定试样的导热系数。这种方法不仅适用于干燥材料,而且还适用于含湿材料。实验原理如图 1-32 和图 1-33 所示。

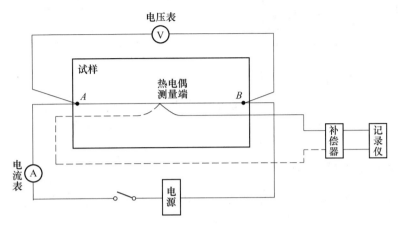

图 1-32 带补偿器的测定电路示意图

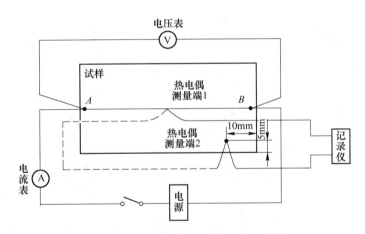

图 1-33 带差热电偶的测定电路示意图

采用稳定的交流电或直流电加热热线,在整个测定过程中,热线的端电压保持不变,或通过热线的电流保持不变。

(1) 单位长度热线的电阻值可在测定温度下,使热线流过 1mA 的直流电流,通过热线两端的电压抽头测出(使用分辨率不低于 1mm 的器具测量热线长度),也可在测定热线的端电压测出。

(2) 测定过程中,热线的总温升宜控制在 15℃/min 左右,最高不宜超过 100℃/min (温度超过 100℃/min 则需考虑热线电阻变化对测量的影响;含湿材料时,热线的总温升不得大于 15℃/min)。

(3) 图 1-33 中热电偶 2 借助于同热电偶 1 的差接起到补偿器的作用。

(4) 测量温度示意图由热线上焊接的热电偶组成,如图 1-34 所示(热电偶丝的直径不得大于热线直径)。

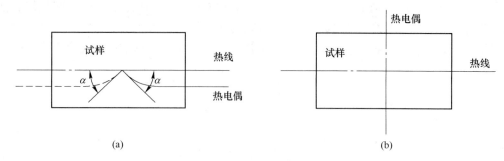

图 1-34 测量探头及其布置示意图
（a）粉末样品俯视图（带补偿）；（b）粉末样品俯视图（不带补偿）

三、实验仪器和材料制备

实验仪器为 DRX-I-RX 导热系数测试仪（热线法）。该次试验测试的是普通黏土砖的导热系数。

块状材料制备的示意图如图 1-35 所示。

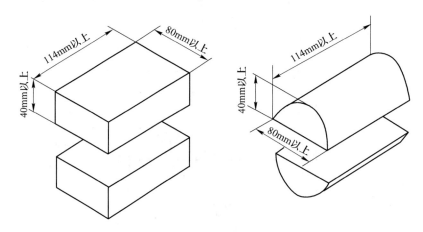

图 1-35 试验尺寸示意图

粉末状和颗粒状材料制备的示意图如图 1-36 所示。

四、实验步骤

（1）打开计算机，接通导热仪的电源。

（2）将制好的样品按要求放入导热仪内，注意要将加热铂丝全部放在对应的样品凹槽内固定，对方形测试样品普通黏土砖的尺寸要求和热电偶的测温点尺寸如图 1-37 所示，同时还需在测试样品上面放置一块同样大小、材质的样品。

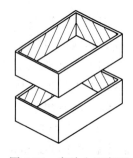

图 1-36 实验盒示意图

（3）接通导热仪的冷却水，水流量连续流出即可，不需过大。

（4）调节导热仪的升温速率及恒温时间，启动导热仪开始工作。

（5）打开计算机桌面上的"导热系数测试"软件，进行实验参数设定，热线材料选

实验18 非金属固体材料导热系数的测定实验

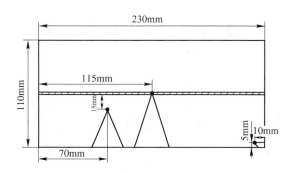

图1-37 方形样品中热电偶测温点的尺寸

择铂丝，试验材料选择普通黏土砖，最后根据试验选择需要测试的温度，其他参数默认。

（6）点击"导热系数测试系统"主页面的"进入系统"，弹出"导热系数测试仪"界面，点击"实验启动"，计算机开始采集数据。

（7）根据计算机采集的数据确定试验时间，点击"实验停止"（如果出现"数据库中无记录"则表明实验失败），导热仪开始降温。

（8）点击主界面的"数据结果分析"，弹出"结果分析报告"界面：对出现的参数进行设置，需自行设置的有：送检单位、编号及试验仪，其他为默认值，采用的是交叉热线法。

（9）将出现的结果保存到指定的计算机目录下，并根据需要将结果打印出来，根据打印出来的"温升-ln$t$"图，按照计算公式算出导热系数（热线法）。

（10）导热仪温度降到100℃以下，最好是在50℃左右后关闭"电源开关"和冷却水，试验结束。

五、数据记录与处理

按式（1-87）和式（1-88）计算测量结果：

$$\lambda = \frac{I^2 R}{4\pi L} \times \frac{\ln(t_2/t_1)}{\theta_2 - \theta_1} \tag{1-87}$$

或

$$\lambda = \frac{UI}{4\pi L} \times \frac{\ln(t_2/t_1)}{\theta_2 - \theta_1} \tag{1-88}$$

式中，λ 为导热系数，W/(m·K)；I 为热线加热电流，A；U 为热线A、B间的端电压，V；L 为电压引出端A、B间热线的长度，m；R 为测定温度下热线A、B间的电阻，Ω；t_1 和 t_2 为从加热时起至测量时刻的时间，s；θ_1 和 θ_2 为 t_1 和 t_2 时刻热线的温升，℃。

六、思考题

（1）常用测定材料的导热系数方法有哪些？

（2）导热系数与哪些因素有关？

实验 19　流化床干燥实验

一、实验目的

(1) 了解流化床干燥装置的基本结构、工艺流程和操作方法。
(2) 学习测定物料在恒定干燥条件下干燥特性的实验方法。
(3) 掌握根据实验干燥曲线求取干燥速率曲线以及恒速阶段干燥速率、临界含水量、平衡含水量的实验分析方法。
(4) 实验研究干燥条件对于干燥过程特性的影响。

二、实验原理

在设计干燥器的尺寸或确定干燥器的生产能力时,被干燥物料在给定干燥条件下的干燥速率、临界湿含量和平衡湿含量等干燥特性数据是最基本的技术依据参数。由于实际生产中被干燥物料的性质千变万化,因此对于大多数具体的被干燥物料而言,其干燥特性数据常常需要通过实验测定而取得。

按干燥过程中空气状态参数是否变化,可将干燥过程分为恒定干燥条件操作和非恒定干燥条件操作两大类。若用大量空气干燥少量物料,则可以认为湿空气在干燥过程中温度、湿度均不变,再加上气流速度以及气流与物料的接触方式不变,则称这种操作为恒定干燥条件下的干燥操作。

(一) 干燥速率的定义

干燥速率定义为单位干燥面积(提供湿分汽化的面积)、单位时间内所除去的湿分质量,即:

$$U = \frac{\mathrm{d}W}{A\mathrm{d}\tau} = -\frac{G_\mathrm{C}\mathrm{d}X}{A\mathrm{d}\tau} \tag{1-89}$$

式中,U 为干燥速率,又称干燥通量,$\mathrm{kg/(m^2 \cdot s)}$;$A$ 为干燥表面积,$\mathrm{m^2}$;W 为汽化的湿分量,kg;τ 为干燥时间,s;G_C 为干物料的质量,kg;X 为物料湿含量,即湿分质量与干物料之比,$-$表示 X 随干燥时间的增加而减少。

(二) 干燥速率的测定方法

方法一的实验步骤如下:

(1) 将电子天平开启,待用。
(2) 将快速水分测定仪开启,待用。
(3) 准备 0.5~1kg 的湿物料,待用。
(4) 开启风机,调节风量至 60~85$\mathrm{m^3/h}$,打开加热器加热。待热风温度恒定后(通常可设定在 70~80℃),将湿物料加入流化床中,开始计时,每过 2min 取出 10g 左右的物料,同时读取床层温度。将取出的湿物料在快速水分测定仪中测定,得初始质量 G_i 和终了质量 G_iC。

则物料中瞬间含水率 X_i 为:

$$X_i = \frac{G_i - G_{iC}}{G_{iC}} \tag{1-90}$$

方法二（数字化实验设备可用此法）：利用床层的压降来测定干燥过程的失水量。实验步骤如下：

（1）准备 0.5~1kg 的湿物料，待用。

（2）开启风机，调节风量至 60~85m³/h，打开加热器加热。待热风温度恒定后（通常可设定在 70~80℃），将湿物料加入流化床中，开始计时，此时床层的压差将随时间减小，直至实验至床层压差（Δp_e）恒定为止。

则物料中瞬间含水率 X_i 为：

$$X_i = \frac{\Delta p - \Delta p_e}{\Delta p_e} \tag{1-91}$$

式中，Δp 为时刻 τ 时床层的压差。

计算出每一时刻的瞬间含水率 X_i，然后将 X_i 对干燥时间 τ_i 作图，如图 1-38 所示，即为干燥曲线。

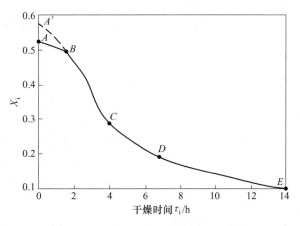

图 1-38　恒定干燥条件下的干燥曲线

上述干燥曲线还可以变换得到干燥速率曲线。由已测得的干燥曲线求出不同 X_i 下的斜率 $dX_i/d\tau_i$，再由式（1-89）计算得到干燥速率 U，将 U 对 X 作图，就是干燥速率曲线，如图 1-39 所示。将床层的温度对时间作图，可得床层温度与干燥时间的关系曲线。

（三）干燥过程分析

1. 预热段

如图 1-38 和图 1-39 中的 AB 段或 A′B 段所示，物料在预热段中，含水率略有下降，温度则升至湿球温度 t_W，干燥速率可能呈上升趋势变化，也可能呈下降趋势变化。预热段经历的时间很短，通常在干燥计算中忽略不计，有些干燥过程甚至没有预热段。

2. 恒速干燥阶段

如图 1-38 和图 1-39 中的 BC 段所示，该段物料水分不断汽化，含水率不断下降。但由于这一阶段去除的是物料表面附着的非结合水分，水分去除的机理与纯水的相同，故在

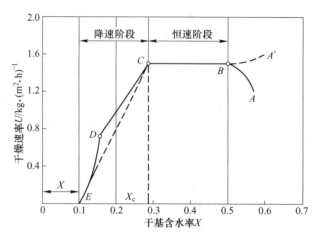

图 1-39　恒定干燥条件下的干燥速率曲线

恒定干燥条件下，物料表面始终保持为湿球温度 t_W，传质推动力保持不变，因而干燥速率也不变，所以，在图 1-39 中，BC 段为水平线。

只要物料表面保持足够湿润，物料的干燥过程中总处于恒速阶段。而该段的干燥速率大小取决于物料表面水分的汽化速率，即决定于物料外部的空气干燥条件，故该阶段又称为表面汽化控制阶段。

3. 降速干燥阶段

随着干燥过程的进行，物料内部水分移动到表面的速度赶不上表面水分的气化速率，物料表面局部出现"干区"，尽管这时物料其余表面的平衡蒸汽压仍与纯水的饱和蒸汽压相同，但以物料全部外表面计算的干燥速率因"干区"的出现而降低，此时物料中的含水率称为临界含水率，用 X_c 表示，对应图 1-38 中的 C 点，称为临界点。过 C 点以后，干燥速率逐渐降低至 D 点，C 至 D 阶段称为降速第一阶段。

干燥到 D 点时，物料全部表面都成为干区，汽化面逐渐向物料内部移动，汽化所需的热量必须通过已被干燥的固体层才能传递到汽化面；物料中汽化的水分也必须通过这一干燥层才能传递到空气主流中；干燥速率因热、质传递的途径加长而下降。此外，在 D 点以后，物料中的非结合水分已被除尽。接下去所汽化的是各种形式的结合水，因而，平衡蒸汽压将逐渐下降，传质推动力减小，干燥速率也随之较快降低，直至到达 E 点时，速率降为零。这一阶段称为降速第二阶段。

降速阶段干燥速率曲线的形状随物料内部的结构而异，不一定都呈现前面所述的曲线 CDE 形状。对于某些多孔性物料，可能降速两个阶段的界限不是很明显，曲线好像只有 CD 段；对于某些无孔性吸水物料，汽化只在表面进行，干燥速率取决于固体内部水分的扩散速率，故降速阶段只有类似 DE 段的曲线。

与恒速阶段相比，降速阶段从物料中除去的水分量相对少许多，但所需的干燥时间却长得多。总之，降速阶段的干燥速率取决于物料本身结构、形状和尺寸，而与干燥介质状况关系不大，故降速阶段又称物料内部迁移控制阶段。

三、实验装置和仪器

该实验装置流程如图 1-40 所示。

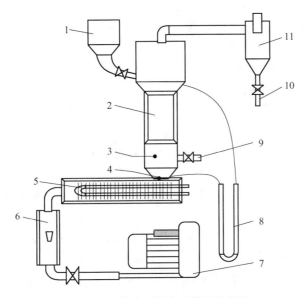

图 1-40　流化床干燥实验装置流程图

1—加料斗；2—床层（可视部分）；3—床层测温点；4—进口测温点；5—风加热器；
6—转子流量计；7—风机；8—U 形压差计；9—取样口；10—排灰口；11—旋风分离器

主要设备及仪器包括：
(1) 鼓风机：BYF7122，370W；
(2) 电加热器：额定功率 2.0kW；
(3) 干燥室：ϕ100mm×750mm；
(4) 干燥物料：耐水硅胶；
(5) 床层压差：Sp0014 型压差传感器或 U 形压差计。

四、实验步骤

(1) 开启风机。
(2) 打开仪表控制柜电源开关，加热器通电加热，床层进口温度要求恒定在 70~80℃。
(3) 将准备好的耐水硅胶/绿豆加入流化床进行实验。
(4) 每隔 2min 取样 5~10g 分析或由压差传感器记录床层压差，同时记录床层温度。
(5) 待干燥物料恒重或床层压差一定时，即为实验终了，关闭仪表电源。
(6) 关闭加热电源。
(7) 关闭风机，切断总电源，清理实验设备。

五、注意事项

开始实验时必须先开风机，后开加热器；停止实验时，先关加热器，待风温下降到

40℃以下，再关闭风机。否则加热管可能会被烧坏，破坏实验装置。

六、数据记录与处理

（1）绘制干燥曲线（失水量-时间关系曲线）；
（2）根据干燥曲线作干燥速率曲线；
（3）读取物料的临界湿含量；
（4）绘制床层温度随时间变化的关系曲线；
（5）对实验结果进行分析讨论。

七、思考题

（1）什么是恒定干燥条件，该实验装置中采用了哪些措施来保持干燥过程在恒定干燥条件下进行？
（2）控制恒速干燥阶段速率的因素是什么，控制降速干燥阶段干燥速率的因素又是什么？
（3）为什么要先启动风机，再启动加热器，实验过程中床层温度是如何变化，为什么，如何判断实验已经结束？
（4）若加大热空气流量，干燥速率曲线有何变化，恒速干燥速率、临界湿含量又如何变化，为什么？

实验20　燃煤发热量的测定实验

一、实验目的

煤的发热量测定是热平衡和热效率计算、锅炉耗煤量等的依据，是供热用煤、煤质分析的指标。该实验通过使用氧弹式热量计测量发热量的方法，使学生掌握发热量的测量原理及方法，学会使用测定发热量所用的设备及配件。

二、实验原理

单位质量的煤完全燃烧后放出的热量称为煤的发热量，也称煤的发热值、热值。

煤的发热量测定方法有绝热式量热计测量与恒温式量热计测量两种，该实验采用绝热式量热计测定。煤的发热量是在氧弹热量计中进行的，称取一定量的分析试样放于充有过量氧气的氧弹热量计中完全燃烧，氧弹筒浸没在盛有一定量水的容器中。煤样燃烧后放出的热量使氧弹热量计量热系统的温度升高，测定水温度的升高值即可计算氧弹弹筒发热量 Q：

$$Q = \frac{K(t_n - t_c) - q}{G} \tag{1-92}$$

式中，Q 为煤的发热量，J/g 或 MJ/kg；t_c 为氧弹筒点火前水的温度，℃；t_n 为氧弹筒点火后吸收煤放出热量后水的温度，℃；q 为点火镍丝放出的热量，J/g 或 MJ/kg；G 为煤样的质量，g 或 kg；K 为热量计的热容量或水当量，J/℃ 或 kJ/℃。

高位发热量即由弹筒发热量减去硝酸和硫酸校正热得到的发热量。低位发热量即由高位发热量减去水的气化潜热后得到的发热量。热容量是量热系统在测试条件下，温度上升1℃时所需要的热量，它可通过实验来标定，即将已知发热量的苯甲酸燃料放于氧弹筒内完全燃烧，测定水的温升，求出 K 值（据 GB 213—2008 要求热容量的标定一般要做 3~5 次，每次误差不能超过 50J，求其平均值）。

三、实验仪器、药品及材料

（一）实验仪器

量热计结构图如图 1-41 所示。

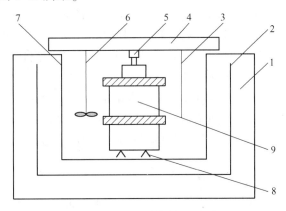

图 1-41 量热计结构原理图

1—机座；2—外筒；3—测温热电阻；4—顶盖；5—点火电极；6—搅拌器；7—内筒；8—点火底座；9—氧弹

（1）氧弹由耐热、耐腐蚀的镍铬或镍铬钼合金钢制成，需要具备三个主要性能：1）不受燃烧过程中出现的高温和腐蚀性产物的影响而产生的热效应；2）能承受充氧压力和燃烧过程中产生的瞬时高压；3）检验过程中能保持完全气密。

（2）氧弹容积为 250~300mL，弹盖上应有供充氧和排气的阀门以及点火电源的接线电极。新氧弹和新换部件的氧弹应经 20.0MPa 的水压试验后方能使用，每次水压试验后，使用期不超过 2 年。

（3）内筒用紫铜、黄铜或不锈钢制成，断面可为圆形、菱形或其他适当形状。筒内装水 2000~3000mL，以能浸没氧弹（进气阀电极除外）为准。内筒外面应电镀抛光，以减少与外筒间的辐射作用。

（4）外筒为金属制成的双壁容器，并有上盖。外壁为圆形，内壁形状则依内筒的形状而定；原则上要保持两者之间有 10~12mm 的间距，外筒底部有绝缘支架，以便支撑内筒。外筒内层必须电镀抛光，以减少辐射作用。顶盖和底面有一层反射能力很强的镀铬衬板，以防止热量向外散失。盛满水的外筒的热量应不小于热量计热容量的 5 倍，以便保持试验过程中外筒温度基本恒定。外筒外面可加绝缘保护层，以减少室温波动的影响。

（5）搅拌器采用螺旋桨式，转速以 400~600r/min 为宜，并应保持稳定，搅拌效率应能使热量标定中由点火到终点的时间不超过 10min，同时又要避免产生过多的搅拌热（当内外筒温度和室温一致时，连续搅拌 10min 所产生的热量不应超过 120J）。

（6）量热温度计的内筒温度测量误差是发热量测定误差的主要来源。该实验采用铂电阻温度计测温。量热计的附件包括：

1）氧气瓶及压力表和氧气导管：压力表由两个表头组成，一个指示氧气瓶中的压力，另一个指示充氧时氧弹内的压力。压力表通过内径 1~2mm 的专用导管及充气阀与氧弹连接，以便导入氧气；2）电子分析天平：1 台，精确到 0.0001g；3）压饼机：螺旋式或杠杆式压饼机，能压制直径约 10mm 的煤饼或苯甲酸饼。

（二）药品及材料

氧气：不含可燃成分，因此不允许使用电解氧。

苯甲酸：经计量机关检定并标明热值的苯甲酸（标定水当量用）。

氢氧化钠溶液：0.1mol/L。

甲基红指示剂：0.2g/L（称取 0.2g 甲基红溶解在 100mL 水中）。

点火丝：直径约 0.1mm 的铂、铜、镍丝或其他已知热值的金属丝，如使用棉线，则应选用粗细均匀，不涂蜡的白棉线。各种点火丝的热值：镍铬丝为 6000J/g；铜丝为 2500J/g；铁丝为 6700J/g；棉线为 17500J/g。

石棉纸或石棉绒：使用前在 800℃下灼烧 30min。

擦镜纸：使用前先测出燃烧热值。抽取 3~4 张纸，团紧，称准质量，放入燃烧皿中，然后按常规方法测定发热量，取三次结果的平均值作为标定值。

四、实验步骤

（1）在燃烧皿中精确称量分析煤样（粒度小于 0.2mm）1g±0.1g（称准到 0.0001g）。对燃烧时易于飞溅的试样，可先用已知质量的擦镜纸包紧，或在压饼机中压饼并切成 2~4mm 的小块使用；对不易燃烧完全的试样，可先在燃烧皿底部铺上一个石棉纸垫或用石棉绒做衬垫。如加衬垫后仍燃烧不完全，可提高充氧压力至 3.2MPa，或用已知质量和热量的擦镜纸包裹称好的试样并用手压紧，然后放入燃烧皿中。

（2）取一段称取质量的点火丝（6~7cm 长），把两端分别接在两个电极柱上，并在电火丝中间系一对折棉线；再把已称取煤样的燃烧皿放在支架上，调节下垂的棉线与煤样接触。注意勿使点火丝接触燃烧皿，以免形成短路而导致点火失败，甚至烧毁燃烧皿。

（3）往氧弹中加入 10mL 蒸馏水，以溶解氮和硫所形成的硝酸和硫酸，小心拧紧弹盖，注意避免燃烧皿和点火丝的位置因受震动而改变。

（4）接上氧气导管，往氧弹中缓缓地充入氧气，直到压力达到 2.8~3.0MPa。充氧时间不得少于 10s，当钢瓶中氧气压力降到 5.0MPa 以下时，充氧时间应酌量延长。压力降到 4.0MPa 以下时，须更换氧气瓶。

（5）将氧弹放入内筒三个点火接线柱中间，盖下顶盖。

（6）开启电源，按触摸屏上的指示输入煤样的质量，设备则按程序进行注水、搅拌等过程，待温度平衡（起始温度不再上升时，时间约 3min）设备自动点火，点火前记下此温度值；点火后温度上升，待温度不再上升（约 14min），记下此温度值。

（7）紧接着设备会打印出测试结果，轻轻撕下测试结果热敏纸以备计算。

（8）取出氧弹，用专用放气阀放出废气，根据废气气味分析气体成分。

（9）旋开氧弹，观察坩埚剩余灰分是否燃尽。找出未燃完的点火丝，并量出长度，以便计算实际消耗量。用蒸馏水充分冲洗弹内各部分、放气阀，燃烧皿内外和燃烧残渣。

把全部洗液（共约100mL）收集在一个烧杯中供测硫使用。

（10）若点火失败，则重复上述实验过程。其中，步骤（1）做如下调整：用一张擦镜纸（一般重约0.1~0.15g，面积10~15cm²）折为两层，把试样放在纸上摊平，然后包严压紧。对特别难燃的试样，也可用两张擦镜纸，并把充氧压力提高到3.4MPa。

五、注意事项

（1）实验室应设在单独房间，不得在同一实验室进行其他试验项目。

（2）室温应尽量保持恒定，每次测定时，室温变化不应超过1℃，冬、夏季室温以不超出15~35℃的范围为宜。室内应无强烈的空气对流，因此不应有强烈的热源和风扇等，试验过程中应避免开启门窗。试验室最好朝北，以避免阳光照射，否则热量计应放在不受阳光直射的地方。

（3）一般热量计由点火到终点的时间约为12~14min。对一台具体热量计而言，可根据以往经验恰当掌握。

（4）在需要用弹筒洗液测硫的情况下，要缓缓放气（放气时间不少于1min），并加水稀释适量氢氧化钠标准溶液（约2mL）吸收放出的气体。

六、数据记录与处理

根据实验记录温度计算煤的发热量，同时与设备打印结果比较，分析误差原因。

七、思考题

（1）查询火电厂发电1kW·h需要多少煤，理论上1kg标煤能发多少千瓦时电？

（2）查询食品发热量的测定与煤发热量的测定有什么不同？

实验21　煤的工业分析实验

一、实验目的

煤的工业分析是锅炉设计、灰渣系统设计和锅炉燃烧调整的重要依据，是燃料分析的基础性实验。它通过规定的实验条件测定煤中水分、灰分、挥发分和固定碳质量含量的百分数，并观察评判焦炭的黏结特征。通过煤的工业分析实验巩固概念，使学生掌握煤的工业分析测试原理和测试技术。

二、实验原理

煤在加热到一定温度时，首先水分被蒸发出来；继续加热时，煤中C、H、O、N、S等元素所组成的有机质、无机质分解产生气体挥发出来，这些气体称为挥发分；挥发分析出后，剩下的是焦渣，焦渣就是碳和灰分。煤的工业分析就是在明确规定的实验条件下（GB/T 212—2001《煤的工业分析方法》）测定煤中水分、灰分、挥发分质量含量的百分数，煤中固定碳的质量含量百分数是以100%减去水分、灰分、挥发分质量含量的百分数而计算得出的。

三、实验仪器

(1) 干燥箱：带有自动调温装置，有气体进出口，并能保持温度在 105~110℃ 范围内。

(2) 箱形电炉：带有调温装置（最高温度 1300℃），炉膛应有恒温区，附有热电偶和高温表，炉后壁上有一排气孔（烟囱）。

(3) 干燥器：内装干燥剂（变色硅胶或块状无水氯化钙）。

(4) 玻璃称量瓶：直径 40mm，高 25mm，并附有磨口的盖。

(5) 灰皿：瓷质，长方形，底长 45mm，底宽 22mm，高 14mm。

(6) 挥发分坩埚：直径 33mm，配有严密盖的瓷坩埚。

(7) 分析天平：感量 0.1mg。

(8) 坩埚架：用镍铬丝制成的架，其大小以能使放入箱形电炉中的坩埚不超过恒温区为限，并要求放在架上的坩埚底部距炉底 20~30mm。

(9) 其他：石棉手套、秒表、坩埚架夹、耐热瓷板或石棉板、广口瓶、标准筛等。

四、实验步骤

(一) 空气干燥基水分 M_{ad} 的测定

空气干燥基水分的测定因煤种不同其测定方法也有所差异，此处仅介绍用于仲裁分析的通氮干燥法，它适用于烟煤、无烟煤和褐煤等所有煤种。

1. 通氮干燥法水分 M_{ad} 的测定

称取一定量的空气干燥煤样，置于 105~110℃ 的干燥箱中，在干燥氮气流中干燥到质量恒重。然后根据煤样的质量损失计算出水分的质量分数。实验步骤如下：

(1) 用预先干燥和已称量过的称量瓶称取粒度小于 0.2mm 的空气干燥样 1g±0.1g（称准到 0.0002g）平摊在称量瓶中。

(2) 打开称量瓶盖，放入预先通入干燥氮气并已加热到 105~110℃ 的干燥箱中，烟煤干燥 1.5h，褐煤和无烟煤干燥 2h，在称量瓶放入干燥箱前 10min 开始通入氮气，氮气流量以每小时换气 15 次为准。

(3) 从干燥箱中取出称量瓶，立即盖上盖，在空气中冷却 2~3min，放入干燥器中冷却至室温（约 20min）后称量。

(4) 进行检查性干燥，每次 30min，直至连续两次干燥煤样质量的减少不超过 0.0010g 或质量增加为止。在后一种情况下，采用质量增加前一次的质量为计算依据。水分在 2.00% 以下时，不必进行检查性干燥。

工业分析空气干燥煤样的水分计算见式 (1-93)：

$$M_{ad} = \frac{m_1}{m} \times 100\% \tag{1-93}$$

式中，M_{ad} 为空气干燥煤样的水分，%；m 为称取空气干燥煤样的质量，g；m_1 为煤样干燥后失去的质量，g。

2. 空气干燥基水分 M_{ad} 的快速测定法

此方法主要用于褐煤的水分测定。用干燥并已称量过的称量瓶称取粒度小于 0.2mm

的空气干燥煤样 1g±0.1g（称准到 0.0002g）平摊在称量瓶中；将装有试样的称量瓶打开盖，放入预先鼓风并加热到 145℃±5℃ 的干燥箱中，在一直鼓风的条件下干燥 10min（褐煤干燥 1h）；从干燥箱中取出称量瓶，立即盖上盖，在空气中冷却 2~3min，放入干燥器中冷至室温（约 20min）后称量。根据煤样的质量损失计算出水分的质量分数。

（二）空气干燥基灰分 A_{ad} 的测定

1. 缓慢灰化法灰分 A_{ad} 测定

煤中灰分的测定方法有缓慢灰化法和快速灰化法。缓慢灰化法要点为称取一定量的空气干燥煤样，放入箱形电炉中，以一定的升温速率加热到（815±10）℃，灰化灼烧到质量恒定。以残留物质量占煤样质量的百分数作为煤样的灰分。实验步骤如下：

（1）在预先灼烧到质量恒定并称出质量的灰皿内，称取粒度为 0.2mm 以下的煤样（1±0.1）g（准确到 0.0002g），轻轻摆动使煤样摊平在灰皿中。

（2）将灰皿送入温度不超过 100℃ 的箱形电炉（如与水分联测，则把测定水分后装有试样的瓷皿放入箱形电炉），关上炉门并使炉门留有 15mm 左右的缝隙（或打开炉门上的通风孔），在不少于 30min 的时间内使炉温缓慢升至 500℃，在此温度下保持 30min，然后继续升温到（815±10）℃，关闭炉门，并在此温度下灼烧 1h。

（3）取出灰皿，放在石棉板上，在空气中冷却约 5min，移入干燥器中冷却至室温（约 20min）后称量。

（4）进行检查性灼烧，每次约 20min，直至连续两次灼烧后质量变化不超过 0.001g 为止，将最后一次灼烧后的质量作为计算依据。煤样灰分含量低于 15% 时，可不进行检查性灼烧。

煤样灼烧后残留物质量占灼烧前煤样质量的百分数即为空气干燥基煤样的灰分，空气干燥基煤样灰分的计算见式（1-94）：

$$A_{ad} = \frac{m_1}{m} \times 100\% \tag{1-94}$$

式中，A_{ad} 为空气干燥煤样的灰分，%；m 为称取空气干燥煤样的质量，g；m_1 为灼烧后残留物的质量，g。

2. 快速灰化法灰分 A_{ad} 的测定步骤

称取粒度为 0.2mm 以下的煤样（1±0.1）g（精确到 0.0002g），放入预先灼烧到质量恒定并称出质量的灰皿内，轻轻摆动使煤样摊平在灰皿中；把装有煤样的灰皿分四排放在瓷板上；然后将预先加热到 850℃ 的箱形电炉的炉门打开，把放有灰皿的瓷板缓缓推进炉内，使第一排灰皿中的煤样慢慢灰化；等 5~10min 后，煤样不再冒烟时，每分钟不大于 2cm 的速度将二~四排灰皿顺序推进炉中恒温区（若煤样发生着火爆炸，试验作废）；关闭炉门，使其在（815±10）℃ 的温度下灼烧 40min。

如遇检查时结果不稳定，应改用缓慢灰化法。其余均与缓慢灰化法相同。

（三）空气干燥基挥发分 V_{ad} 的测定

1. 挥发分 V_{ad} 的测定

称取粒度为 0.2mm 以下的煤样（1±0.1）g（准确到 0.0002g），放在带严密盖的挥发分坩埚中，在（900±10）℃ 下隔绝空气加热 7min，以减少的质量占煤样质量的百分数，减去煤样的水分含量作为煤样空气干燥基的挥发分。实验步骤如下：

（1）称取粒度为 0.2mm 以下的煤样（1±0.1）g（准确到 0.0002g），放入预先于 900℃灼烧到质量恒定并称出质量的带盖挥发分坩埚中，轻轻振动坩埚，使煤样摊平，盖上盖，放在坩埚架上（褐煤和长焰煤应预先压饼，并切成约 3mm 的小块）。

（2）将箱形电炉预先加热到 920℃左右；打开炉门，迅速将放有坩埚的架子送入恒温区，立即关闭炉门，并计时，准确加热 7min；坩埚及架子放入后，要求炉温在 3min 内恢复至（900±10）℃；此后保持在（900±10）℃，否则此次实验作废。加热时间包括温度恢复时间在内。

（3）取出坩埚，放在空气中冷却约 5min，移入干燥器中冷至室温（约 20min）后称量。

空气干燥煤样的挥发分计算见式（1-95）：

$$V_{ad} = \frac{m_1}{m} \times 100\% - M_{ad} \tag{1-95}$$

式中，V_{ad} 为空气干燥煤样的挥发分，%；m 为空气干燥煤样的质量，g；m_1 为煤样加热后减少的质量，g；M_{ad} 为空气干燥基煤样的水分，%。

2. 焦渣特性分类

挥发分测定后，坩埚中残留物称焦渣，焦渣是灰和固定碳的结合物。通过对焦渣的观察，可初步鉴定其特征。焦渣按以下规定划分：

（1）粉状——全部是粉末，没有互相黏着的颗粒。

（2）黏着——用手指轻碰即成粉末或基本上是粉末，其中较大的团块轻轻一碰即成粉末。

（3）弱黏着——用手指轻压即成小块。

（4）不熔融黏性——手指用力压才裂成小块，焦渣上表面无光泽，下表面稍有银白色光泽。

（5）不膨胀熔融黏结——焦渣形成扁平的块。煤粒的界限不易分清，焦渣上表面有明显银白色金属光泽，下表面银白色光泽更加明显。

（6）微膨胀熔融黏结——用手指压不碎，焦渣的上下表面均有银白色金属光泽，但焦渣表面具有较小的膨胀泡（或小气泡）。

（7）膨胀熔融黏结——焦渣上下表面有银白色金属光泽，明显膨胀。但高度不超过 15mm。

（8）强膨胀熔融黏结——焦渣上下表面有银白色金属光泽，焦渣高度超过 15mm。

为了简便起见，通常用上列序号作为各种焦渣特征的代号。

（四）固定碳的计算

空气干燥煤样的固定碳计算见式（1-96）：

$$Fc_{ad} = 100 - (M_{ad} + A_{ad} + V_{ad}) \tag{1-96}$$

式中，Fc_{ad} 为空气干燥煤样的固定碳，%；M_{ad} 为空气干燥煤样的水分，%；A_{ad} 为空气干燥煤样的灰分，%；V_{ad} 为空气干燥煤样的挥发分，%。

五、注意事项

(1) 装试样的器皿（玻璃称量瓶、挥发分坩埚、灰皿）应事先编好号，烘干存放于干燥器中，在装入试样前应精确称量器皿的质量。

(2) 分析煤样应按规定《煤的制备方法》(GB 474—2008) 的规定方法制备好，粒度应在 0.2mm 以下，并达到空气干燥状态（将煤样放入盘中，摊成均匀的薄层，于温度不超过 50℃下干燥。如连续干燥 1h 后，煤样的质量变化不超过 0.1%，即达到空气干燥状态）。试样应装在带有严密玻璃塞的广口瓶内，称取试样时应先用药勺把试样充分搅拌均匀，然后取样。

(3) 所有测定项目都应用两份试样同时测定，如果测定结果的差值不超出允许误差时，则取其算术平均值作为测定结果；否则，应进行第三次测定，取两次相差最小而又不超出允许误差的结果平均后作为结果。如果第三次测定结果居于前两次结果的中间，而与前两次结果的差值都不超出允许误差时，则取三次结果的平均值作为结果；如果三次测定结果中任何两次结果的差值都超出允许误差，应舍弃全部测定结果，应检查仪器和操作，然后重新进行测定。水分、灰分和挥发分的允许测量误差见表 1-27。

表 1-27 水分、灰分和挥发分的允许误差

指标	范围/%	允许误差/%
水分 M_{ad}	<5.00	0.20
	5.00~10.00	0.30
	>10.00	0.40
灰分 A_{ad}	<15.00	0.20
	15.00~30.00	0.30
	>30.00	0.50
挥发分 V_{ad}	<20.00	0.30
	20.00~40.00	0.50
	>40.00	0.80

凡需要根据水分测定结果进行校正或换算的分析试验最好和水分测定同时进行；否则，两者的测定时间相距也不应超过 5 天。

六、数据记录与处理

空气干燥基煤的工业分析实验记录与计算见表 1-28。

表 1-28 实验记录表

分析项目	坩埚质量 G_0/g	加样后质量 G_1/g	煤样质量 $m(=G_1-G_0)$/g	加热后质量 G_2/g	失去质量 $m_1(=G_1-G_2)$/g	计算公式
水分 M_{ad}						$\dfrac{m_1}{m} \times 100\%$

续表 1-28

分析项目	坩埚质量 G_0/g	加样后质量 G_1/g	煤样质量 $m(=G_1-G_0)/g$	加热后质量 G_2/g	失去质量 $m_1(=G_1-G_2)/g$	计算公式
挥发分 V_{ad}						$\dfrac{m_1}{m}\times100\%-M_{ad}$
灰分 A_{ad}						$\dfrac{G_2-G_0}{m}\times100\%$
固定碳 Fc_{ad}						$100\%-(M_{ad}+A_{ad}+V_{ad})$

七、思考题

煤的工业分析对于其在冶金炉中的应用有何意义？

实验 22　煤灰熔点测定实验

一、实验目的

（1）了解灰熔仪的结构及工作原理。
（2）掌握煤灰熔点的测量原理和方法，学会使用灰锥模具制作灰锥。
（3）观察灰锥随温度升高的变化特性。
（4）绘出灰锥四态变化图。

二、实验原理

煤灰熔融性是动力和气化用煤的重要指标。煤灰是各种矿物质组成的混合物，没有一个固定的熔点，只有一个融化的范围，煤灰熔融性又称灰熔点。灰熔点是固体燃料中的灰分达到一定温度以后，发生变形、软化和熔融时的温度，它与原料中灰分组成有关，灰分中三氧化二铝、二氧化硅含量高，灰熔点高；三氧化二铁、氧化钙和氧化镁含量越高，灰熔点越低。

灰熔点可以实测，即将灰分制成三角锥形，置于高温炉内加热，并观察下列温度：
开始变形温度 DT：锥顶尖端复圆或锥体开始倾斜；
开始软化温度 ST：锥尖变曲；
半球温度 HT：锥顶尖端接触到锥托或锥体变成球形；
开始流动温度 FT：看不到明显形状，平铺于锥托之上。

将煤灰制成一定尺寸的三角锥体，在一定的气体介质中，以一定的升温速度加热，观察灰锥在受热过程中的形态变化，测定它的三个熔融特征温度：开始变形温度 DT、开始软化温度 ST、半球温度 HT 和开始流动温度 FT（见图 1-42）。

三、实验条件、设备和药品材料

（一）试样形状和大小

试样为三角锥体，高 20mm，底为边长 7mm 的正三角形，灰锥垂直于底面的侧面与托板表面相垂直。

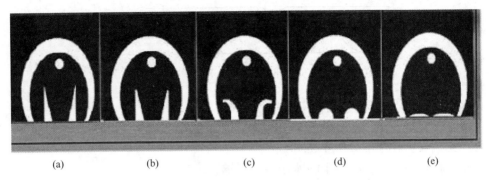

图 1-42 灰锥熔融特征示意图

(a) 原形：868℃；(b) DT：1216℃；(c) ST：1268℃；(d) HT：1310℃；(e) FT：1350℃

（二）试验气氛

（1）弱还原性气氛，可采用下述两种方法之一进行控制：1）炉内封入石墨或用无烟煤上盖一层石墨。2）炉内通入 50%±10% 的氢气和 50%±10% 的二氧化碳混合气体。

（2）氧化性气氛，炉内不放任何含碳物质，并让空气自由流通。

（三）仪器设备

仪器由计算机、控制箱、高温炉等组成，计算机主机内装有高温炉控制卡及图像采集卡，控制箱内装有控温器件，高温炉为卧式炉，加热元件为硅碳管，摄像机可以转动，以方便试验样品的安装。

（四）药品和材料

实验材料如图 1-43~图 1-45 所示。

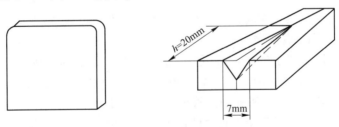

图 1-43 灰锥模子

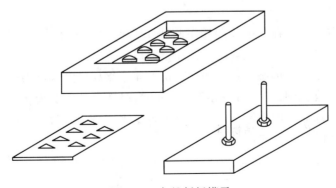

图 1-44 灰锥托板模子

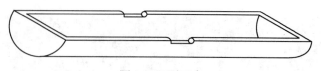

图 1-45 刚玉舟

实验药品包括:
(1) 石墨: 工业用, 灰分不大于 15%, 粒度不大于 0.5mm。
(2) 无烟煤: 粒度不大于 0.5mm。
(3) 糊精: 三级纯, 配成 10% 水溶液, 煮沸。
(4) 标准灰。

四、实验步骤

(一) 灰锥的制备

取 1~2g 煤灰放在瓷板或玻璃板上, 用数滴 10% 的糊精水溶液润湿, 调成可塑状, 然后用小尖刀铲入灰锥模中挤压成型。用小尖刀将模内灰锥小心地推至瓷板或玻璃板上, 于空气中风干或于 60℃ 下烘干备用。

注: 除糊精外, 可视煤灰的可塑性选用水、10% 的可溶性淀粉或阿拉伯胶水溶液。

(二) 操作步骤

1. 在弱还原性气氛中

(1) 用胶水将灰锥固定在灰锥托板的三角坑内, 并使灰锥垂直于底面的侧面与托板表面相垂直。

(2) 如用封入含碳物质的方法来产生弱还原性气氛, 则在刚玉舟中央放置石墨粉 15~20g, 两端放置无烟煤 30~40g (对气疏的高刚玉管炉膛), 或在刚玉舟中央放置石墨粉 5~6g (对气密的刚玉管炉膛)。

(3) 如用通气法来产生弱还原性气氛, 则从 600℃ 开始通入少量二氧化碳以排除空气, 从 700℃ 开始输入 50%±10% 的氢气和 50%±10% 二氧化碳的混合气, 通气速度以能避免空气漏入炉内为准, 对于气密的刚玉管炉膛为每分钟 100mL 以上。

(4) 将带灰锥的托板置于刚玉舟之凹槽上。

(5) 将热电偶从炉后热电偶插入孔插入炉内, 并使其热端位于高温恒温带中央正上方, 但不触及炉膛。

(6) 拧紧观测口盖, 在手电筒照明下将刚玉舟徐徐推入炉内, 并使灰锥紧邻热电偶热端 (相距 2mm 左右)。拧上观测口盖, 开始加热。

(7) 随时观察灰锥的形态变化, 记录灰锥的 4 个熔融特征温度 DT、ST、HT 和 FT。

(8) 待全部灰锥都到达 FT 或炉温升至 1500℃ 时断电结束试验。

(9) 待炉子冷却后, 取出刚玉舟, 拿下托板仔细检查其表面, 如发现试样与托板共熔, 则应另换一种托板重新试验。

2. 在氧化性气氛中

试验步骤与步骤 (1) 在弱还原性气氛中测定相同, 但刚玉舟内不放任何含碳物质, 并使空气在炉内自由流通。

五、注意事项

（1）除石墨和无烟煤外，可根据具体条件采用木炭、焦炭或石油焦。它们的粒度、数量和放置部位视炉膛的大小、气密程度和含碳物质的具体性质而适当调整。

（2）对某些煤灰可能得不到特征温度点，而发生下列情况：

1）烧结：灰锥明显缩小至似乎熔化，但实际却变成烧结块，保持一定的轮廓。

2）收缩：灰锥由于挥发而明显缩小，但却保持原来的形状。

3）膨胀和鼓泡：锥体明显胀大和鼓气泡。

六、数据记录与处理

（1）记录灰锥的 4 个熔融特征温度 DT、ST、HT 和 FT。

（2）记录灰锥托板材料及试验后的表面熔融特征。

（3）记录试样的烧结、收缩、膨胀和鼓泡现象及其相应温度。

七、思考题

（1）DT、ST、HT 和 FT 对实际应用有何意义？

（2）为何选用弱还原气氛测定煤灰熔融性？

实验 23　热电偶校验实验

一、实验目的

（1）熟悉热电偶的测温原理。

（2）掌握热电偶误差校验的方法。

二、实验原理

热电偶是用来测量温度的传感元件，其应用非常广泛，尤其在中、高温段区域，甚至不能取代。常见的热电偶有普通型热电偶、铠装热电偶和薄膜热电偶等，可根据热电偶的分度号及测温范围和应用的温度环境与测量精度等因素进行选用。

热电偶在长期使用过程中，热电极和热接点容易受到氧化、污染和腐蚀，高温下热电极材料容易发生再结晶而劣化。因此，热电偶的热电特性会逐渐发生变化，使用中会产生测量误差，有时此测量误差会超出允许范围。为了保证热电偶的测量精度，必须定期进行校验，校验合格方可使用，否则需更换新的热电偶。热电偶的检定（校验）方法有两种：比较法和定点法。所谓定点法是将被校热电偶放入温度恒定的定点槽（物质的相平衡状态），测量定点温度进行校验。本书实验采用比较法校验。

用被校热电偶和标准热电偶同时测量同一对象的温度，然后比较两者的示值，以确定被检验热电偶的基本误差等质量指标，这种方法称为比较法。用比较法检定热电偶的基本要求，是要造成一个均匀的温度场，使标准热电偶和被检测热电偶的工作端感受到相同的温度，测量其误差是否在精度范围内，检验它是否合格。

三、实验装置

热电偶校验装置如图 1-46 所示。

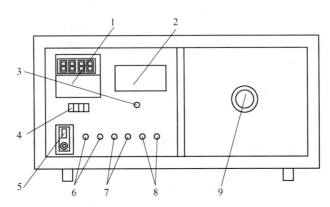

图 1-46　热电偶校验装置

1—测温表；2—电压表；3—调温旋钮；4—测温转换按键；5—电源开关；
6—标准；7—检 1；8—检 2；9—加热炉箱

热电偶误差校验装置为管式电炉。采用电子调温与数字显示控温，在炉膛内放有均热体，将标准热电偶与被校热电偶插入均热体内（均热体应放在炉膛中部）。在电控箱上设有温控表、测温表；数显温控表作为电炉的温度控制；测温表能检测热电偶的温度指示数值。琴键开关则用于标准热电偶与被检热电偶温度之间的转换。

四、实验步骤

（1）用电源线将本体后面板上的插座连接。

（2）用普通热电偶做成的热电偶分别为"检 1"和"检 2"，将"检 1"和"检 2"放在管炉炉膛中心位，并将铠装热电偶接到标准端子上的另一端，也放到管炉炉膛中心位。

（3）右旋恒温调节旋钮，观察电压指示，此时为初始预热升温阶段，为延长炉体使用寿命，加温电压建议控制在 40V 左右。然后，根据实验需要的恒温度进行反复调节，直至稳定在需要的温度上。因绝对稳定是不容易控制的，应在基本稳定的条件下快速测定。

（4）在温度基本稳定的情况下，依次按动转换开关，并在测温表上读取数值。根据需要，重复操作上述步骤，进行反复检测。

五、注意事项

（1）热电偶在正式校验之前应先进行外观检查，观察热接点焊接是否牢固，贵重金属热电极是否有严重的色斑或发黑现象，普通金属热电偶是否有严重的腐蚀或脆弱现象。

（2）为了减少校验工作量，对于各种不同热电偶校验点温度都有规定。该装置推荐校验温度在 600℃下进行，热电偶校验点数据见表 1-29。

表 1-29　热电偶的校验点

热电偶名称	校验点/℃			
镍铬-镍硅	400	600	800	1000
镍铬-考铜	100	200	400	600

六、数据记录与处理

在每一个校验点上，每只热电偶的读数不得少于 4 次，取其平均值。数据采集后在表 1-30 中进行记录，然后取标准热电偶的平均温度与被检热电偶的平均温度的差值，对照表 1-31，可以检查热电偶的测量误差是否在允许偏差。

表 1-30　热电偶校验记录

序号	1	2	3	4
标准热电偶				
被检热电偶				

表 1-31　常用热电偶校检允许偏差

分度号	热电偶材料	温度/℃	偏差/℃	温度/℃	偏差
K	镍铬-镍硅	0~400	±4	>400	占所测热电势的±0.75%
T	镍铬-考铜	0~300	±4	>300	占所测热电势的±1%

七、思考题

（1）根据实验记录计算 K、T 型热电偶的精度等级，确定它是否合格？
（2）为什么要对热电偶进行误差校验？
（3）热电偶校验的比较法和定点法有什么不同？

实验 24　热电阻校验实验

一、实验目的

（1）熟悉热电阻的种类及结构。
（2）学会一种热电阻的校验方法。

二、实验原理

物质的电阻率随温度变化而变化的现象称为热电阻效应，对金属材料来说，温度上升时，电阻值增大，这样在一定温度范围内，可以通过测量电阻值的变化而得知温度的变化。利用热电阻的这种转换原理，不但使热电阻可应用于温度的测量，而且还可用于流量、速度、浓度和密度等非电量的测量。

用热电阻测温可以根据电阻 R_t 的阻值，通过热电阻分度表查出相对应的温度值，也可以将热电阻作为电桥的一臂,用阻值变化的电量值经数显仪表直接显示温度值。热电阻的校验分为分度值校验法和纯度校验法。分度值校验法即在不同温度点上测量电阻值,看其与温度的关系是否符合规定。纯度校验法即在0℃和100℃时测量电阻 R_0 和 R_{100},求出 R_{100} 与 R_0 的比值 R_{100}/R_0,看其是否符合规定。$R_{100}/R_0>1.3925$ 为标准铂电阻,$R_{100}/R_0=1.3851\sim1.3925$ 为工业铂电阻。

该实验热电阻的校验方法为分度值校验法,也就是用标准玻璃温度计或标准铂电阻一起放在一恒温容器中,在规定的几个温度点,读取标准温度和被校热电阻的示值进行比较,以检测其偏差,根据偏差计算(校验)热电阻是否合格。

三、实验装置

该校验装置如图1-47所示,面板上有一个PID温度控制仪表。Pt100用一块智能测温表来检测铂电阻温度计测量温度值并显示。按键开关用来切换标准温度计与被校温度计的温度示值的转换,仪表箱的右侧有一块电阻值显示仪表,利用转换开关来切入仪表并显示被测电阻的当时实际的电阻值;如校正Pt100;标准热电阻接在面板左侧第一排接线柱上,其余两排接被校热电阻,就把转换开关拨向温度侧,若显示当时的电阻值,把转换开关拨向电阻值侧,那么两块仪表会根据转换开关的动作来显示当时的温度或阻值的变化。

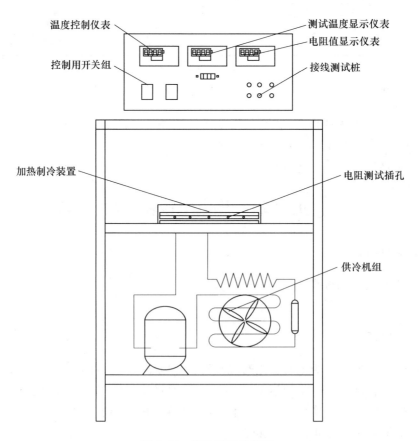

图1-47 热电阻校验装置

四、实验步骤

（1）高温测试方法；接通电源，设置仪表。例如50℃，按▲键，小数点闪烁，按▶键，移动小数点的位置，利用▲和▼来增加温度值，到50℃即可。

（2）打开加热开关，这时仪表会根据所设定温度来进行加热（加热稳定后进入测试阶段）。

（3）将校验温度计插入校验的孔中。

（4）在温度值达到设定值时，被测热电阻温度计的示值趋于稳定在30min不再有温度上升或下降势后，读取数据3~5次的平均值作为记录数据，然后转换成电阻值显示进行比较，并做记录（利用工业铂热电阻温度与电阻值对照表来进行对比）。

五、注意事项

控温值不能作为标准参与温度的校验。

六、数据记录与处理

热电阻校验实验记录表、工业铂热电阻温度与电阻值对照表和工业铜热电阻温度与电阻值对照表分别见表1-32~表1-34。

表1-32 热电阻校验实验记录表

温度/℃	电阻值/Ω	温度/℃	电阻值/Ω	温度/℃	电阻值/Ω	温度/℃	电阻值/Ω	温度/℃	电阻值/Ω

表1-33 工业铂热电阻温度与电阻值对照表

Pt100		BA1		BA2		Pt100		BA1		BA2	
温度/℃	电阻值/Ω	温度/℃	电阻值/Ω	温度/℃	电阻值/Ω	温度/℃	电阻值/Ω	温度/℃	电阻值/Ω	温度/℃	电阻值/Ω
−200	18.49	−200	7.95	−200	17.28	−90	64.30	−90	29.33	−90	63.75
−190	22.80	−190	9.96	−190	21.65	−80	68.33	−80	31.21	−80	67.84
−180	27.08	−180	11.95	−180	25.98	−70	72.33	−70	33.08	−70	71.91
−170	31.32	−170	13.93	−170	30.29	−60	76.33	−60	34.94	−60	75.96
−160	35.53	−160	15.90	−160	34.56	−50	80.31	−50	36.80	−50	80.00
−150	39.71	−150	17.85	−150	38.80	−40	84.27	−40	38.65	−40	84.03
−140	43.87	−140	19.79	−140	43.02	−30	88.22	−30	40.50	−30	88.03
−130	48.00	−130	21.72	−130	47.21	−20	92.16	−20	42.34	−20	92.04
−120	52.11	−120	23.63	−120	51.38	−10	96.09	−10	44.71	−10	96.03
−110	56.19	−110	25.54	−110	55.52	0	100.0	0	46.00	0	100.0
−100	60.25	−100	27.44	−100	59.65	10	103.9	10	47.82	10	103.96

续表 1-33

Pt100		BA1		BA2		Pt100		BA1		BA2	
温度/℃	电阻值/Ω	温度/℃	电阻值/Ω	温度/℃	电阻值/Ω	温度/℃	电阻值/Ω	温度/℃	电阻值/Ω	温度/℃	电阻值/Ω
20	107.79	20	49.64	20	107.91	320	219.12	320	101.66	320	221.00
30	111.67	30	51.45	30	111.85	330	222.65	330	103.31	330	224.56
40	115.54	40	53.26	40	115.78	340	226.17	340	104.96	340	228.07
50	119.4	50	55.06	50	119.7	350	229.67	350	107.60	350	231.60
60	123.34	60	56.86	60	123.6	360	233.17	360	108.23	360	235.29
70	127.07	70	58.65	70	127.49	370	236.65	370	109.86	370	238.83
80	130.89	80	60.43	80	131.37	380	240.13	380	111.48	380	242.36
90	134.7	90	62.21	90	135.24	390	243.59	390	113.10	390	245.88
100	138.5	100	63.99	100	139.1	400	247.04	400	114.72	400	249.38
110	142.29	110	65.76	110	142.1	410	250.48	410	116.32	410	252.88
120	146.06	120	67.52	120	146.78	420	253.90	420	117.93	420	256.36
130	149.82	130	69.28	130	150.6	430	257.32	430	119.52	430	259.83
140	153.58	140	71.03	140	154.41	440	260.72	440	121.11	440	263.29
150	157.31	150	72.78	150	158.21	450	264.11	450	122.70	450	266.74
160	161.04	160	74.52	160	162.0	460	267.49	460	124.28	460	270.18
170	164.76	170	76.26	170	165.78	470	270.36	470	125.86	470	273.43
180	168.46	180	77.99	180	169.54	480	274.22	480	127.43	480	277.01
190	172.16	190	79.71	190	173.29	490	277.56	490	128.99	490	280.41
200	175.84	200	81.43	200	177.03	500	280.90	500	130.55	500	283.80
210	179.51	210	83.15	210	180.76	510	284.22	510	132.10	510	287.18
220	183.17	220	84.86	220	184.48	520	287.53	520	133.65	520	290.55
230	186.32	230	86.56	230	188.18	530	290.83	530	135.20	530	293.91
240	190.45	240	88.26	240	191.88	540	294.11	540	135.73	540	297.25
250	194.07	250	89.96	250	195.56	550	297.39	550	138.27	550	300.58
260	197.69	260	91.64	260	199.23	560	300.65	560	139.79	560	303.90
270	201.29	270	93.33	270	202.89	570	303.91	570	141.31	570	307.21
280	204.88	280	95.00	280	206.53	580	307.15	580	142.83	580	310.50
290	208.45	290	96.68	290	210.17	590	310.38	590	144.43	590	313.79
300	212.02	300	98.34	300	213.79	600	313.59	600	145.85	600	317.06
310	215.57	310	100.01	310	217.40						

表 1-34　工业铜热电阻温度与电阻值对照表

Cu50		Cu100		Cu50		Cu100		Cu50		Cu100	
温度/℃	电阻值/Ω	温度/℃	电阻值/Ω	温度/℃	电阻值/Ω	温度/℃	电阻值/Ω	温度/℃	电阻值/Ω	温度/℃	电阻值/Ω
-50	39.24	-50	78.49	20	54.28	20	108.56	90	69.26	90	138.52
-40	41.40	-40	82.80	30	56.42	30	112.84	100	71.40	100	142.80
-30	43.55	-30	87.10	40	58.56	40	117.12	110	73.54	110	147.80
-20	45.50	-20	91.40	50	60.70	50	121.40	120	75.68	120	151.36
-10	47.85	-10	95.70	60	62.48	60	125.68	130	77.83	130	155.96
0	50.00	0	100.00	70	64.98	70	129.96	140	79.98	140	159.96
10	52.14	10	104.28	80	67.12	80	134.24	150	82.13	150	164.27

七、思考题

（1）根据热电阻校验记录计算热电阻是否合格？

（2）工业上为什么要对热电阻进行校验？

2 冶金工程专业实验（有色金属冶金）

实验 25　锌焙砂浸出实验

一、实验目的

（1）通过实验了解锌焙砂浸出及中和水解杂质（Fe、As、Sb）的基本原理。

（2）通过实验掌握实验室小型实验规模的浸出及中和水解的基本操作技能及技术条件的控制。

（3）了解浸出率这一概念并掌握其计算方法。

二、实验原理

锌焙砂的浸出，在工业上通常是使用含游离酸不高的废电解液来进行的，锌在焙砂中约 90% 是以自由状态的 ZnO 存在，浸出时很容易溶解于稀 H_2SO_4 中，其反应见式（2-1）：

$$ZnO + H_2SO_4 \Longrightarrow ZnSO_4 + H_2O \tag{2-1}$$

锌焙砂中以 $ZnSO_4$ 及 $ZnO \cdot SiO_2$ 状态在浸出时一起转入溶液中，但以 ZnS 及 $Zn \cdot Fe_2O_3$ 状态存在的锌，不溶于稀酸中而进入浸出残渣。同时转入溶液的有 Fe^{2+}，部分 As^{3+}、Sb^{3+}、Ge^{2+}、In^{3+}、Cu^{2+} 等杂质。

浸出的目的是使焙砂中的 Zn 等有价值的金属，最大限度地进入溶液，并促使它们与杂质良好分离，为了达到此双重目的，在工业生产中目前一般采用两段逆流浸出流程，如图 2-1 所示。

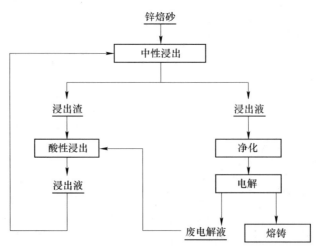

图 2-1　锌焙砂浸出工艺流程示意图

在中性浸出时，溶解进入溶液的 Fe^{3+}、As^{3+}、Sb^{3+}，以及部分 Cu^{2+}、Ge^{2+}、In^{3+} 水解生成其氢氧化物沉淀进入浸出渣，故而能与 Zn 分离。为了使 Fe 等水解，并防止 Zn 也发生水解，必须控制恰当的浸出终点 pH 值，一般为 5.2～5.4，严格控制浸出终点的 pH 值是操作上的一个关键，它不但影响浸出结果，还影响澄清与过滤。

该实验把两段浸出合为一段完成，即在同一容器内完成浸出与中和水解除杂质两个作业。第一步浸出，用废电解液（含 H_2SO_4 110g/L，Zn 44g/L）浸出锌焙砂；第二步中和水解除杂质。进行水解前必须先将溶液中的 Fe^{2+} 氧化成 Fe^{3+}（该实验用双氧水，工业上用 MnO_2 或空气进行氧化），水解反应见式（2-2）：

$$Fe_2(SO_4)_3 + 6H_2O = 2Fe(OH)_3 + 3H_2SO_4 \qquad (2-2)$$

水解生成的硫酸及浸出时剩下的游离酸（H_2SO_4）工业上用焙砂中和，有的厂加入石灰乳中和。本实验用 1∶1 的氨水中和。

三、实验药品及材料

(1) 废电解液：H_2SO_4 110g/L，Zn 44g/L；
(2) 焙砂含量 51.81%；
(3) 恒温磁力搅拌；
(4) 双氧水；
(5) 1∶1 的氨水；
(6) pH 计。

四、实验步骤

(1) 准备。取废电解液 240mL 于 400mL 的高型烧杯中，并放在磁力搅拌器上预热，同时开启搅拌开关并调到适当转速，取锌焙砂 30g，用乳钵磨细并用筛过目待用。

(2) 浸出。当溶液温度升到 60～70℃ 时，调好转速，将已准备好的锌焙砂 30g 缓慢加入溶液中，即开始浸出（15min 后加入双氧水 2～3mL），浸出持续 30min（注意控制搅拌速度不宜过大，防止溶液从烧杯中溅出）。

(3) 中和。浸出 30min 后加入 1∶1 的氨水进行中和，一边加一边用试纸测试矿浆 pH 值变化。当 pH＝5.2～5.4 时，停止搅拌使烧杯中溶液静置 10min，同时观察烧杯中溶液的澄清及颗粒长大的情况。

(4) 过滤。矿浆澄清后，经瓷漏斗真空泵抽气过滤，并记录下从开始过滤至过滤终了的所需时间。滤渣用水洗 3 次，每次用蒸馏水 5～10mL。滤液及洗液注入量筒测出体积后，做下记录，留待取样分析。

(5) 分析。锌焙砂浸出液中（过滤后的）Zn 含量测定，用吸液管吸取浸出液 0.5mL 置于 250mL 的烧杯中加入蒸馏水 20mL，醋酸-醋酸钠缓冲溶液 10mL，加 10%硫代硫酸钠 3mL 混匀，加入 0.5%二甲酚橙指示剂一滴，用 EDTA 标准溶液滴定至溶液由酒红色至亮黄色即为终点。

(6) 实验完毕，根据分析结果，计算浸出率，整理数据，编写实验报告，最后，整理仪器设备，并打扫清洁。

五、数据记录与处理

浸出液中含 Zn 量按下式计算：

$$G = VT \frac{V_0}{X} \tag{2-3}$$

式中，G 为浸出液中含 Zn 总量，g；V 为滴定到终点所耗 EDTA 溶液的毫升数；T 为滴定度，g/mL；X 为用来分析试液的毫升数。

根据实验数据计算浸出率。

六、思考题

提高锌焙砂浸出率的工艺方法有哪些？

实验 26　硫酸锌溶液的电积实验

一、实验目的

(1) 巩固锌电解沉积的基本原理，了解电解沉积的目的。
(2) 了解各种锌电解沉积技术条件对电解过程的影响。
(3) 掌握电流效率与电能消耗的概念与计算方法。

二、实验原理

锌焙砂经浸出、净化除杂后得到硫酸锌溶液，为了进一步获得金属锌，需要进行电解沉积作业。将净化后的硫酸锌溶液送入电解槽内，用含有 0.5%~1% 银的铅银合金板作为阳极，压延纯铝板作阴极，并联悬挂在电解槽内，通以直流电，在阴极上析出金属锌，在阳极上放出氧气，溶液中硫酸再生。电积时总的电化学反应为：

$$ZnSO_4 + H_2O = Zn + H_2SO_4 + 0.5O_2 \tag{2-4}$$

由反应式可知，随着锌电积过程的不断进行，硫酸锌电解水溶液中的锌离子会不断减少，而硫酸浓度会相应增加。为了保持锌电积条件的稳定，必须维持电解槽中的电解液成分不变。因此，必须不断从电解槽中抽出一部分电解液作为电解废液返回浸出，同时相应加入净化后的中性硫酸锌溶液，以维持电解液中离子浓度的稳定。

(一) 阳极反应

工业生产中大都采用铅银合金板作为不溶阳极，当通直流电后，阳极上发生的主要反应是氧气的析出：

$$2H_2O - 4e = 4H^+ + O^{2-} \tag{2-5}$$

阳极放出的氧大部分逸出造成酸雾，小部分与阳极表面的铅作用，形成 PbO_2 阳极膜，一部分与电解液中的 Mn^{2+} 起化学变化，生成 MnO_2。这些 MnO_2 一部分沉于槽底形成阳极泥，另一部分黏附在阳极表面上，形成 MnO_2 薄膜，并加强 PbO_2 膜的强度，阻止铅的溶解。但是，MnO_2 在阳极过多的析出，一方面会增加浸出工序的负担，另外会引起电

极液中 Mn^{2+} 贫化而直接影响析出锌的质量。电解液中含有的氯离子在阳极会氧化析出氯气，污染车间空气并腐蚀铅银阳极：

$$2Cl^- - 2e = Cl_2 \tag{2-6}$$

（二）阴极反应

在工业生产条件下，锌电积液中含有 Zn^{2+} 50~60g/L、H_2SO_4 120~180g/L。如果不考虑电积液中的杂质，通电时，在阴极上仅可能发生两个过程：

（1）锌离子放电，在阴极上析出金属锌：

$$Zn^{2+} + 2e = Zn \tag{2-7}$$

（2）氢离子放电，在阴极上放出氢气：

$$2H^+ + 2e = H_2 \tag{2-8}$$

在这两个放电反应中，究竟哪一种离子优先放电，对于湿法炼锌而言是至关重要的。从各种金属的电位序来看，氢具有比锌更大的正电性，氢将从溶液中优先析出，而不析出金属锌。但在工业生产中能从强酸性硫酸锌溶液中电积锌，这是因为实际电积过程中，存在由于极化所产生的超电压，金属的超电压一般较小，约为 0.03V，而氢离子的超电压则随电积条件的不同而变。塔费尔通过实验和推导总结出了超电压与电流密度的关系式，即著名的塔费尔公式：

$$\eta_H = a + b\lg D_k \tag{2-9}$$

$$b = 2 \times \frac{2.303RT}{F}$$

式中，η_H 为氢的超电压；a 为常数，即电极上通过单位电流密度时的超电压值，它随阴极材料、表面状态、溶液组成和温度而变；b 为塔费尔系数，只随电解液温度而变；R 为常数，为 8.314J/(K·mol)；T 为温度；F 为法拉第常数，$F = 96485$J/(mol·V)；D_k 为阴极电流密度。

因此，电积时可创造一定条件，由于极化作用氢离子的放电电位会大大地改变，使得氢离子在阴极上的析出电位值比锌更负而不是更正，因此锌离子在阴极上优先放电析出。

三、实验设备、试剂和装置

（一）实验设备

直流稳压电源、电解槽、恒温水浴槽、循环集液槽、恒流循环泵、电子天平、容量滴定分析仪一套。

（二）试剂

硫酸锌、硫酸、电解液、明胶、电极（铅银阳极 2 块，铝阴极 1 块）、铜导电板、棒、导线等。

（三）实验装置

实验装置如图 2-2 所示。

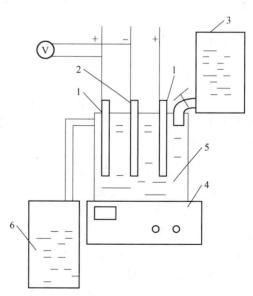

图 2-2 硫酸锌溶液电解沉积实验装置
1—铅银阳极；2—铝阴极；3—高位槽；
4—数显恒温水浴；5—电解槽；6—低位槽

四、实验步骤

（一）电解液的配制

（1）用硫酸锌、水和硫酸配制含锌 160g/L，硫酸 100g/L 的电解液 10L。

（2）按明胶添加剂 0.1g/L 进行电解液配制的冶金计算。

（3）按计算结果配制电解液并取样分析酸、锌的含量单位为 g/L。

（二）锌、酸浓度的分析方法

1. 酸的测定

准确吸取 1mL 电解液于 300mL 三角杯中，加 30~50mL 蒸馏水稀释；加 0.1%甲基橙 2~3 滴，用标准氢氧化钠溶液滴定，滴定至由红色变为黄色为终点，即为滴定的酸度。

酸度的计算：

$$G = \frac{0.049TV}{X} \times 1000 \tag{2-10}$$

式中，G 为电解液含硫酸，g/L；T 为氢氧化钠当量浓度，g/L；V 为滴定消耗的氢氧化钠的量，mL；X 为取样分析的电解液的量，mL。

2. 电解液含锌量的测定

采用 EDTA 滴定法（络合滴定）测定浸出液锌含量，其分析步骤如下：

（1）用移液管准确吸取浸出液 1mL 于 200mL 三角杯中，加蒸馏水 20mL；

（2）加 0.1%甲基橙 1 滴，加 1∶1 HCl 中和甲基橙变红色；

（3）加 1∶1 氨水 2~3 滴，使其变黄；

（4）加醋酸-醋酸钠缓冲液 10mL，加 10%的硫代硫酸钠 2~3mL 混匀；

（5）加 0.5%二甲酚橙指示剂 2 滴，用 EDTA 标准溶液至溶液由酒红色变至亮黄色为终点。

浸出液含锌量计算：

$$G = VT\frac{W}{X} \tag{2-11}$$

式中，G 为浸出液含锌总量，g；V 为滴定消耗的 EDTA 量，mL；T 为滴定度，g/mL；W 为浸出液总体积，mL；X 为取出来分析的浸出液体积，mL。

（三）电积实验

电解液温度：35~40℃；阴极电流密度：450~500A/m^2；电解时间：2h；同极间距：30~40mm；电解液循环速度：50~100mL/min。

准备工作：将配制好的电解液放入高位加热槽加热；用砂纸把导电板、棒及阴、阳极与棒接触点部位擦干净；将电解槽等清洗干净；将阳极、阴极放入沸水中煮沸 1min，取出晾干后称重；按要求接好线路；装好导电板、棒；按极距要求安放好阳极。

电积实验：认真检查准备工作无误后，将加热好的电解液放入电解槽中，按要求控制好循环液量，放入阴阳极板于预定位置后开始通电，电流强度调整在给定值，做好电解记录（20min 记录一次），达到预定电解时间后，停电、取出阳极、阴极放入沸水中煮沸 2min，烘干、称重、测出阴极浸入电解液中的有效面积。

实验结束后按要求将电解液放入存放槽后，清洗整理好实验用具。

五、数据记录与处理

锌电积实验记录见表 2-1。

表 2-1 锌电积实验记录表

电解液成分（g/L）：
阴极有效面积：   电流密度：
阴极电解前质量：   阴极电解后质量：
循环方式：

时间/min	电流/A	槽电压/V	电解液温度/℃	极间距/mm	循环量/mL·min^{-1}	备注
1						
2						
3						
4						
5						
6						
7						
8						
9						

数据处理所用公式见式（2-12）~式（2-14）。

$$电流密度 = \frac{电流强度}{阴极有效面积} \qquad (2\text{-}12)$$

$$电流效率(\%) = \frac{实际析出锌量}{1.22 \times 电解时间 \times 电流} \qquad (2\text{-}13)$$

$$电能消耗 = \frac{平均槽电压}{1.22 \times 电流效率} \qquad (2\text{-}14)$$

式中，1.22 为锌的电化当量，g/(A·h)。

六、思考题

（1）电解沉积和电解精炼有何异同？

（2）电解过程中电解液主要成分浓度会如何变化，对电积过程有何影响，可采取哪些措施来减弱这种影响？

（3）如何降低锌电积过程的电能消耗？

实验 27　铜电解精炼实验

一、实验目的

（1）通过实验达到验证和加深对铜电解精炼基本原理的认识和掌握铜电解精炼过程

必须控制的技术条件（电解液成分、电解液温度、电流密度、槽电压、电解液循环速度和添加剂）。

(2) 通过实验了解可溶阳极电解所用直流电源设备的性能、极板的连接方法等。

(3) 通过实验熟悉电解精炼提纯金属的实验方法及步骤。

(4) 加强对实验数据的处理和分析能力的培养。

二、实验原理

铜电解精炼是将火法精炼得到的铜（含杂质 0.3%～0.8%）浇铸成一定规格作为阳极，经种极生产得到一定规格的始极片（电铜）作为阴极，也可用不锈钢作永久阴极，这样就不用生产始极片，但也增加了剥片工艺。按阳极与电源正极相接，阴极与电源负极相接，一并装入电解槽，电解槽盛以电解液（H_2SO_4、$CuSO_4 \cdot 5H_2O$），将直流电通过电解槽阴阳极时，在阳极板上产生铜和一些杂质的化学溶解，在阴极上加以控制只产生铜的沉积，从而实现了铜的电解提纯，这种电解过程称做可溶阳极电解。

电解时在阳极上发生下列氧化反应：

$$Cu - 2e = Cu^{2+} \qquad E_0 = 0.34V \qquad (2\text{-}15)$$

$$Me - 2e = Me^{2+} \qquad E_0 < 0.34V \qquad (2\text{-}16)$$

$$H_2O - 2e = 2H^+ + \frac{1}{2}O_2 \qquad E_0 = 1.23V \qquad (2\text{-}17)$$

Me 表示 Fe、Ni、As、Sb 等负电性金属，由于它们的标准电位较铜为低，且浓度小，因而电极电位进一步降低。所以，此类杂质较铜优先溶解，由于杂质含量少，主要仍是铜的溶解（见式(2-15)），式(2-17)反应的标准电位较铜大得多，应控制一定的技术条件，不进行反应。

正电性金属 Au、Ag 因标准电位比铜大，不进行阳极溶解，以金属状态下落槽底。

电解时在阴极上发生金属离子获得电子的还原过程，可能产生的反应是：

$$Cu^{2+} + 2e = Cu \qquad E_0 = 0.34V \qquad (2\text{-}18)$$

$$2H^+ + 2e = H_2\uparrow \qquad E_0 = 0V \qquad (2\text{-}19)$$

$$Me^{2+} + 2e = Me \qquad E_0 < 0.34V \qquad (2\text{-}20)$$

上述反应的电极电位由能斯特公式表示：

$$E = E^\ominus + 0.0002\frac{T}{n}\lg aMe^{n+} \qquad (2\text{-}21)$$

正常情况下，氢离子不会放电析出，只当 Cu^{2+} 浓度降至一定数值后（如 10g/L 及以下时），铜的电极电位降至接近于氢的电极电位，此时氢和铜将按一定比例析出。标准电位与铜靠近的 As、Sb、Bi 也以一定比例与铜一起还原析出，唯有那些标准电位较铜低且浓度小的负电性金属（Ni、Fe、Zn 等）离子，不被还原仍留在溶液中。

由阴阳极反应的讨论可知，阳极铜中的杂质在电解过程中的行为是：

(1) 较铜标准电位为负的金属由于阳极反应进入溶液，当控制一定槽电压时，它们不在阴极上沉积，留在电解液中。

(2) 铜的化合物（Cu_2O、Cu_2S、CuS 等）及贵金属因较铜标准电位为正，不参加阳极反应而以阳极泥沉入槽底。

（3）标准电位与铜相近的金属（As、Sb、Bi）可能在阴极还原析出。为避免还原析出，应控制一定的技术条件。实现铜电解精炼以制取质量（化学、物理的）合格的电铜和获得良好的技术经济指标应控制如下的技术条件：

电解液成分：Cu^{2+} 40~50g/L；H_2SO_4 180~240g/L；Ni<15g/L；Fe<5g/L；As<5g/L；Sb<0.8g/L。

每吨阴极铜的添加剂：动物胶 25~50g；硫脲 20~50g；干酪素 15~40g；盐酸 300~500mL。

电解液温度：55~60℃。

电解液循环速度：15~25L/min。

电流密度：180~250A/m^2。

槽电压：0.2~0.25V。

三、实验设备和装置

实验设备主要包括：直流稳压电源、磁力搅拌器、玻璃电解槽、直流电流表（规格 0~3A）、直流电压表（0~500mV）、阳极一片、阴极一片、铜导电棒两根。

实验装置简图如图 2-3 所示。

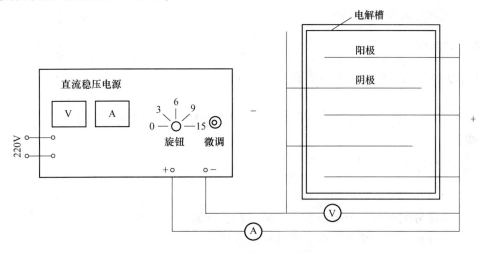

图 2-3 铜电解精炼实验装置

四、实验步骤

（一）制备电解液

选定电解液成分：Cu^{2+} 为 40g/L，H_2SO_4 为 200g/L。由所选定的电解液成分进行化学计算，每升电解液配入 $CuSO_4 \cdot 5H_2O$ 的纯结晶 156.3g、H_2SO_4（密度 1.84g/cm^3）112.4mL、H_2O 837mL，依照如上关系，配置实验所需电解液，并适量地加入添加剂。

（二）实验步骤

（1）将配制好的电解液放入玻璃电解槽和循环槽，然后将玻璃电解槽放在磁力搅拌器上升温，控制电解液温度约 50℃，调整好电解液的循环速度。用纱布擦净铜导电棒和各接触点，在天平上称好干净的阴阳极板并记录下来，将阴阳极板放入电解槽（小心放下，以免打坏电解槽），按实验装置图接好线路。

（2）测量浸入电解液中的阴极面积，按 $200A/m^2$ 的电流密度计算出所需电流强度。

（3）连接好线路后，经指导教师检查后方可合上开关（用直流稳压电源旋钮调整所需电流强度值），通电进行电解，记下开始时间。之后，间隔 10min 记录一次，电解过程中要经常移动微调以保持所需电流强度值，还要通过调整阴阳极间的距离和接触点以控制槽电压在限定范围（0.15~0.25V），通电时间为 1h。

（4）电解结束，关闭电源开关，取出阴阳极细心放入盛有温水的盆中用水洗净，用电吹风吹干后在天平上称重，记录下质量。

（5）将用毕后的电解液倒在储液瓶中，并用水洗净电解槽，拆下所接线路设备放回原处。

（6）做好清洁卫生。

五、数据记录与处理

（1）根据实验数据计算电流效率。

（2）计算电解 1t 铜需要多少电，理论电耗是多少？

（3）实际电流密度是多少？

六、思考题

根据实验分析铜的电解与电积有什么不同？

实验 28 有机溶剂萃取分离 Ni、Co 实验

一、实验目的

（1）通过实验了解有机溶剂萃取的基本原理。

（2）掌握分配常数、分配系数、分离系数、萃取率几个概念。

（3）掌握通过实验绘制萃取平衡曲线的方法。

二、实验原理

若有物质在两相中分配，A 在有机相中的平衡浓度为 $C_{有A}$，A 在水相中的平衡浓度为 $C_{水A}$，则 A 在两相间的分配系数为：

$$D_A = \frac{C_{有A}}{C_{水A}} \tag{2-22}$$

若两种物质 A、B 在两项中分配，则：

$$\beta_{AB} = \frac{D_A}{D_B} \tag{2-23}$$

β_{AB} 称为 A、B 两种物质的分离系数，欲借萃取分离 A、B 两种物质，则需 $\beta_{AB} \geq 1$。

进行萃取时，有机相中某物质的平衡浓度 Y 与水相的平衡浓度 X 之间存在着一定的

关系，以 X 作横坐标，Y 作纵坐标，作图所得之曲线称为萃取平衡曲线，在设计萃取过程时往往要用到萃取平衡线。

该实验用 N235 萃取分离 Ni 和 Co，N235 是一种混合叔胺。

N235 与酸性水溶液接触时发生下列反应：

$$R_3N + H^+ \longrightarrow R_3NH^+ \tag{2-24}$$

式中，R 为烷基，通式为 C_nH_{2n+1}，$n=7\sim9$。

同时水溶液中的金属以某种阴离子形态存在，例如在盐酸介质中 Co^{2+} 以共氯络离子形式存在（见式（2-25）），它能被 N235 按离子缔合萃取的机理萃入有机相（见式（2-26））。由于在盐酸介质中 Co^{2+} 生成氯络合物的趋势比 Ni^{2+} 要大得多，故而 Co^{2+} 能被 N235 优先萃取，而 Ni^{2+} 则不能，从而实现 Ni^{2+} 与 Co^{2+} 的分离。所以说 N235 萃取 Co 有很好的选择性。

$$Co^{2+} + 4Cl^- \rightleftharpoons CoCl_4^{2-} \tag{2-25}$$

$$2R_3NH^+_水 + CoCl_{4水}^{2-} \rightleftharpoons (R_3NH)_2CoCl_4 \tag{2-26}$$

萃取时的萃取率直接展示萃取效果的好坏，是实践中常常用到的指标：

$$萃取率 = \frac{进入有机相的金属量}{原液含某种金属量} = \frac{C_oV_o - C_水V_水}{C_oV_o} \times 100\% \tag{2-27}$$

式中，C_o 为萃原液浓度，g/L；V_o 为萃原液体积，L；$C_水$ 为萃余液（水相）浓度，g/L；$V_水$ 为体积，L。

$C_水$ 为水相（萃余液）钴浓度，由化验得出，g/L。

有机相钴的平衡浓度按式（2-28）计算：

$$C_有 = (C_oV_水 - C_水V_水)/V_有 \tag{2-28}$$

式中，$V_水$ 为水相体积，L；$V_有$ 为有机相体积，L；C_o 为原液钴浓度，g/L；$C_水$ 为萃余相钴浓度，g/L；$C_有$ 为有机相钴浓度，g/L。

有机相镍的平衡浓度按式（2-28）计算。

三、实验药品和仪器

有机相包括 20% 的 N235、15% 的 TBP、磺化煤油。

萃原液（水相）包括 6 种不同浓度的含钴的水溶液，1 号为 1g/L、2 号为 3g/L、3 号为 7g/L、4 号为 11g/L、5 号为 15g/L、6 号为 15g/L，其中 6 号内含有 5g/L 的 Ni。

分析用药剂包括 0.5% 亚硝基红盐、50% 乙酸铵、20% 酒石酸钾钠、10% 氢氧化钠、5% 过硫酸铵、1% 丁二酮肟。

主要仪器包括分液漏斗、康氏振荡器、723 型分光光度计。

四、实验步骤

（一）萃取

（1）在一个组，6 个 250mL 分液漏斗中分别投入 1~6 号含钴试液 20mL，然后分别投入萃取剂 20mL；

（2）将分液漏斗放入振荡器，振荡 15min，然后静置分层 10min；

(3) 测定原试液和萃余液中钴的浓度，第 6 号分液漏斗中的萃余液还要同时测定镍的浓度。

（二）分析检测

1. 萃余液中钴浓度的测定

取 1~2 号萃余液 1mL 于 100mL 容量瓶中，3~6 号萃余液 1mL 于 250mL 容量瓶中，用蒸馏水稀释至刻度，摇匀。

取稀释后的 1 号溶液 3mL 于 50mL 容量瓶中，2~6 号溶液各 1mL 于各自的 50mL 容量瓶中，分别依次加入 50%乙酸铵 5mL，H_2SO_4（1∶2）3 滴，亚硝基红盐 5mL，加蒸馏水至刻度线摇匀，在 723 型分光光度计中比色（波长 550nm）得吸光度，并计算出萃余液中钴浓度。

2. 萃余液中镍浓度的测定

在 250mL 容量瓶中取上述稀释好的 6 号溶液 2mL 于 50mL 容量瓶中，加入 20%酒石酸钾钠 10mL，用 10%氢氧化钠溶液中和（需 5~6mL），加 5%过硫酸铵 5mL，混匀放置 2min，再加入 1%丁二酮肟 5mL，用蒸馏水稀释至刻度混匀，置 10min 后，在 723 型分光光度计中比色（波长 520nm）得吸光度，并计算出萃余液中镍浓度。

五、数据记录与处理

实验数据记录表见表 2-2。

表 2-2　实验数据记录表

样品	1 号钴溶液	2 号钴溶液	3 号钴溶液	4 号钴溶液	5 号钴溶液	6 号钴溶液	6 号镍溶液
吸光度							
吸光度							
吸光度							

数据处理包括：

(1) 计算有机相和水相浓度；(2) 计算出钴和镍的分配系数、萃取率、分离系数并将计算结果列表；(3) 计算出实验的钴镍分离系数；(4) 绘制钴的平衡曲线。

六、思考题

根据实验结果讨论钴和镍的萃取分离效果。

实验 29　铝土矿的拜耳法溶出实验

一、实验目的

(1) 了解在实验室里由铝土矿用拜耳法制取氧化铝的过程。

(2) 了解实验室小型高温高压设备的使用及技术条件的控制。

(3) 了解氧化铝溶出率这一概念并知道其计算方法。

二、实验原理

工业上金属铝的生产一般分两步进行,第一步从含铝矿物中生产出氧化铝(Al_2O_3);第二步用氧化铝电解生产金属铝。

目前工业上生产氧化铝的原料主要是铝土矿,生产工艺有拜耳法、碱石灰烧结法、拜耳-烧结联合法。该实验是以实验室小型实验的规模用拜耳法溶出铝土矿中的氧化铝。

拜耳法是 K. J. Bayer 在 1889~1892 年提出的,故称之为拜耳法。其原理就是使以下反应在不同的条件下朝不同的方向交替进行:

$$Al_2O_3 \cdot xH_2O + 2NaOH + aq \Longleftrightarrow 2NaAl(OH)_4 + (x-3)H_2O \qquad (2\text{-}29)$$

式中,当溶出一水铝石和三水铝石时,x 分别等于 1 和 3;当分解铝酸钠溶液时,x 等于 3。

首先,在高温高压下以氢氧化钠溶液溶出铝土矿,使其中的氧化铝水合物按式(2-29)反应向右进行得到铝酸钠溶液,而矿石中的钛、钙、铁和镁等杂质和绝大部分的硅则成为不溶解的化合物。将不溶解的残渣(由于含氧化铁而呈红色,故称之为赤泥)与溶液分离,经洗涤后弃去或综合利用,以回收其中的有用组分。铝酸钠溶液在净化后,加入氢氧化铝晶种,在不断搅拌和逐渐降温的条件下进行分解,使上述反应向左进行析出氢氧化铝,并得到含大量氢氧化钠的溶液;母液经过蒸发浓缩后再返回用于溶出新的一批铝土矿;氢氧化铝经过焙烧脱水后得到产品氧化铝。

拜耳法生产氧化铝具有生产流程简单、单位能耗低、产品氧化铝质量好的优点,但不能处理铝硅比(矿石中 Al_2O_3 与 SiO_2 的质量之比,简称铝硅比)低的铝土矿,仅适合处理铝硅比大于 7 的铝土矿,尤其是铝硅比大于 10 的铝土矿。

该次小型实验过程中仅采用 2L 的高压釜,用氢氧化钠溶液来溶出铝土矿中的三氧化二铝并进行固液分离。铝酸钠溶液的净化、晶种分解及氢氧化铝的煅烧由于时间关系不做。

在铝土矿的溶出过程中,为避免二氧化钛生成钛酸钠溶液,使氧化铝的溶出性能显著恶化,在溶出过程中添加一定量的石灰,使二氧化钛生成不溶的钙钛化合物避免了钛酸钠的生成,从而消除了二氧化钛的危害。同时添加石灰还有利于提高氧化铝的溶出速度及改善赤泥的沉降性能等优点。

三、实验药品及设备

(一) 实验物料

实验物料包括铝土矿(成分见表 2-3)、氢氧化钠、氧化钙和分析用药品(甲基橙、二甲酚橙、1:1 的盐酸、氨水、EDTA 溶液、醋酸-醋酸钠缓冲液、锌标准液、氟化钠等)。

表 2-3 铝土矿成分

名称	Al_2O_3	Fe_2O_3	SiO_2	TiO_2
含量/%				

(二) 实验设备

(1) 2L 高压釜 1 台;(2) 药物天平 1 台;(3) 真空泵 1 台;(4) 电炉 1 台;(5) 抽

滤瓶 1 个；(6) 布氏漏斗 1 个；(7) 500mL 烧杯 2 个；(8) 三角烧瓶 2 个；(9) 2mL 取样管 1 支；(10) 50mL 滴定管 1 支。

四、实验步骤

(一) 配料

以 100g 铝土矿为基数，按式 (2-30) 和式 (2-31) 计算配料：

$$C = 2T \tag{2-30}$$
$$m = cV \tag{2-31}$$

式中，C 为 CaO 的物质的量；T 为试料中 TiO_2 的物质的量；m 为 NaOH 的物质的量；c 为 NaOH 的质量浓度；V 为浸出过程中 NaOH 溶液的体积。

(二) 铝土矿的溶出

具体溶出条件如下：

铝土矿：50g；NaOH 浓度：140g/L；液：固 = 8∶1（质量体积比）；溶出温度：140℃；溶出时间：20min；搅拌速度：900~1000r/min。

(三) 溶出步骤

(1) 按液∶固 = 8∶1 的比例在分析天平上称取一定量的固体 NaOH 配成 140g/L 的 NaOH 溶液，置于 2L 的高压釜内；

(2) 在分析天平上依次称取所需的 CaO 及磨细的铝土矿放入 2L 的高压釜内，用玻璃棒将矿浆搅拌均匀；

(3) 高压釜釜盖合在釜体上，并将釜盖上各出气口的针形阀拧紧，釜盖上的螺纹按十字对称的形式先分两次拧紧，力矩分别为 50N·m 和 100N·m，第三次以 100N·m 的力矩挨个将螺纹拧紧；

(4) 接通高压釜控制柜的电源，并开启高压釜搅拌至转速为 400~500r/min，开始升温，升温电压为 220V，达到规定温度后开始计时，将搅拌转速调高至 900~1000r/min；

(5) 恒温 20min 后关掉升温按钮，并将搅拌转速调低至 400~500r/min，通入冷却水将釜体降温至 60℃ 左右后停止搅拌；

(6) 拧开釜盖出气口的针型阀，将釜内气体放空，按十字对称的形式将釜盖螺纹拧松，釜盖搬离釜体，倒出矿浆进行下一步操作。

(四) 过滤洗涤

(1) 过滤：将高压釜内产出的矿浆倒入布氏漏斗内，开启真空泵进行真空过滤。

(2) 洗涤：滤液尽量抽干之后用热水冲洗滤渣多次，待滤渣中的水分尽量抽干之后，停真空泵。取下漏斗、倒去滤渣、洗净漏斗待用。

(3) 洗涤条件：洗水温度为 85℃ 以上；洗涤次数为 4 次以上；每次洗水量为 25~30mL。

(五) 取样分析

取样步骤：将上步过滤得到的滤液倒入量筒，待冷至 25℃ 后，量出体积并做记录，用 2mL 的取样管取样（取双样，每位同学各自分析一个样），将取完样后的溶液倒入玻璃容器内待用。

取样要求：(1) 取样前应用溶液洗涤取样管 2~3 次；(2) 取样时应尽量准确；(3) 取样结束后用蒸馏水将取样管冲洗干净放好。

Al_2O_3 的分析方法：用 2mL 的取样管吸取溶出液 2mL 移入 250mL 的三角烧瓶中加蒸馏水 70~80mL，之后加 2 滴 0.5%的甲基橙摇匀后用 1:1 的盐酸（滴加）酸化至红色不退为止，再加入 15mL 5%的 EDTA 溶液，然后加热至 60~70℃，取下用氨水中和至甲基橙变为亮黄色后加醋酸-醋酸钠缓冲液 20mL，并煮沸 3min 后冷至室温（强化冷却）。然后滴加 3 滴 0.5%的二甲酚橙指示剂摇匀，用 0.05mol/L 的锌标准液滴定至亮红色（不计数，但不能过量并记清红色的深浅程度）。之后加氟化钠 0.5g 于瓶中在电炉上煮沸 3min（在煮沸过程中要随时注意观察，防止溶液喷出瓶口影响分析结果），取下冷却至室温，并用洗瓶冲洗三角烧瓶内壁，再用锌标准液滴定至亮红色（与前面的红色一致）为终点，并记下所消耗的锌标准液的毫升数。

结果按式（2-32）进行计算：

$$C_{Al_2O_3} = \frac{V_1 \times T}{V_2} \times 1000 \quad (2-32)$$

式中，V_1 为滴定时所消耗的锌标准液，mL；V_2 为所取试样的体积，mL；T 为锌标准液对三氧化二铝的滴定度，该次实验中为 0.0051g/mL。

五、注意事项

(1) 实验中使用电器设备及加热设备时，注意以防触电及烫伤。
(2) 配料时称量要准，防止抛撒。
(3) 接触酸、碱时防止烧坏皮肤及衣服。

六、数据记录与处理

铝土矿溶出过程记录表见表 2-4。

表 2-4 铝土矿溶出过程实验记录表

时间/min	温度/℃	压力/MPa	转速/r·min^{-1}	现象

注：从开温开始每隔 10min 记录一次。

Al_2O_3 的溶出率指实际反应后进入铝酸钠溶液中 Al_2O_3 与原料铝土矿中 Al_2O_3 的总量的比值，即：

$$\eta_{实} = \frac{c_{液} \times V_{液}}{1000 \times Q_{矿} \times W_{矿}} \times 100\% \tag{2-33}$$

式中，$c_{液}$ 为铝酸钠溶液中 Al_2O_3 的浓度，g/L；$V_{液}$ 为铝酸钠溶液的体积，mL；$Q_{矿}$ 为矿石的物质的量，g；$W_{矿}$ 为矿石中氧化铝的质量分数，%。

七、思考题

对实验中出现的问题进行讨论并提出自己的看法。

实验 30　贵铅坩埚熔炼实验

一、实验目的

(1) 了解铅冶炼及贵金属冶炼相关知识点。
(2) 学会熔炼配料计算。
(3) 熟练实验操作，获取贵铅。

二、实验原理

贵铅熔炼是冶炼粗金属的过程，其原理可归结为两个基本方面：金属的还原及合金化和造渣。作为贵金属捕集剂和粗金属的主体的铅的还原，视试样成分和性质的不同，可以有如下方式：

$$2PbO + C \rightleftharpoons 2Pb + CO_2 \tag{2-34}$$

$$PbS + 3PbO \rightleftharpoons 4Pb + SO_3 \tag{2-35}$$

$$PbS + Fe \rightleftharpoons Pb + FeS \tag{2-36}$$

$$2PbS + 2Na_2CO_3 + 3O_2 \rightleftharpoons 2Pb + 2Na_2SO_4 + 2CO_2 \tag{2-37}$$

$$2FeS_2 + 14PbO + 4Na_2CO_3 + SiO_2 \rightleftharpoons 14Pb + 4Na_2SO_4 + 2FeO \cdot SiO_2 + 4CO_2 \tag{2-38}$$

熔炼那些无（或很小）还原能力的中性矿石和含 Fe_2O_3、MnO_2 等的氧化矿或焙砂，完全是靠加进的还原剂（如碳粉）按式 (2-34) 把部分密陀僧还原成铅的。含大量方铅矿或其他硫化矿物的试样的熔炼，则靠式 (2-35)~式 (2-38) 获得铅。氧化铅被碳质还原剂还原是相当容易的，对于固体碳，还原反应在 450℃ 左右趋于显著，达 700℃ 便激烈进行。对于 CO 还原，反应在 180~200℃ 便已开始，在较高温度及不大的 CO 浓度下，还原反应进行得很快。

无论按何种反应形式，生成的金属铅从极度分散的状态汇聚成铅滴，在此过程中把与之接触的贵金属颗粒润湿并溶解其中，一些易还原金属元素如 Cu、Sb、Bi、Sn 等，还原后也遵循类似方式进入铅中。最后形成多元复杂合金——粗铅，捕收了炉料中几乎全部贵金属。

造渣主要是在密陀僧、苏打、二氧化硅和硼砂之间进行，反应见式 (2-39)~式 (2-42)：

$$nPbO + mSiO_2 \rightleftharpoons nPbO \cdot mSiO_2 \tag{2-39}$$

$$nNa_2CO_3 + mSiO_2 \rightleftharpoons nNa_2O \cdot mSiO_2 + nCO_2 \tag{2-40}$$

$$nNa_2CO_3 + mNa_2B_4O_7 =\!=\!= (n+m)Na_2O \cdot 2mB_2O_3 + nCO_2 \tag{2-41}$$
$$nPbO + mNa_2B_4O_7 =\!=\!= nPbO \cdot m(Na_2O \cdot 2B_2O_3) \tag{2-42}$$

4个主要造渣组分的熔点为 PbO 为 884℃，Na_2CO_3 为 851℃、$Na_2B_4O_7$ 为 878℃、SiO_2 为 1710℃。造渣反应在 880℃ 左右已明显进行，850~900℃ 时相当剧烈，此时炉料处于半熔的黏稠状态，铅的还原已经结束。随着炉温的升高及低熔共晶和化合物的不断熔化，铅和钠的硅酸盐和硼酸盐及其他次要造渣氧化物，相互溶解和熔合，至 1000~1050℃ 全部炉料熔毕，均一的炉渣熔体基本形成，造渣过程中碳酸钠分解放出 CO_2，使熔体表面鼓泡，此现象消失，意味造渣已经完成。最后在大约 1100℃ 不高的过热条件下，形成平静均匀的一层熔融的终渣，由于其密度较小而处于粗铅上面，此两相（二液层）互不熔解，无论液态或固态，均具有明显的相界面，凝固后极易分离。

熔炼中某些易挥发组分，如硫、铅、砷、锑等，形成相应氧化物以一定的数量进入气相，不应有锍或黄渣的生成，因为它们能良好熔解贵金属，且恶化渣-铅分层。在熔炼硫化矿试样时，往往出现硫酸钠相，由于其不溶解贵金属和密度最小而处于最上层，不产生有害作用。

三、实验配料

（一）PbS 为实验配料

贵铅坩埚熔炼的配料，主要是依据若干经验规则和根据试样特点选择炉渣酸度而确定。现以硫化铅精矿试样为例，试样主要组分含量为 70%PbS、12%FeS_2、13%SiO_2；试样称量 20g。欲获得粗铅 25g，炉渣酸度取 1。造渣加进的苏打和密陀僧分别等于矿样重（20g）和矿样重的两倍（40g）。

首先确定这种具有还原能力的试样可能还原出的铅量（按式（2-35）、式（2-37）~式（2-38）等）。根据还原能力实测：每克 PbS 可还原出 3.4g Pb，每克 PbS_2 可还原出 11.1g Pb，因此应产出铅：

$$3.4 \times (20 \times 0.7) + 11.1 \times (20 \times 0.12) = 74.2g$$

可见还原能力大大富余，比预产铅多出 74.2−25 = 49.2g，必须加氧化剂（KNO_3 或 $NaNO_3$）使之氧化。取硝酸钾的氧化能力（波动于 3.7~4.7）等于 4，则应加进硝石 49.2÷4 = 12.3g。

造渣的碱性物质的数量如下：

PbO： 40g

Na_2O（自苏打分解）： $\dfrac{62}{106} \times 20 = 11.7g$

K_2O（自硝石分解）： $\dfrac{94}{202} \times 12.3 = 5.7g$

当炉渣酸度等于 1，即形成 $2MO \cdot SiO_2$ 硅酸盐时，上述氧化物造渣所需 SiO_2 的量如下：

PbO： $\dfrac{60}{446} \times 40 = 5.4g$

Na$_2$O: $\dfrac{60}{124} \times 11.7 = 5.7$g

K$_2$O: $\dfrac{60}{188} \times 5.7 = 1.8$g

共计需 5.4+5.7+1.8 = 12.9g

扣除矿样已有的 SiO$_2$，尚需：12.9 − (20 × 0.13) = 10.3g

根据经验，以硼砂代替 1/3 外加的二氧化硅，以改善造渣过程。由计算可知，在酸度为 1 下，1g SiO$_2$ 相当于 1.35g Na$_2$B$_4$O$_7$，则应加硼砂：

$$1.35 \times \left(10.3 \times \dfrac{1}{3}\right) = 4.6\text{g}$$

而所需补加的 SiO$_2$ 便等于：

$$10.3 \times \left(1 - \dfrac{1}{3}\right) = 6.9\text{g}$$

与硫化铅（这里不考虑其他硫化物）交互作用产出 25g 铅所需氧化铅量（按式(2-35)）：

$$\dfrac{669}{828} \times 25 = 20.2\text{g}$$

生成硫酸钠所需的碱可根据矿样的硫量计算确定，也可根据经验取定按硝石重的 25% 考虑，那么用于形成 Na$_2$SO$_4$ 的苏打便为 12.3×0.25 = 3.1g。

密陀僧总量： 40 + 20.2 = 60.2g

苏打总量： 20 + 3.1 = 23.1g

这样，便得出了硫化铅精矿试样坩埚熔炼贵铅的配料见表 2-5。

表 2-5 坩埚熔炼贵铅配料

配料	质量/g	配料	质量/g
精矿称样	20	石英砂	6.9
密陀僧	60.2	硼砂	4.6
苏打	23.1	硝石	12.3

应强调的是，这种性质试样的熔炼应在接近中性的弱还原或微氧化气氛中快速进行，高温（850~900℃）进料，于 15~20min 内结束矿样的分解，之后于 1000~1050℃下再保持 20min 左右。全部时间不要超过 45~50min。不遵守这些条件，便难以达到预期的熔炼结果，产出的铅过多或过少有锍的形成。

（二）PbO 为实验配料

实验所用的试样是中性的含银硅质矿石。根据下面给定的条件，任选一个根据经验规定的炉渣酸度，确定熔炼配料：

（1）含银硅质矿石成分：92.5%SiO$_2$、3.4%CaCO$_3$、1.8%Fe$_2$O$_3$。

（2）含银硅质矿石称量：25g。

（3）产出粗铅：25g。

（4）木炭粉还原能力：9.6（该实验条件下实测量）。

（5）密陀僧量：按产铅 25g 计，并过量 25%。

(6) 硼砂量：若用的是十水硼砂 $Na_2B_4O_7 \cdot 10H_2O$，按无水硼砂确定的加入量应除 0.53。当炉渣酸度为 2.0 时，无水硼砂量为试样重的 40%；当炉渣酸度为 2.5 时，无水硼砂量为试样重的 32%；当炉渣酸度为 3.0 时，无水硼砂量为试样重的 24%。

(7) 碳酸钠量：该配料计算中，只有苏打量的计算稍复杂点。先按取定的酸度扣去与试样中的 CaO、FeO 造渣的 SiO_2，然后按同一酸度确定与余下的 SiO_2 及加进的硼砂造渣所需的苏打量。在所有计算中，对于少量未还原而入渣的氧化铅均不考虑。计算苏打时涉及的分子式包括无水硼砂：$Na_2B_4O_7$ 或 $Na_2O \cdot 2B_2O_3$。

当酸度为 2.0 时炉渣为 $Na_2O \cdot SiO_2$、$3Na_2O \cdot 2B_2O_3$；当酸度为 2.5 时炉渣为 $4Na_2O \cdot 5SiO_2$、$5Na_2O \cdot 5B_2O_3$；当酸度为 3.0 时炉渣为 $2Na_2O \cdot 3SiO_2$、$2Na_2O \cdot 2B_2O_3$。

四、实验步骤

(1) 确定熔炼配料（进实验室前完成，并经指导教师过目）。

(2) 在药物天平上尽量准确地（特别是矿样）称取各项物料，置于研钵中。

(3) 仔细研磨、混匀全部物料，小心装进已称重的黏土坩埚中，外壁上做好记号。

(4) 用弯嘴钳把坩埚放进 800℃ 左右的箱式炉内，关上炉门。

(5) 将控温仪上的温度表调至 1150℃ 然后调节电流、电压至额定功率继续升温。

(6) 当温度接近 1150℃ 时将仪表由手动搬至自动，待温度达 1150℃ 时，保温 10~20min 即可出炉。

(7) 将炉门打开，取出坩埚，放地下使之自然冷却，使炉渣和金属凝固后称总重。

(8) 敲击已凝固和冷却的炉渣和粗铅，使它们分开。仔细清除干净铅块上黏附的炉渣；并把铅块敲成正方形观察粗铅和炉渣的形状，称出和记录粗铅的质量；查看坩埚内壁是否有铅黏附的迹象，以及造渣和相分离的好坏，综合所得结果做出熔炼是否正常的结论。

(9) 把铅块装入试料袋内，实验室保管供灰吹实验用。

五、数据记录与处理

实验数据记录见表 2-6。

表 2-6 数据记录表

粗铅质量/g	产率/%

六、思考题

简述配料计算、设备性能及操作控制要点。

实验 31　冰铜熔炼实验

一、实验目的

(1) 通过实验达到了解冰铜熔炼过程的实质；掌握配料计算，合理选择渣型；验证预期的冰铜及炉渣的产率、冰铜品位、铜的回收率等指标与实验结果的比较，并对实验结果进行分析评论。

（2）掌握在高温箱式电阻炉中坩埚内进行熔炼的操作，并了解设备的结构及性能。

二、实验原理

铜精矿或焙砂的主要组分是铜和铁的硫化物、氧化物及脉石成分，冰铜熔炼的首要目的是使炉料中的铜全部以 Cu_2S 状态进入冰铜相，而铁则以部分入冰铜相（FeS）、部分以 FeO 状态入渣相。由于冰铜是共价结合的硫化物，而硅酸盐炉渣则是离子型的，因而二者不相混熔，加之二者有较大的密度差，所以冰铜和炉渣得以彼此分离。

对炉渣性质研究表明，当没有 SiO_2 时，液态氧化物和硫化物是高度混熔的，因此必须使炉渣含 SiO_2 接近饱和，并使之有相当数量的硫来形成冰铜。为达到较好的熔炼结果，获得较高的铜回收率，必须进行合理的配料计算，尽量少加熔剂使渣量减少，力求渣熔点低、黏度小、密度小，以减少铜在渣中的损失。

该实验模拟反射炉熔炼原理，其主要化学反应如下：

（1）高价硫化物的热离解反应：

$$2CuFeS_2 = Cu_2S + 2FeS + 1/2S_2 \quad (2\text{-}43)$$

$$FeS_2 = FeS + 1/2S_2 \quad (2\text{-}44)$$

$$2CuS = Cu_2S + 1/2S_2 \quad (2\text{-}45)$$

（2）硫化物与氧化物的交互反应：

$$Cu_2O + FeS = Cu_2S + FeO \quad (2\text{-}46)$$

$$FeS + 3Fe_3O_4 = 10FeO + SO_2 \quad (2\text{-}47)$$

（3）造渣反应：

$$2FeS + 3O_2 + SiO_2 = 2FeO \cdot SiO_2 + 2SO_2 \quad (2\text{-}48)$$

$$3Fe_3O_4 + FeS + 5SiO_2 = 5(2FeO \cdot SiO_2) + SO_2 \quad (2\text{-}49)$$

三、物料成分和配料

精矿、焙砂、熔剂的物料成分见表 2-7。

表 2-7 精矿、焙砂、熔剂成分

名称	成分/%							备注
	Cu	Fe	S	SiO_2	CaO	其他	合计	
1 号铜精矿	11.25	33.85	29.08	2.75	1.10	21.19	100	
2 号铜精矿	27.75	18.75	21.00	10.87	2.59	19.04	100	
3 号铜精矿	18.74	37.62	35.26	3.79	1.15	3.44	100	
铜焙砂	18.79	38.96	9.40	4.14	1.40	27.31	100	
石英砂				98		2	100	
石灰石					50	50	100	

含铜物料配料计算条件如下：

（1）熔炼脱硫率 20%～60%，冰铜含硫 25%，铜在冰铜中的回收率 95%～98%，冰铜中除 Cu、Fe、S、O_2 外含有 1% 的其他成分。

(2) 渣型：FeO 为 40%~45%；SiO_2 为 35%~40%；CaO 为 5%~10%。
(3) 熔炼温度：最高温 1300℃、保温 30min。
(4) 混合矿成分：Cu 为 8.4%、Fe 为 26.6%、S 为 10.6%、SiO_2 为 10.2%、CaO 为 2.1%。

以 100g 物料为计算基础，采用下列熔炼指标：脱硫率 40%；冰铜含硫 25%；铜入冰铜的回收率 95%；冰铜中除 Cu、Fe、S、O_2 外其他成分为 1%，渣型为 FeO 为 43%、SiO_2 为 38%、CaO 为 6%。

熔炼时预计产出冰铜：$10.6 \times (1-0.4) \div 0.25 = 25.4$g
预计产出冰铜品位：$8.4 \times 0.95 \div 25.4 = 31.4\%$
由氧在铜锍中的溶解度图查得含 31.4%Cu 的冰铜含 O_2 约为 4%，因此冰铜中含铁：$25.4 \times (1-0.25-0.314-0.01-0.04) = 9.8$g
预计产出炉渣量：$(26.6-9.8) \times \frac{71.8}{55.8} \div 0.43 = 50.3$g
需加入石英砂：$(50.3 \times 0.38 - 10.2) \div 0.98 = 9.1$g
需加入石灰石：$(50.3 \times 0.06 - 2.1) \div 0.5 = 1.8$g

根据以上计算得出配料单及预计产品质量、冰铜品位见表 2-8。

表 2-8 配料单

炉料组成/g			预计产出/g		预计冰铜品位/%
混合矿	石英砂	石灰石	冰铜	炉渣	31.4
100	9.1	1.8	25.4	50.3	

四、实验步骤

(1) 按配料计算结果，分别称取混合矿、石英砂、石灰石及坩埚质量，记入实验记录表中；将试料倒入瓷碾钵内混合均匀，再装入坩埚内，写上号数。

(2) 待高温箱式电阻炉温度升达 800℃时，即可进炉，记下进炉时间和温度，关闭炉门，通电继续升温；待炉温达 1300℃时，保温 30min，记下终温和时间，熔炼完毕后停电准备出炉。

(3) 待炉温降至 1000℃以下，开取炉门，取出坩埚、自然冷却后慢慢浸入水中，全冷后称重，记下总重，敲碎坩埚，取出冰铜称重，观察其断面颜色，取出 2~3g 冰铜磨细装袋，写明班、组、姓名、号数、日期。

五、数据记录与处理

实验数据记录见表 2-9。

表 2-9 数据记录表

冰铜质量/g	产率/%

六、思考题

简述配料计算、设备性能及操作控制要点。

实验 32 锡精矿的还原熔炼实验

一、实验目的

（1）通过实验验证锡精矿还原熔炼的基本原理（还原强度和炉渣酸度对锡还原的影响），并对实验结果进行分析讨论。

（2）掌握在高温箱式电阻炉中坩埚进行熔炼的操作。

（3）掌握熔炼的简易配料计算。

二、实验原理

锡精矿中的锡主要以 SnO_2 形态存在，加入还原剂进行熔炼时，SnO_2 按下列反应还原生成金属锡：

$$2SnO_2 + 3C = 2Sn + 2CO + CO_2 \tag{2-50}$$

锡精矿中所含杂质（如 Cu、Pb、As、Sb、Bi 等）的氧化物较 SnO_2 易于还原，在较低温度和较弱的还原气氛下，便被还原而入粗锡中，这些杂质在精矿中的含量不高时，所需的还原剂数量也不多。锡精矿中含铁较高，呈 Fe_2O_3 形态存在，还原熔炼时多数变成 FeO 入渣，也有部分被还原入粗锡。还原强度大、熔炼温度高，当炉渣酸度低时，还原出来的铁量就增多，为避免大量的铁被还原出来，必须控制还原剂的用量不要太多（一般过量系数不大于理论量的 30%），同时还需要添加石英作溶剂，使 FeO 和 SiO_2 结合成较稳定的 $2FeOSiO_2$，难于还原而保留在炉渣中。

生产实践证明，炉渣酸度过低，不仅铁易还原，而且锡会合渣中碱性组分形成锡酸盐（$MnOSiO_2$）使渣含锡升高，反之，若渣的酸度过高，则锡又会与 SiO_2 形成 $SnOSiO_2$ 进入渣中，造成锡在渣中的损失。因此，配料时渣的酸度应选择适宜，以利于熔炼的正常进行，获得较高的回收率。

三、物料成分

（1）锡精矿化学成分：SnO_2 为 50.35%、Fe_2O_3 为 22.76%、SiO_2 为 5.28%、MgO 为 1.06%。

（2）溶剂石英砂含 SiO_2 98%，还原剂木炭粉含固定炭 96%。

（3）熔炼最高温度 1200℃，保温时间不少于 30min。

配料取锡精矿 50g，为简化计算，设精矿中的铁全部入渣。还原剂（木炭粉）用量按总还原反应式进行计算：

$$2SnO_2 + 3C = 2Sn + CO_2 + 2CO \tag{2-51}$$

石英加入量按硅酸度 K 值计算：

$$K = \frac{w(SiO_2)}{w(FeO) + w(CaO)} \tag{2-52}$$

四、实验步骤

(1) 按配料计算结果,分别称取锡精矿、石英砂、木炭粉量及坩埚质量,并记入实验记录表中相应的号数内;将试料倒入瓷研钵内混合均匀,装入写上号数的坩埚内,加盖。

(2) 待电炉温度升达 800℃时可进炉,记下进炉时间和温度,并关闭炉门通电继续升温。待炉温达 1200℃时,记下时间,保温 30min,到时记下终温、时间并关闭电炉电源。

(3) 待炉温自然降到 900℃以下时,开启炉门,取出坩埚,温度降低后慢慢用水冷却,全冷后称重并记下总重。打碎坩埚,取出粗锡称重,观察炉渣断面颜色,将全部数据记入实验记录表中。

五、数据记录与处理

实验数据记录见表 2-10。

表 2-10 实验数据记录

粗锡质量/g	产率/%

六、思考题

简述配料计算、设备性能及操作控制要点。

实验 33 真空蒸馏处理 Bi-Ag-Zn 合金提取粗银和铋锌合金实验

一、实验目的

(1) 通过铋、银、锌多元合金真空蒸馏实验,明确真空蒸馏是分离合金的有效方法之一。

(2) 通过实验掌握真空度、蒸馏温度、蒸馏时间、冷凝温度对真空蒸馏的影响。

(3) 通过实验提高动手能力,了解和掌握真空炉、真空计、真空泵等设备的简单原理及其使用方法。

二、实验原理

粗铋火法精炼中加锌提银产出的铋银锌壳,按粗铋中含银量的多少及加锌提银的操作工艺条件,银锌壳的成分波动为 Ag 5%~10%、Zn 10%~30%、Bi 60%~80%,铋和锌有少量呈氧化物形态。有的贫银锌壳含银量还要低,但它们是提取金银等贵金属的重要原料之一。

合金能否用真空蒸馏法分离及分离的程度,主要取决于合金中组元蒸气压的差异。合金中组元间蒸气压差异越大,则可用真空蒸馏法分离,且分离的程度越好。在缺乏多元合金组元或活度系数的条件下,可粗略地用合金中各组元在纯金属状态时的蒸气压差值来判断。各元素的蒸气压与温度的关系已能够相当准确地测定。

从热力学手册查得：

$$\lg p_{Ag} = -14400T^{-1} - 0.85\lg T + 13.82 \quad (1238 \sim 2420K) \quad (2-53)$$

$$\lg p_{Bi} = -10400T^{-1} - 1.26\lg T + 14.47 \quad (300 \sim 1837K) \quad (2-54)$$

$$\lg p_{Zn} = -6620T^{-1} - 1.255\lg T + 16.52 \quad (699 \sim 1180K) \quad (2-55)$$

由式（2-53）~式（2-55）可算出各组元素蒸气压并作图（见图2-4），由大到小有以下顺序：$\lg p_{Zn} > \lg p_{Bi} > \lg p_{Ag}$。

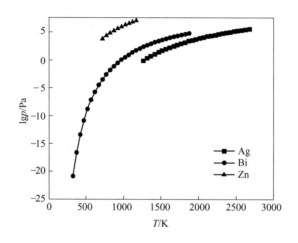

图2-4 各组元素的蒸气压与温度的关系

任何二元系的分离系数为：

$$\beta_{A,B} = \frac{\gamma_A}{\gamma_B} \cdot \frac{p_A^{\ominus}}{p_B^{\ominus}} \quad (2-56)$$

式中，$\beta_{A,B}$ 为二元合金 A-B 的分离系数，其数值越大或越小表明 A-B 分离的可能性和程度越大，其值接近1或等于1则难以分离；γ_A 和 γ_B 分别为二元合金中组元 A 和 B 的活度系数；$p_A^{\ominus}$ 和 $p_B^{\ominus}$ 为纯物质 A 和 B 的蒸气压。

Ag-Bi 和 Ag-Zn 二元系对理想溶液的偏差不是很大。在恒温条件下合金组成发生变化时，γ_{Bi}/γ_{Ag} 值变化不大。随着真空蒸馏温度的升高，其合金将趋向于理想溶液，γ 将趋向于1，则 γ_{Bi}/γ_{Ag} 也将趋向于1，因此高温时 $\beta_{Bi(Ag-Bi)}$ 的值主要取决于 $p_{Bi}^{\ominus}/p_{Ag}^{\ominus}$。

$$\beta_{Bi(Ag-Bi)} = p_{Bi}^{\ominus}/p_{Ag}^{\ominus} = f(T) \quad (2-57)$$

按式（2-57）计算得：当 $T = 727 \sim 1147$℃时，$\beta_{Bi(Ag-Bi)} = 10^3 \sim 10^9$；当 $T = 600 \sim 1000$℃时，$\beta_{Zn(Ag-Zn)} = 10^4 \sim 10^8$；当 $T = 420 \sim 700$℃时，$\beta_{Zn(Bi-Zn)} = 1.18 \times 10^2 \sim 1.51 \times 10^2$。

计算表明在所研究的温度范围内：$\beta_{Zn(Ag-Zn)} > \beta_{Bi(Ag-Bi)} > \beta_{Zn(Bi-Zn)}$。

即铋银锌壳中 Zn 和 Bi 都能较好地与 Ag 分离，三元或多元系的铋银锌合金中，尽管组元间存在着相互作用，但活度系数变化不会很大，它们对合金组元分离影响不大。从 Bi、Zn 与 Ag 的分离角度来讲，由于 Bi、Zn 二元系有较大的分层，组元活度具有较大的正偏差，在 Ag-Zn 二元系和 Ag-Bi 二元系中，Bi 和 Zn 是有利于 Zn、Bi 与 Ag 分离的。这

实验 33 真空蒸馏处理 Bi-Ag-Zn 合金提取粗银和铋锌合金实验

可由 Ag-Bi-Zn 三元相图中出现较大的分层区得到证明。

在恒温和真空下蒸馏 Ag、Bi、Zn 合金时，Zn 和 Bi 将大量进入气相而与 Ag 分离，从而可能得到富银合金或粗银。在一定蒸馏温度和真空度下，Zn 和 Bi 在不同的冷凝器上冷凝得到粗锌和粗铋，或者同一冷凝器上得到铋锌合金。随着真空蒸馏作业的进行，合金液相中易挥发组元越来越少，而难挥发组元含量逐渐增加，其合金组元的蒸气压也将发生变化，要进一步完成各组元分离是不可能的，只能根据条件而分离到一定限度。

三、实验条件和装置

该次实验温度为 1000℃，恒温时间 20min，料重 30g、真空度为 30Pa 以下。真空炉装置如图 2-5 所示。

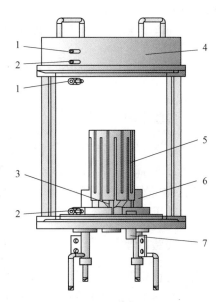

图 2-5 真空炉装置
1—冷却水出水口；2—冷却水入水口；
3—热电偶；4—炉盖；5—发热体；
6—水冷电极；7—三通接口

四、实验步骤

（1）实验采用昆明理工大学真空冶金国家工程实验室设计和制造的小型真空炉，炉内有一石墨发热件与石墨底座紧密连接，真空炉内顶部有一冷凝器，此冷凝器用来收集金属蒸气。实验用的坩埚是由昆明理工大学真空冶金国家工程实验室研发设计而成，再由工厂加工制造的，坩埚直径为 45mm，石墨坩埚底都有热电偶温孔；

（2）把试料加工成小块，并把药物在天平上称好，放入石墨坩埚内，然后把石墨坩埚放入石墨发热件中心；

（3）把真空系统密封好后开始抽真空，达到一定的真空度（小于 30Pa）；

（4）打开循环冷却水；

（5）合上电源开关，调节控电设备，使炉温逐渐升高到实验条件所规定的温度；

（6）达到恒温时间，把电压、电流调至零，断开电源开关让真空泵继续工作；

（7）待温度降低到 100℃ 以下，停止抽真空，然后破真空，开启炉盖，取出残留合金，收集冷凝合金，分别称重；

（8）实验完毕后，整理好设备及工具，打扫卫生，方可离开实验室。

五、注意事项

（1）进行实验时要注意防护，戴好口罩、穿好实验服；

（2）真空炉开启加热开关前一定要开启循环冷却水；

（3）在实验结束后对真空炉、实验平台做好清理工作。

六、数据记录与处理

（1）计算各组分纯物质在 1000℃ 的蒸气压及三个二元系的分离系数；
（2）实验前记录原料和坩埚的质量，实验后记录残留物合金及冷凝合金的质量；
（3）实验结束后进行物料平衡计算，分析粗银及铋锌合金。

七、思考题

（1）分析金属纯物质蒸气压与温度的关系。
（2）在整个实验过程中，系统压力、蒸馏温度、蒸馏时间、冷凝温度对合金蒸馏有什么影响？
（3）如何判断真空蒸馏提取粗银和铋锌合金的效果？

实验 34 真空蒸馏提纯粗硒实验

一、实验目的

（1）了解真空蒸馏提取、提纯粗金属的原理。
（2）掌握真空蒸馏分离合金的理论分析方法。
（3）熟悉真空炉、真空计、真空泵等设备的结构、原理，学习实验设备的使用方法，培养学生动手能力。

二、实验原理

硒作为重要的稀有、稀散金属材料已被广泛应用于电子工业、冶金工业、玻璃陶瓷工业、化工颜料工业、生物领域、化妆品工业、农业、医药保健食品工业等领域。硒是重要的半导体材料，熔点为 217℃，沸点为 685℃。硒在地壳中的分布极少，平均含量（质量分数）为 10^{-4}%，多与铜、银、汞等元素结合伴生于矿物中。目前，提取硒的主要原料是铜电解精炼的阳极泥，阳极泥中一般含硒 1%~10%，经过提取有价贵金属金银后的硒料含硒为 95% 左右，但作为半导体材料的硒要求含硒量大于 99.9%，因此粗硒需要进一步精炼提纯。

真空冶金作为冶金领域的新技术是在低于大气压强下进行的冶金过程，该过程有利于低沸点物质的挥发，不存在金属氧化和还原反应，与传统冶金方法相比具有金属回收率高、工艺流程短、操作简单、环境友好等优点。针对现有提纯粗硒方法工艺流程长、污染严重、生产成本高等缺点，采用真空蒸馏法进行提纯粗硒。粗硒能否用真空蒸馏的方法提纯，以及提纯的效果如何，主要取决于粗硒中杂质元素与硒蒸气压的差异。真空蒸馏法提纯硒的原理是利用硒与碲、铜、铅、铁、金、银等杂质组元的蒸气压差异，硒蒸气压较高、易挥发，在蒸馏过程中易挥发出来从而与杂质分离。低压条件能有效降低硒的挥发温度，使其在熔点 217℃ 以上即可挥发。

（一）饱和蒸气压判据

各元素的蒸气压与温度的关系从热力学手册查到的数据如下（单位 Pa）：

实验 34 真空蒸馏提纯粗硒实验

$$\lg p_{Ag} = -14400T^{-1} - 0.85\lg T + 13.82 \quad (\text{沸点 } 298℃) \tag{2-58}$$

$$\lg p_{Cu} = -17520T^{-1} - 1.21\lg T + 15.33 \quad (1356 \sim 2843K) \tag{2-59}$$

$$\lg p_{Fe} = -19710T^{-1} - 1.27\lg T + 15.39 \quad (1809 \sim 3343K) \tag{2-60}$$

$$\lg p_{Pb} = -10130T^{-1} - 0.985\lg T + 13.28 \quad (600 \sim 2013K) \tag{2-61}$$

$$\lg p_{Se} = -4990T^{-1} + 10.21 \quad (493 \sim 965K) \tag{2-62}$$

$$\lg p_{Te} = -7830T^{-1} - 4.27\lg T + 24.21 \quad (623 \sim 1271K) \tag{2-63}$$

根据以上式子，计算出粗硒各元素的蒸气压与温度的关系如图 2-6 所示。

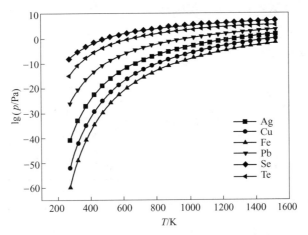

图 2-6 粗硒中各组分的蒸气压与温度的关系

（二）分离系数判据

饱和蒸气压判据是将合金中各组元当作纯物质考虑，但是对于二元以及多元合金而言，各组元间存在相互作用，使得合金中组元的实际饱和蒸气压不同于采用上述公式理论计算的饱和蒸气压，因此引入分离系数 β 来进一步判断合金组分真空蒸馏分离的可能性。在二元系中其表达式为：

$$\beta_{A,B} = \frac{\gamma_A}{\gamma_B} \cdot \frac{p_A^*}{p_B^*} \tag{2-64}$$

式中，$\beta_{A,B}$ 为 A-B 合金的分离系数；γ_A 和 γ_B 分别为 A、B 的活度系数；p_A^* 和 p_B^* 分别为纯 A 和纯 B 的饱和蒸气压。

当 $\beta_{A,B} > 1$ 或 $\beta_{A,B} < 1$ 时均可实现合金的分离，且 $\beta_{A,B}$ 值与 1 相差越大越容易分离。当 $\beta_{A,B} > 1$ 时，A 将在气相中富集，B 在液相中富集；当 $\beta_{A,B} < 1$ 时，A 将在液相中富集，而 B 在气相中富集。由于在富硒端缺乏 Te、Fe、Ag、Pb、Cu 在硒中的活度系数，可假定其二元系中组元的活度系数均为 1。

300℃时粗硒中各组分的蒸气压和分离系数见表 2-11。

表 2-11 300℃时粗硒中各组分的蒸气压和分离系数

元素	Se	Te	Fe	Ag	Pb	Cu
蒸气压 p/Pa	31.62	5.8×10^{-2}	3.11×10^{-23}	2.09×10^{-14}	7.6×10^{-8}	2.6×10^{-19}
分离系数（p_{Se}/p_i）	1	5.45×10^2	1.2×10^{24}	1.5×10^{15}	4.16×10^8	1.21×10^{20}

由表 2-11 的计算结果可知，300℃时硒的蒸气压最大，在 300℃下不同硒基二元合金的分离系数 $\beta_{Se\text{-}i}$ 均大于 1，其中 Se 与 Te、Fe、Ag、Pb、Cu 的分离系数远大于 1。由此说明，通过真空蒸馏可以很容易将 Se 与 Te、Fe、Ag、Pb、Cu 分离，Se 大量挥发进入气相，经冷凝富集，纯度大幅提升，贵金属 Ag 等残留在坩埚中得到富集。因此可以用真空蒸馏的方法将硒与其他杂质分离，使粗硒得到提纯。但是，在一定的条件下随着真空蒸馏作业的进行，原料中的硒含量越来越少，而相对难以挥发的组元的含量逐渐增加，其核心组元的蒸气压将发生变化，完全使硒与杂质分离是不可能的。因此只能根据条件保留残渣中一定数量的硒才能达到提纯要求，如果经过一次分离达不到要求，可以将蒸馏物进行二次或多次蒸馏，直到符合要求。

三、实验原料及条件

本次实验采用云南铜业股份有限公司提供的粗硒为原料，其成分见表 2-12。

表 2-12 粗硒中各成分含量

成分	Se	Te	Fe	Ag	Pb	Cu	其他
含量（质量分数）/%	94.72	1.76	0.59	0.13	0.53	1.03	1.24

实验温度为 300℃，恒温时间为 10~15min，加料 20g，真空度要求小于 30Pa。实验装置如图 2-5 所示。

四、实验步骤

（1）实验使用昆明理工大学真空冶金国家工程实验室自制的小型真空炉，炉内有一固定的石墨发热件，中间有一测温热电偶，真空炉顶部有一冷凝器，用来收集金属蒸气；

（2）将一定量的粗硒原料置于坩埚中，将坩埚放入真空炉内石墨发热件的中心；

（3）将真空炉盖紧密封好，开启循环冷却水，再开启真空泵，待真空度达到要求（小于 30Pa）；

（4）开启加热开关，调节控电设备控制升温速率，使炉温逐渐上升达到实验条件所规定的温度（300℃），调节功率恒温 10~15min；

（5）恒温结束后，断开加热开关进行降温，继续通循环冷却水，同时保持真空泵继续工作；

（6）待恒温时间下降至室温时，关闭真空泵，打开真空炉取出冷凝器中的挥发物和坩埚中的残留物，并分别称出质量进行分析检测；

（7）整理好实验设备，将实验室打扫干净。

五、注意事项

（1）进行实验时要注意防护，戴好口罩，穿好劳保服；

（2）使用坩埚等实验设备要注意轻拿轻放；

（3）真空炉开启加热开关前一定要开启循环冷却水；

（4）在实验结束后，对真空炉做好清理工作。

六、数据记录与处理

（1）计算各组分纯物质在 200℃、300℃、400℃的蒸气压及分离系数；
（2）实验前记录原料、坩埚的质量，实验后记录残留物及挥发物的质量；
（3）实验结束后进行物料平衡计算，计算实验中物料的挥发率及金属的直收率：

$$挥发率 = \frac{原料量 - 残留物量}{原料量} \times 100\%$$

$$直收率 = \frac{挥发物量 \times 挥发物中硒含量}{原料量 \times 原料中硒含量} \times 100\%$$

七、思考题

（1）在整个实验过程中，系统压力、蒸馏温度对真空蒸馏提取、提纯粗金属的影响有哪些？
（2）粗硒中各组分蒸气压与温度的关系是什么？
（3）判断真空蒸馏提取、提纯粗金属的效果。

实验 35　微波焙烧高钛渣实验

一、实验目的

（1）了解微波冶金技术应用及相关知识。
（2）通过实验熟悉微波设备技术性能和工艺参数之间的关系。
（3）通过实验了解微波设备的构成，合理选择坩埚及物料的原理。
（4）分析实验数据，对实验结果进行总结。

二、实验原理

（一）微波的基本概念

微波是一种电磁波，通常指频率从 $3 \times 10^8 \sim 3 \times 10^{11}$ Hz、波长范围为 1mm～1m，波长很短，顾名思义称为微波。

微波的加热作用是利用外加电磁场作用电磁波使物质极性分子迅速转动，产生类似于摩擦效应加剧热能产生，外加电磁场越强分子摆动振幅也越大，外加电磁场频率越高极性分子摆动越快，物质从内部产生的热量就越大越多。微波的频率属于超高频率，如工业采用 915×10^6 Hz 和 2450×10^6 Hz 频率产生的分子摆动之快、热量之大是可想而知的。

（二）微波加热的原理

微波（电磁波）是一种客观存在的物质，它具有能量传递作用。电磁波传播伴随有电磁能量的传递，存在能量流，以微波传递加热的装置中用波导将微波管产生的微波功率传输到加热腔（驻波应用器或谐振腔）。物质在一定的控制气氛下暴露于微波场中，由物质内部产生热量进行加热。微波加热装置原理如图 2-7 所示。

由于物质内部极性分子结构不同，导致微波具有选择性加热特征，在相同微波功率作

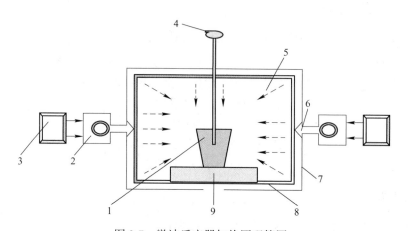

图 2-7 微波反应器加热原理简图

1—坩埚与样品；2—磁控管；3—微波电源；4—测温元件；5—微波能量；
6—微波传输波导；7—微波谐振腔；8—透波保温材料；9—耐高温垫板

用下不同物质产生热量和升温速率都不相同。总之微波加热原理就是将微波传输到微波加热器腔体，使物质在微波照射下本身极性分子运动产生类似摩擦的作用，获得热能温度随之升高。

（三）微波焙烧高钛渣的特点

高钛渣是制造钛材料的前期基础原料，高钛渣具有良好的吸波特性、适宜微波加热、升温较快。

钛材料的机械强度指标接近于钢，但密度为 4.506g/cm^3，具有质量轻、强度好、耐腐蚀的优点。钛材是航空航天、航海、军事、医疗行业重要物资，受到全世界广泛关注。高钛渣是经过物理生产过程而形成的钛矿富集物的俗称，高钛渣既不是废渣也不是副产物而是氧化钛（TiO_2）含量高于 90% 的用于生产四氯化钛、钛白粉和海绵钛产品的优质原料。高钛渣是由钛精矿冶炼而成，在熔炼过程中会残留有机物和其他化合物，对后续生产流程的环保压力影响较大。

微波制备与传统方法相比，新方法缩短了 20% 的处理时间，并降低能耗 25%。攀枝花高钛渣产品经微波焙烧后的 S、C、P 含量分别为 0.022%、0.024%、0.008%，远低于天然金红石中 S、C、P 的含量，实现了高效、节能、环保制备人造金红石的技术突破。

"不见炉火冶炼，但有高温升腾"利用微波这种清洁能源可对高钛渣进行高温加热，微波高温装备能使高钛渣自己很快升到焙烧工艺温度并保温，经焙烧后高钛渣中残留物被去除，氧化钛富集量提高，实现高钛渣晶型的转变对后续生产成本、环保、产品质量有优势。

三、实验仪器

（1）自制微波高温材料处理系统（6kW）一套（见图 2-8）。微波功率为 1.5kW×4（可调）；使用最高温度 1200℃，温控系统为 PLC+触摸屏，可监测微波功率、电源电压、电流；微波腔体可气氛保护加热；微波泄漏低于国家标准（小于 2mW/cm^2）。

(2) 电子天平一台。
(3) 冷却循环水制冷机一台。
(4) 手持红外测温仪一台。
(5) 微波高温专用坩埚若干。
(6) 防高温手套、坩埚钳、隔热板材等。
(7) 高钛渣原料若干。

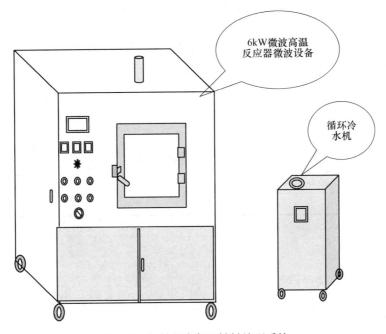

图 2-8　自制微波高温材料处理系统

该次实验采用 TiO_2 含量为 92% 左右的高钛渣原料进行微波高温焙烧，根据以上工艺分析用微波能量加热高钛渣至 900℃ 保温 60min。

四、实验步骤

(1) 开启设备电源，介绍微波设备构造和触摸屏操作演示。
(2) 开启循环冷却水，确定设备无故障报警。
(3) 称量高钛渣质量并装入坩埚，使用高温手套把坩埚放入炉腔保温套内。
(4) 装入保温隔热板，关紧炉腔门并确认无故障报警。
(5) 在机柜上选择"手动或自动"控制模式进行微波加热。
(6) 选择手动模式，需在触摸屏上设置微波功率和加热温度后按启动可运行；选择自动模式，需在触摸屏上参数设置中进行工艺要求设置、运行程序数据和输出最大的微波功率设置后按启动可自动运行加热程序。
(7) 实验设备运行中注意观察数据变化并做记录。
(8) 待微波加热焙烧完成，打开炉门使用高温手套取出隔热板，用坩埚夹夹住高温坩埚放置专用位置。

(9) 实验总结，整理设备工具，打扫卫生后实验结束。

五、注意事项

(1) 监控微波运行泄漏量，防止微波辐射伤人。
(2) 实验设备运行中禁止打开机柜和炉门。
(3) 禁止触碰高温实验后的炉腔、坩埚及物料，防止烫伤。
(4) 不能戴乳胶及一次性手套操作实验。
(5) 注意观察冷却水和微波设备运行是否正常。
(6) 实验中发生异常或报警信号，马上按下"急停"按钮。
(7) 注意清洁卫生，履行安全文明卫生实验。

六、数据记录与处理

实验数据记录见表 2-13。

表 2-13　实验数据记录

样品实验前质量/g	实验后质量/g	微波功率/kW	温度/℃	时间/min

七、思考题

简述微波设备性能及操作控制要点。

3 冶金工程专业实验（钢铁冶金）

实验36 铁矿石综合实验：球团实验

一、实验目的

我国铁资源丰富、铁矿资源的主要特点是贫矿第一，全国贫矿储量占铁矿石总储量的80%。随着炼铁生产的发展，高炉精料的技术操作越来越受到人们的重视；随着我国直接还原和复合矿综合利用的发展，球团矿的产量不断增加。粉矿造球是球团生产过程中最基本的工序，通过粉矿造球实验可以了解：(1) 粉矿造球的工艺过程；(2) 影响粉矿造球质量的工艺参数；(3) 确定粉矿造球的最佳工艺参数；(4) 掌握实验室粉矿造球的方法。

二、实验原理

粉矿造球即粉矿和添加剂经过预先混匀、加水润湿、焖料后物料在造球机内依次滚动成型，形成粒度一定的球团。

粉矿在实际成球过程中可分三个阶段：首先形成母球（造球核心）阶段；其次是长大阶段；最后是生球密结阶段。在成球第一阶段加水润湿起决定作用。一般精矿原始含水量为5%~8%，物料处于比较松散状态，颗粒接触不太紧密，为了创造母球形成的条件，在矿粉中加水点滴润湿，造成较紧密的矿粉集合体，从而生成球的核心——母球（见图3-1（a））。当然，机械力的振动和转动，也能促进这种水分分布不均匀、接触较紧密的颗粒集合体的生成。在母球形成之后，紧接着是逐步长大的阶段，在外力作用下，原来结构不太紧密的母球被压紧，使内部过剩的毛细水被挤到母球的表面（见图3-1（b））。这部分表面水分靠毛细力的作用将周围的矿粉聚集到母球的表面，使球长大（见图3-1（c））。这种滚动压紧，从母球中挤出水分到表面，再依靠毛细力聚集周围矿粉的过程重复多次，使母球不断长大。有时为使母球继续长大，还人工地往母球表面喷水、撒矿粉。在长大的母球颗粒间的结合主要是靠毛细力实现，强度仍然不大，因此必须经过生球的密结阶段。

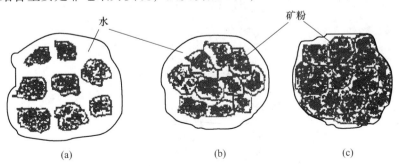

图3-1 矿粉造球示意图

在生球的密结阶段，在造球机所产生的外力（滚动等）作用下，使长大的生球变得更密实，各颗粒间可以排除毛细水，主要依靠共同的薄膜水层，辅以内摩擦力而加强其结合。这种密结的生球机械强度是最大的，如果毛细水不能全部排除，则生球强度就会减弱。因此生球密结阶段决不允许加水，否则会造成表面过湿，毛细水不能全部排除，不仅生球强度减低，生球间还会互相黏结。

为了保证焙烧过程的正常进行和球团矿的质量，生球应具有合适而均匀的粒度、较高的机械强度（抗压强度和落下强度）和热稳定性，以及合适的水分。

生球粒度一般为10~15mm，过大的粒度不仅使造球机生产率减低，而且对强化焙烧过程也是不利的。从改善球团在高炉内的还原来考虑，减低粒度是有利的。

抗压强度即荷重试验生球开始裂变时所负荷的质量，一般每个球要求不小于1.5~2.0kg。竖炉焙烧要求更高的抗压强度，以保证生球承受料柱压力而不致破碎。

落下强度以生球自0.5m自由落于钢板上不碎的次数不小于4次为好，如落下强度不够，生球在运转中大量破碎，产生粉末，会恶化焙烧过程。

生球的合适水分是保证生球质量的重要条件，一般水分为9%~12%。

生球的热稳定性通常用生球的"破裂温度"来表示。破裂温度越高，越有利于强化干燥过程。

在球团热裂性能检测实验中，由于部分赤铁矿或褐铁矿含有部分结晶水，在加入高炉后受到还原气体的高温作用，结晶水的分解和激烈蒸发将造成铁矿石的碎裂，产生粉末，影响高炉的料层透气性。

三、实验设备

生产上常用的造球设备有圆盘造球机和圆筒造球机，两种造球设备制取的生球质量差异不大，在实验室条件下，大都采用圆盘造球机，这种设备可靠、操作方便，能在较短的时间内使成球过程进入平衡状态，而且排出的球粒较均匀，筛下循环物少。实验室常用0.6~1m的圆盘造粒机，边沿高度150~220mm，转速30~40r/min，加水采用喷滴加水。

圆盘造球机和物料分布如图3-2和图3-3所示。

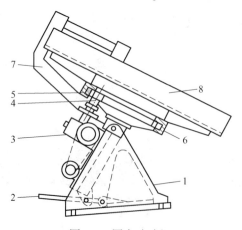

图3-2 圆盘造球机
1—机座；2—调整倾角装置；3—传动装置；4—轴；
5—小齿轮；6—内齿轮；7—桁架；8—圆盘

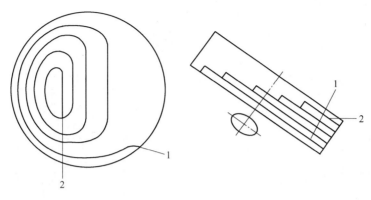

图 3-3　圆盘造球机中物料分布
1—加料；2—排球

四、实验步骤

（1）混料。称取实验用料精矿粉 5kg，皂土 0.050kg。按多次平铺直取法及多次人工搅拌将物料充分混匀。

（2）加底水润湿。按矿粉底水含量 8% 加入后充分混匀，使物料均匀润湿。缓慢加水，人工反复搅拌，保证均匀润湿，皂土充分吸水润湿，要焖料 30min 以上。

（3）造球盘造球。启动造球盘，加母球料后，向母球料加水（喷滴）造母球。当母球形成后，视母球长大情况，向母球加水或加料使母球长大。当球团长到合适的粒度时，停止加水和加料。球团在球盘内滚压一段时间，以提高球团强度。

（4）球团质量检测包括：1）球团粒度；2）机械强度；3）生球含水量；4）球团热裂性能检测实验。

接通实验管式炉的电源，设置排气温度 600℃，开启空压机、加热器，调节进气阀门开度，保持进气流量为 $6\sim10m^3/h$。当排气温度稳定在 600℃ 时，取 10 个粒径相差不大的生球，放入图 3-4 的球团吊篮中，计时干燥 8min 后，取出球团吊篮冷却，检查 10 个生球是否有裂纹，如果 1~9 个球有裂纹，此批生球的爆裂温度为 600℃；如没有球产生裂纹，则上调排气温度 30℃，重复上面实验；如果所有球团都有裂纹，下调排气温度 30℃，重复上面实验；直到 1~9 个球有裂纹测出爆裂温度，结束实验。

（5）生球焙烧。生球经干燥、预热后，其强度仍然很低，满足不了冶炼要求，高温焙烧固结是提高球团强度的一种重要方法。根据焙烧气氛不同分为氧化球团和预还原球团两种，但其所用的焙烧设备基本相同。实验室常用的竖式电热管状炉（见图 3-5）是将干燥预热炉和高温焙烧炉连用，并配有鼓风设备、流量计和测温热电偶。使用竖式电热管状炉焙烧球团的方法是根据吊篮大小，将 10~20 个生球装在用耐热金属编织的吊篮（可以上下运动）内，生球被逐步送入不同温度区域，控制焙烧温度、时间和气氛，即可获得焙烧的有关参数。与水平式电热管状炉相比，竖式炉加热均匀、气流分布均匀、焙烧球质量稳定，而且每次装球量较多，是一种较为理想的小型实验室用球团焙烧装置。与干燥装置相比，因焙烧需要更高温度，故竖式炉用作焙烧时，焙烧段加热温度不低于 1300℃。然后将焙烧后的成品球团逐个在压力机上测定破碎压力，用实验平均值表示抗压强度，单位为 N。

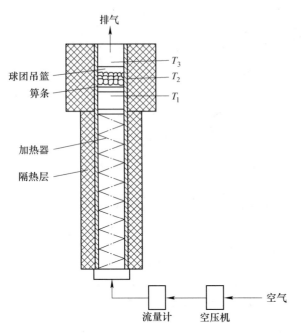
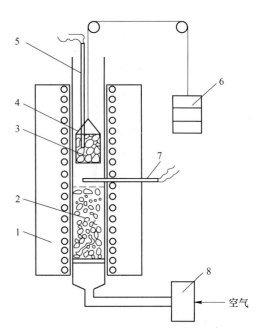

图 3-4 管式炉装置

T_1—干燥气流温度；T_2—球团料层温度；T_3—排出温度

图 3-5 竖式球团焙烧装置

1—二段加热炉；2—氧化铝球层；3—球团试样；4—吊篮；5, 7—热电偶；6—平衡锤；8—流量计

五、数据记录与处理

实验数据记录见表 3-1。

表 3-1 实验数据记录

精矿粉质量/kg	精矿粉含水量/%	皂土质量/kg	加水质量/kg	物料底含水量/%	球盘转速/r·min^{-1}
生球含水量/%	生球抗压强度/N		生球落下强度/N	热裂指数	

六、思考题

(1) 评价实验中生球的落下强度、爆裂温度及成品球的抗压强度是否达到工业生产。
(2) 球团矿的产量和质量指标有哪些，其影响因素有哪些？
(3) 分析影响生球成球率的因素。

实验 37 铁矿石荷重还原软化温度测定实验

一、实验目的

(1) 了解铁矿石（烧结矿、球团矿、块矿）的荷重软化性能指标，对铁矿石的冶金性能做出评价。进一步巩固所学冶金过程热力学、动力学、传输原理、矿物学等专业基础知识,并运用所学知识,对影响铁矿石冶金性能的相关因素进行分析讨论,提高理论联系实际的水平。

(2) 了解铁矿石冶金性能测定方法、设备的原理及基本操作技能。

二、实验原理

铁矿石(烧结矿、球团矿、块矿)的荷重软化性能指标是高炉炼铁原料的重要质量指标,具有良好冶金性能的铁矿石,对于高炉炼铁提高产量、降低焦比、改善高炉冶炼过程具有积极作用,可使高炉炼铁获得良好的经济效益。铁矿石加入高炉后,在炉内下降过程中被逐渐加热,达到一定温度后,开始软化,变为半熔化状的黏稠物,随着温度的继续增加,最后变为液体。铁矿石软化后,其气孔度显著减小,一方面影响还原气体的扩散,不利于铁矿石的还原;另一方面将恶化高炉料柱的透气性。同时,铁矿石开始软化温度及软化温度区间显著影响初渣的性质和成渣带的大小。因此,铁矿石软化温度及软化温度区间的测定结果,是高炉配料及铁矿石评价的重要指标。

三、实验装置

实验方法依据国标 GB/T 24530—2009,收缩率达到 4% 为软化开始,达到 40% 为软化结束。实验采用 MTLQ-RH-5 型铁矿石荷重软化测定系统,实验装置图和软化炉示意图分别如图 3-6 和图 3-7 所示。

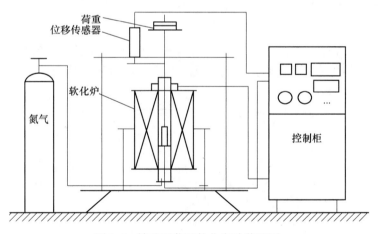

图 3-6 铁矿石荷重软化实验装置图

四、实验步骤

(1) 将铁矿石粉碎,用分样筛分出 10~12.5mm 的矿石颗粒。

(2) 称取试样,装入石墨坩埚,并加以振动,使得试样在石墨坩埚内高度达到 90mm,将带孔石墨压盖放在试样上,将石墨坩埚放入软化炉,并插入石墨压杆,石墨压杆与带孔石墨压盖连为一体,石墨压杆上端与钢制压杆连接,钢制压杆垂直作用在试样上,插上热电偶。

(3) 启动测试软件, 设定自控曲线的升温速度 (当温度为 0~600℃ 时, 升温速度为 10℃/min; 当温度为 600~1000℃ 时, 升温速度为 5℃/min; 当温度为 1000℃ 以上时, 升温速度为 3℃/min), 打开冷却水, 启动控制柜开关和升温程序, 开始升温。当软化炉温度达到 500℃ 时, 从软化炉下部通入氮气(流量为 5L/min)。

(4) 在压杆上放置荷重, 并将位移传感器与压杆连接。

(5) 当温度达到 600℃ 时, 位移传感器校正零点。

(6) 从 600℃ 开始, 记录一次温度和位移传感器的指示数值。一般情况下, 试样在 1000℃ 以下为膨胀阶段; 1000℃ 以上开始收缩(即开始软化), 当收缩剧烈时, 要及时记录温度。

(7) 当收缩率达到 40%, 到软化终了温度, 停止数据采集。

(8) 关闭软件, 切断电源。当软化炉温度达到室温时, 停止输入氮气, 取下荷重和热电偶, 升起钢制压杆, 取出石墨坩埚, 关闭冷却水, 整理实验环境。

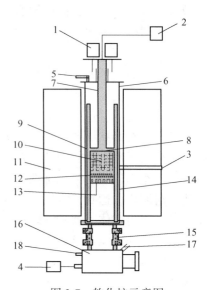

图 3-7 软化炉示意图

1—荷重; 2—位移传感器; 3—温度传感器; 4—压力传感器; 5—排气; 6—刚玉管; 7—石墨压杆; 8—石墨压盖; 9—石墨坩埚; 10—试样; 11—加热炉; 12—碳层; 13—石墨孔; 14—石墨管架; 15—水冷盖; 16—石墨盘; 17—观察孔; 18—进气口

(9) 根据实验结果记录的数据, 扣除空白膨胀软化实验结果, 绘制铁矿石荷重软化曲线(见图 3-8), 并结合其他数据进行简要分析, 得出恰当的结论。

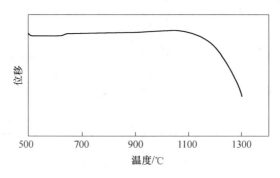

图 3-8 铁矿石荷重软化曲线

五、数据记录与处理

绘制出收缩率(%)与温度(T)的关系曲线, 并分析试样软化温度, 得出结论。

六、思考题

(1) 分析铁矿石软化区间测试的意义。

(2) 当收缩率为4%和40%时，分别为软化开始温度和终了温度，这有何依据？
(3) 高炉内调控铁矿石软化区间的方法有哪些，指出其作用原理和机理。

实验38　铁水脱硫实验

一、实验目的

(1) 通过实验了解中频感应炉熔炼铁水的原理。
(2) 通过实验掌握配制复合脱硫剂的方法。
(3) 通过实验掌握铁水炉外脱硫的实验方法。
(4) 根据实验的取样化验结果，计算铁水的脱硫率。

二、实验原理

（一）脱硫的重要性

硫是钢中的有害元素之一，钢铁中的硫主要来源冶炼原料，它主要以硫化物状态存在于钢铁中，如 FeS、MnS 等。它能使钢产生热脆，使钢的力学性能降低，同时也使钢的耐蚀性、可焊性降低，因此脱硫是钢铁冶金的主旋律，也是贯彻铁水冶炼的始终，低硫铁水是生产优质钢种的必要条件。一般的普通钢种要求硫的含量不大于 0.05%；优质钢种要求硫的含量为 0.02%~0.03%；高质量合金钢或洁净钢要求硫含量低于 0.005%~0.01%；特殊钢种或机械加工零件的钢种要求硫的含量不大于 0.1%。

（二）脱硫的基本原理

铁水炉外脱硫的基本原理与炉内脱硫相同，即用与硫的亲和力比铁与硫的亲和力强的元素或化合物，将硫化铁转变为更稳定的不溶于铁的硫化物，且此硫化物密度轻，从而将硫排除到炉渣中。铁水炉外脱硫能减轻转炉负担（转炉炼钢整个过程是氧化气氛，脱硫效率仅为30%~40%），降低成本，提高生产效率。

迄今为止，人们已开发出多种铁水脱硫的方法，其中主要方法有投入脱硫法、铁水容器转动搅拌脱硫法、搅拌器的机械搅拌脱硫法和喷吹脱硫法等。

(1) 投入法。该法不需要特殊设备，操作简单，但脱硫效果不稳定，产生的烟气污染环境。

(2) 铁水容器搅拌脱硫法。该法主要包括转鼓法和摇包法，均有好的脱硫效果，该法容器转动笨重、动力消耗高、包衬寿命低、使用较少。

(3) 采用搅拌器的机械搅拌脱硫法（KR法）。KR搅拌法由于搅拌能力强和脱硫前后能充分的扒渣，可将硫含量脱至很低，其缺点是设备复杂，铁水温降大。

(4) 喷吹法。此法是用喷枪以惰性气体为载体，将脱硫剂与气体混合吹入铁水深部，以搅动铁水与脱硫剂充分混合的脱硫方法。该法可以在鱼雷罐车（混铁车）或铁水包内处理铁水，铁水包喷吹法目前已被广泛应用。

目前常用的脱硫剂有苏打、碳化钙、石灰、镁粉等，它们的脱硫效果及经济成本比较见表3-2。

表 3-2 常用的脱硫剂

名称	分子式	脱硫效果	环境污染	经济成本
苏打	Na_2CO_3		液态氧化钠有很强的腐蚀性（腐蚀处理罐内衬），挥发污染环境	价格便宜
碳化钙（电石）	CaC_2	强脱硫剂	电石极易与空气中的水分反应生成乙炔气体，易燃易爆	成本高
石灰	CaO			价格便宜
镁粉	Mg	强脱硫剂	极易氧化，是易燃易爆品，镁粒必须经表面钝化处理后才能安全地运输、储存和使用	成本高

该实验选用的脱硫剂是 Na_2CO_3-CaO-CaF_2-Al 配制复合脱硫剂。为了全面了解 4 种脱硫剂的配比对脱硫效果的影响，实验采用 L9（34）的正交表设计（见表 3-3 和表 3-4）。

表 3-3 L9(34) 正交脱硫实验水平安排表

序号	实验条件/g				
	A（氧化钙）	B（萤石）	C（苏打）	D（铝粉）	渣量
1	21	27	11.4	0.6	60
2	27	21	10.2	1.8	60
3	33	15	9.0	3.0	60

表 3-4 正交脱硫实验方案表

实验号	水平组合	实验条件/g				
		A（氧化钙）	B（萤石）	C（苏打）	D（铝粉）	渣量
1	$A_1B_1C_1D_1$	21	27	11.4	0.6	60
2	$A_1B_2C_2D_2$	21	21	10.2	1.8	54
3	$A_1B_3C_3D_3$	21	15	9	3	48
4	$A_2B_1C_2D_3$	27	27	10.2	3	67
5	$A_2B_2C_3D_1$	27	21	9	0.6	57.6
6	$A_2B_3C_1D_2$	27	15	11.4	1.8	55.2
7	$A_3B_1C_3D_2$	33	27	9	1.8	70.8
8	$A_3B_2C_1D_3$	33	21	11.4	3	68.4
9	$A_3B_3C_2D_1$	33	15	10.2	0.6	58.8

脱硫反应原理如下：

CaO 脱硫反应的离子式为：

$$[S] + (O^{2-}) = (S^{2-}) + [O] \tag{3-1}$$

脱硫反应分子式为：

$$(CaO) + [FeS] = (CaS) + (FeO) \tag{3-2}$$

在生铁熔体中含有大量的 C 和 Si，脱硫反应还可能有如下的途径：

$$(CaO) + [S] + [C] = (CaS) + \{CO\} \quad (3\text{-}3)$$

$$2(CaO) + [S] + 1/2[Si] = (CaS) + 1/2(Ca_2SiO_4) \quad (3\text{-}4)$$

在铝存在的条件下，反应为：

$$(CaO) + [S] + 2/3[Al] = (CaS) + 1/3(Al_2O_3) \quad (3\text{-}5)$$

在式 (3-4) 中生成 Ca_2SiO_4 消耗一部分 CaO，而且 Ca_2SiO_4 会黏附在 CaO 粒子的表面，阻碍脱硫反应的进一步进行；式 (3-3) 中 CaO 粒子的表面会生成 $3CaO \cdot Al_2O_3$ 或 $12CaO \cdot 7Al_2O_3$，它有较大的溶解硫的能力，故在高炉炼铁时要提高脱硫效率，必须改善动力学条件，造流动性好的碱性渣，细化 CaO 以增大反应面积、加强铁液的搅拌以增大硫的扩散速率，并防止石灰粒子烧结成块的趋向。

苏打灰的主要成分为 Na_2CO_3，铁水中加入苏打灰后，与硫作用发生以下 3 个化学反应：

$$(Na_2CO_3) + [S] + 2[C] = (Na_2S) + 3\{CO\} \quad (3\text{-}6)$$

$$(Na_2CO_3) + [S] + [Si] = (Na_2S) + (SiO_2) + \{CO\} \quad (3\text{-}7)$$

$$(Na_2O) + [S] = (Na_2S) + [O] \quad (3\text{-}8)$$

电石的成分是 CaC_2，反应为：

$$(CaC_2) + [S] + [O_2] = (CaS) + 2\{CO\} \quad (3\text{-}9)$$

萤石 CaF_2 的反应为：

$$2(CaF_2) + 2[S] + [Si] = 2(CaS) + \{SiF_4\} \quad (3\text{-}10)$$

金属镁 Mg 的反应为：

$$Mg + [S] = (MgS) \quad (3\text{-}11)$$

炼钢中为更好地脱硫，要尽量提高末期炉渣的碱度，即增加 (CaO) 的含量，同时减少 FeO 的含量，即增加生成 CaS 的条件；由于脱硫是吸热过程，因此高温对脱硫有利；大渣量可稀释 (CaS) 的浓度，也有利于脱硫进行。

三、实验设备

感应炉的分类有 4 种：(1) 工频感应炉 (50Hz)，容量 0.5~20t；(2) 中频感应炉 (150~10000Hz)，容量 15~5000kg；(3) 高频感应炉 (10~300kHz)，容量 100kg 以下；(4) 真空感应炉，容量 10~1500kg。

该实验所用感应炉频率约为 2000Hz，感应线圈是用铜管绕成的螺旋形线圈，铜管内通水进行冷却。交变电流通过感应线圈时使坩埚中因电磁感应而产生电流，感应电流通过坩埚内的金属料时，产生热量，可将金属熔化，如图 3-9 所示。在电磁力的作用下，坩埚内已熔化的铁液随磁力将产生运动，如图 3-10 所示。铁液的运动可带来一些有益和有害的作用。

有益的作用：(1) 均匀铁液的温度和成分；(2) 改善铁液中的硫及硫化物与复合脱硫剂反应的动力学条件。

有害的作用：(1) 冲刷石墨坩埚壁，降低坩埚使用寿命；(2) 增加空气中氧气对铁液的氧化；(3) 将炉渣推向坩埚壁，使壁厚增加，降低电流效率。

另外，近年来感应炉炼钢逐渐发展，感应炉炼钢工艺比较简单，钢水质量也能得到保

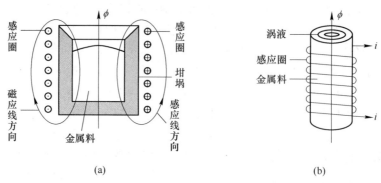

图 3-9 感应电炉的电磁感应发热原理
(a) 电炉的结构示意图；(b) 电磁感应发热原理

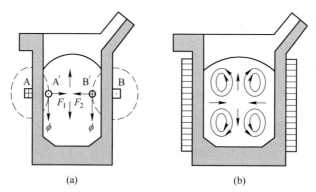

图 3-10 交变电流产生的电磁力及金属液态滚动
(a) 电磁力作用力示意图；(b) 金属液体的流场分布

证，故不少的工厂用感应炉炼钢来浇铸小铸件，特别是熔模精密铸造车间，广泛采用感应电炉来熔炼钢水与其他金属。感应炉控制原理如图 3-11 所示。

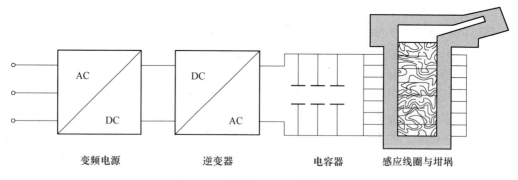

图 3-11 感应炉基本控制原理

四、实验步骤

(1) 打开冷却水泵，使感应发热线圈、可控硅及电容器有冷却水流出，并观察供水系统压力是否在正常范围。

（2）称取 1500g 生铁放入感应炉或石墨坩埚中。

（3）先将功率控制旋钮逆时针调至最小，合上电源控制按钮，观察控制柜内电源是否正常，若正常则合上主电源空气开关（若不正常则需查明故障原因，再启动），调节功率调节器旋钮，使功率在 5～10kW 范围预热感应炉 10min 后，同时观察其他指示仪表是否正常。逐步增加功率直至实验需要温度，设备最大功率 50kW（参考功率 35kW）。

（4）在感应炉预热期间根据表 3-3 中确定渣号配制复合脱硫剂，氟化钙用研体研磨并筛分。

（5）待铁块熔化后，用光学高温计观测铁水温度，在铁水温度升至 1400℃时，加入复合脱硫剂，3min 后关闭感应炉电源（将功率控制旋钮逆时针调至最小，再关闭主电源），再浇铸取样。

（6）浇铸时需在老师指导下做好防护措施（戴帆布手套或耐温石棉手套，学生需穿皮鞋，严禁穿拖鞋及旅游鞋）进行，以防烫伤，并观察浇铸环境不能有水，同时浇铸的坩埚需预热以防较大温差使坩埚产生裂纹或爆炸。

（7）待所取样品温度降低，用台钻制取粉末试样用于分析，样品数量 5g 左右，并在样品袋上写上化验编号及实验组别。

（8）实验结束后，需冷却 2～3h，感应炉温度冷却至 50～60℃时，才能关闭冷却水。

五、注意事项

生铁和钢液都可进行炉外脱硫。对生铁进行炉外脱硫比对钢液炉外脱硫更为容易，前者充分利用了生铁氧势低而且溶解于生铁中的碳、硅和磷等元素使硫的活度系数增大 4～6 倍的有利因素。对高质量合金钢或所谓"洁净钢"，要求硫含量低于 0.005%～0.01%，可对钢液进行炉外脱硫。所用脱硫剂有碳酸钠、碳化钙、固体或液体合成渣如 $CaO-CaF_2$ 和 $Al_2O_3-CaF_2$，合金粉料如硅钙合金及稀土合金，也有用浸镁焦作为炉外脱硫剂的。

炉外脱硫的操作方法有液流混合法、机械搅拌法和喷射法。用氩气流将粒径小于 0.5mm 的硅钙合金粉料经由喷枪喷入钢水时，每吨钢的合金粉料用量为 1～2kg，可在 7～10min 内使钢水硫含量自 0.03% 降至 0.002%，脱硫效率达 90% 以上，并在脱硫的同时对钢水有进一步脱氧和改善非金属夹杂物形态的作用。

六、数据记录与处理

根据取样化验结果，计算铁水的脱硫效率，同时根据脱硫效率分析效率高或低的原因。

$$\eta_S = \frac{S_原 - S_终}{S_原} \times 100\% \tag{3-12}$$

七、思考题

（1）根据实验操作的过程，简述实验原理。

（2）根据所学专业内容，其他的铁水脱硫方法还有哪些，分析实验所选脱硫剂的特点。

（3）分析实验中所用石墨坩埚对铁水熔炼的影响？

实验 39 铁水脱磷实验

一、实验目的

(1) 通过实验加深和巩固课堂上脱磷理论知识,掌握铁水脱磷的一般方法。
(2) 通过实验掌握用 CaO-Fe_2O_3-CaF_2-Na_2CO_3 渣脱磷的方法。
(3) 根据取样化验结果计算脱磷率。

二、实验原理

(一) 铁水脱磷的重要性

磷是钢中的有害杂质之一。一般的钢种要求的含磷量不大于 0.03%;生铁的含磷量是 0.1%~1.0%,有的甚至高达 2%。

含磷高的钢韧性降低,脆性增加,抗腐蚀性强,易切削,可用于海洋轮船,利用它的脆性也可制造炮弹钢。

(二) 还原脱磷法

还原脱磷法可在真空或惰性气氛中进行,也可在还原气氛中加入 Ca、Mg、Al 等金属,或加入 CaO、CaC_2、CaF_2、Na_2O、K_2O 等化合物进行处理,使铁中的 P 还原为负三价,以磷化合物的形态析出固定于炉渣或成气态逸出,从而达到脱磷的目的。即:

$$3(Ca) + 2[P] = (Ca_3P_2) \tag{3-13}$$

$$3(Mg) + 2[P] = (Mg_3P_2) \tag{3-14}$$

$$(Al) + [P] = \{AlP\} \tag{3-15}$$

(三) 氧化脱磷法

该实验采用氧化脱磷法。氧化脱磷法是在氧化气氛中或在加入氧化剂的条件下进行,铁中的磷被氧化为正五价,以磷酸盐的形态被固定于炉渣中,从而将磷排除在炉渣中。脱磷剂分别为石灰和苏打两大渣系。

(1) 苏打(Na_2CO_3)用于铁水脱磷,同时还可以脱硫,苏打熔点低,渣流动性能好,脱磷、脱硫效果好。

$$Na_2CO_3 + CO_2 = Na_2O + 2CO_2 \tag{3-16}$$

$$3(Na_2O) + 2[P] + 5(FeO) = (3Na_2O \cdot P_2O_5) + 5[Fe] \tag{3-17}$$

(2) 石灰渣系,须加入氧化剂(FeO),由于石灰熔点高,要配入助熔剂 CaF_2、$CaCl_2$,其反应式为:

$$2[P] + 5(FeO) + 3(CaO) = (3CaO \cdot P_2O_5) + 5[Fe] \tag{3-18}$$

$$2[P] + 5(FeO) + 4(CaO) = (4CaO \cdot P_2O_5) + 5[Fe] \tag{3-19}$$

$$2CaF_2 + 4[P] + [Si] + 12[FeO] = 2(CaO \cdot P_2O_5) + \{SiF_4\} + 12[Fe] \tag{3-20}$$

根据上述的脱磷反应,为提高脱磷效果要改善如下条件:

（1）提高炉渣碱度。由石灰渣系脱磷反应式可知，炉渣中没有自由的 CaO，P_2O_5 不能稳定的存在于渣中，只有在渣中含自由的 CaO 时，磷才形成较稳定磷酸盐存在于渣中，而将磷脱出。故适当的提高炉渣的碱度，能加强脱磷能力。

（2）提高炉渣中 FeO 含量。由脱磷反应式可同时看出，FeO 含量低不利于 P_2O_5 的形成，对脱磷不利，但炉渣中 FeO 也不能过高，FeO 过高稀释渣中 CaO 的浓度，降低脱磷能力。

（3）温度要低。因脱磷反应是放热反应，温度低使平衡参数 K_p 值增大，有利于脱磷。

（4）渣量要大。增加渣量，使渣中 P_2O_5 的浓度降低，可以促进脱磷反应的进行，提高脱磷效果。

三、实验仪器、药品及材料

实验装置如图 3-9~图 3-11 所示，实验用脱磷试剂配比见表 3-5 和表 3-6。

表 3-5　L9(34) 正交脱磷实验水平安排表

序号	实验条件/g				
	A（氧化钙）	B（轧钢皮）	C（萤石）	D（苏打）	渣量
1	24	24	9	3	60
2	27	21	6	6	60
3	30	18	3	9	60

表 3-6　正交脱磷实验方案表

实验号	水平组合	实验条件/g				
		A（氧化钙）	B（轧钢皮）	C（萤石）	D（苏打）	渣量
1	$A_1B_1C_1D_1$	24	24	9	3	60
2	$A_1B_2C_2D_2$	24	21	6	6	57
3	$A_1B_3C_3D_3$	24	18	3	9	54
4	$A_2B_1C_2D_3$	27	24	6	9	66
5	$A_2B_2C_3D_1$	27	21	3	3	54
6	$A_2B_3C_1D_2$	27	18	9	6	60
7	$A_3B_1C_3D_2$	30	24	3	6	63
8	$A_3B_2C_1D_3$	30	21	9	9	69
9	$A_3B_3C_2D_1$	30	18	6	3	57

四、实验步骤

（1）打开冷却水泵，使感应发热线圈、可控硅及电容器有冷却水流出，并观察供水系统压力是否在正常范围。

（2）称取 1500g 生铁放入感应炉或石墨坩埚。

(3) 先将功率控制旋钮逆时针调至最小,合上电源控制按钮,观察控制柜内 6 个小红灯是否点亮,若正常则合上主电源空气开关(若不正常则需查明故障原因,再启动),调节功率调节器旋钮,使功率在 5~10kW 范围预热感应炉 10min 后,同时观察其他指示仪表是否正常。逐步增加功率直至实验需要温度,设备最大功率 50kW(参考功率 35kW)。

(4) 在感应炉预热期间根据表 3-5 中确定渣号配制复合脱磷剂,氟化钙用研体研磨并筛分。

(5) 生铁熔化后,加入 2%(金属料重)的轧钢氧化铁皮(30g)脱硅,去除残渣。

(6) 待感应炉温度升至 1250~1300℃时,加入脱磷剂,4min 后关闭感应炉电源再取样浇铸。

(7) 待所取样品温度降低,到台钻上钻取粉末试样,样品数量 5g 左右,并在样品袋上写上化验编号。

(8) 待实验结束后,感应炉温度冷却至 50~60℃时,才能关闭冷却水。

五、数据记录与处理

计算铁水的脱磷效率:

$$\eta = \frac{[p_{原}] - [p_{终}]}{[p_{原}]} \times 100\%$$

六、思考题

(1) 根据实验操作过程,简述实验原理。

(2) 根据所学专业内容,其他的铁水脱磷方法还有哪些?

(3) 根据实验过程,实验所用坩埚与脱硫实验有什么不同,为什么?

实验 40　转炉顶部与复合吹炼水力学模型模拟实验

一、实验目的

(1) 通过转炉水力学模型实验了解和掌握以相似原理为基础的水力学模型实验的一般方法和原理。

(2) 通过实验观察水力学模拟的 LD 转炉中的反应现象,测定在不同条件下水力学模拟 LD 转炉的混合均匀时间曲线并研究其规律。

二、实验原理

钢铁生产的主要设备是转炉,转炉的冶炼周期成了制约钢产量的关键因素。转炉的冶炼周期为 38min 左右,为了更加提高钢的产量及质量,就得从 LD 转炉炼钢的冶炼周期的缩短、扩大原料的范围、钢的品种的增加等来进行。

目前世界所有的钢都是转炉吹炼生产的,然而为了提高钢的产量与质量,就得从转炉冶炼周期的缩短、原料范围的扩大及钢的品种的增加等方面来研究。由于转炉吹炼温度高、炉子体积大、现场做实验困难等特点，故通过在常温下转炉的水力学模型进行实验，实验以相似理论为基础。

相似的概念源于几何学，如两个相似三角形具有对应边成比例，对应角相等的相似性质如图 3-12 所示，即 $\dfrac{a}{a'} = \dfrac{b}{b'} = \dfrac{c}{c'} =$ 常数。

因此在两个相似图形中，已知一个图形的规律，便可预见另一个图形的规律，如果把几何相似（即空间相似）扩大到物理现象中去，也有同样结论。例如在几何相似的两个管道中，流动的气体，它们在各对应点和对应时刻表征气体运动状况的各个物理量成一定的比例关系，如图 3-13 所示。

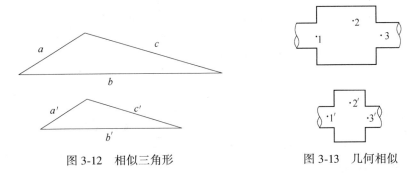

图 3-12　相似三角形　　　　　图 3-13　几何相似

流体的重度（r）相似：$\dfrac{r_1}{r_1'} = \dfrac{r_2}{r_2'} = \dfrac{r_3}{r_3'} = C_r =$ 常数

流体的压力（P）相似：$\dfrac{P_1}{P_1'} = \dfrac{P_2}{P_2'} = \dfrac{P_3}{P_3'} = C_P =$ 常数

流体的速度（v）相似：$\dfrac{v_1}{v_1'} = \dfrac{v_2}{v_2'} = \dfrac{v_3}{v_3'} = C_v =$ 常数

时间（t）相似：$\dfrac{t_1}{t_1'} = \dfrac{t_2}{t_2'} = \dfrac{t_3}{t_3'} = C_t =$ 常数

根据数学推导得出决定流体流动规律的欧拉准数（Eu）、弗劳德准数（Fr）、雷诺准数（Re），它们分别表示压力差、阻力、重力、黏性力对流体流动的影响。

$$Eu = \dfrac{\Delta p}{\rho v} \tag{3-21}$$

式中，Δp 为压力差；ρ 为密度；v 为速度。

$$Fr = \dfrac{gl}{v} \tag{3-22}$$

式中，g 为重力加速度；l 为线尺寸长度；v 为速度。

$$Re = \dfrac{pvl}{\mu} \tag{3-23}$$

式中，p 为压力差；l 为线尺寸长度；v 为速度；μ 为黏度系数。

根据相似定理，若本质相同的现象相似，则同名相似准数相等。

应当指出随着决定准数的增多，使模型实验产生困难，实验条件不能同时满足多种决定准数的要求，常常忽略对现象影响较小的决定准数。在转炉水力学模型实验中，弗劳德准数起主要作用，其他准数影响较小，可忽略。

该实验是利用 120t 转炉的水力学模型（实型与模型相似比 $M=1:10$）来进行实验，利用相似原理，实型与模型的弗劳德准数相等（为了实验与实际更接近，故用修正弗劳德准数），则：

$$Fr_{实型} = Fr'_{模型} \tag{3-24}$$

或

$$\left(\frac{v^2}{gl}\right)_{实型} = \left(\frac{v^2}{gl}\right)_{模型} \tag{3-25}$$

$$Fr_{实型} = \frac{v^2}{gd} \cdot \frac{r_g}{r_L - r_g} \tag{3-26}$$

$$Fr'_{模型} = \frac{v'^2}{gd'} \cdot \frac{r'_g}{r'_L - r'_g} \tag{3-27}$$

由式（3-26）代入式（3-27）得：

$$\frac{v^2}{gd} \cdot \frac{r_g}{r_L - r_g} = \frac{v'^2}{gd'} \cdot \frac{r'_g}{r'_L - r'_g} \tag{3-28}$$

氧枪喷嘴流量 Q 与气体流速 v 关系为：

$$Q = v \frac{\pi d^2}{4} \tag{3-29}$$

$$Q' = v' \frac{\pi d'^2}{4} \tag{3-30}$$

$$\frac{Q'}{Q} = \frac{d'^2}{d^2} \cdot \frac{v'}{v} \tag{3-31}$$

令 $\frac{d'}{d} = M$，$M = \frac{1}{10}$，则：

$$Q' = QM^2 \cdot \frac{v'}{v} \tag{3-32}$$

由式（3-28）得：

$$\frac{v'}{v} = M^{\frac{1}{2}} \left[\frac{r_g(r'_L - r'_g)}{r'_g(r_L - r_g)}\right]^{\frac{1}{2}} \tag{3-33}$$

由式（3-33）代入式（3-32）得：

$$Q' = QM^{\frac{5}{2}} \left[\frac{r_g(r'_L - r'_g)}{r'_g(r_L - r_g)}\right]^{\frac{1}{2}} \tag{3-34}$$

式中，Q、Q' 分别为实型和模型供气流量，m^3/h；r_g、r'_g 分别为氧气的重度和空气的重度，$kg/(m \cdot s)^2$；r_L、r'_L 分别为钢液的重度和实验介质水的重度，$kg/(m \cdot s^2)$；v、v' 分别为实型和模型气体出口速度，m/s；d、d' 分别为实型和模型供气枪管口直径，mm；M 为实型和模型的相似比，该实验相似比为 $1:10$。

(一) 模型顶吹气量的计算

(1) 已知实型的钢水量为 120t，在标准状态下供氧强度设计为 348m³/min（吨钢耗氧量 58m³）。

(2) 在标准状态下氧气的密度为 1.429kg/m³，钢液的密度为 7000kg/m³，实验介质空气的密度为 1.29kg/m³，实验介质水的密度为 1000kg/m³。将以上各值代入式（3-34）得（已知 $r = \rho g$）：

$$Q' = Q\left(\frac{1}{10}\right)^{\frac{5}{2}}\left[\frac{1.429 \times (1000 - 1.29)}{1.29 \times (7000 - 1.429)}\right]^{\frac{1}{2}}$$

$$Q_{模型顶吹气} = 0.001257 Q_{实型}$$

$$Q_{模型顶吹气} = 0.001257 \times 348 \times 60 = 26.246 \text{m}^3/\text{h}$$

(二) 模型底吹量的计算

在标准状态下的 N_2 的密度为 1.251kg/m³，吹入钢液后 N_2 温度升至 1650℃，其密度为：

$$r_{gN_2} = \frac{1.251}{1 + \frac{1650}{273}} = 0.1787 \text{ (kg/m}^3\text{)}$$

将各值代入式（3-34）得：

$$Q' = Q\left(\frac{1}{10}\right)^{\frac{5}{2}}\left[\frac{0.1787 \times (1000 - 1.29)}{1.29 \times (7000 - 0.1787)}\right]^{\frac{1}{2}}$$

因为

$$Q_{底} = 0.001265 Q_{高温}$$

$$Q_{高温} = Q_{标}\left(1 + \frac{1650}{273}\right)$$

注：$Q_{高温}$ 为 1650℃ 时的值。

所以

$$Q_{底} = 0.00885 Q_{标}$$

注：$Q_{标}$ 为标准状态时的底气量。

因此在标准状态下：

$$Q_{底} = 0.00891 Q_{标} = 0.00885 \times 459.36 = 4.06 \text{ (m}^3/\text{h)}$$

实际计算时一般底气量为顶气量的 1%～2%，最多不会超过顶气量的 10%。

三、实验设备

实验设备如图 3-14 所示。

四、实验步骤

(一) 混合均匀时间的测定

(1) 打开空气压缩机的电源开关（有时用两台空气压缩机），空气压缩机开始工作，当空气压缩机气缸内压强达到 7kgf/cm²（1kgf/cm² = 9.80665×10⁴Pa）时，自动停机。打开电脑软件及电导率仪的电源。

(2) 将转炉中加入规定的水量，调节氧枪插入深度，准备饱和的 NaCl 溶液 50mL。

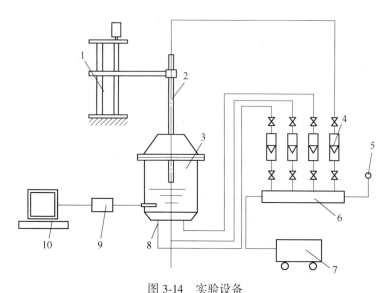

图 3-14 实验设备

1—氧枪升降装置;2—氧枪;3—转炉;4—转子流量计;5—压力表;
6—气包;7—空气压缩机;8—低枪;9—电导率仪;10—电脑

(3) 打开空气压缩机的供气阀门同时调节转子流量计到要求的值(只做单纯顶吹实验时不用低枪供气阀门),在实验过程中当空气压缩机气包内压强低于 $4kg/cm^2$ 时,自动开机。

(4) 从转炉口加入 NaCl 溶液,同时点击电脑采集软件"开始采集"按钮,当电导率不变后,停止采集数据。从开始采集数据的时刻到停止采集数据的时刻所读得的时间,即为该气量搅拌钢液的混合均匀时间。最后,关闭空气压缩机的供气阀门,放出炉内的水。

(5) 改变实验条件,重复(1)和(4)的步骤。

(6) 实验结束后关闭水管开关与所有设备的电源开关。

(二) 喷溅量的测定

(1) 在炉内加入水,打开空气压缩机的供气阀门,将顶底控制阀气量调整到要求的值(只做单纯顶吹实验时不用打开底气阀)。

(2) 将称量过的毛巾盖在炉口上,同时计时,时间间隔 30s 后,拿起毛巾再次称量,前后两次质量之差,即为该气量下单位时间的喷溅量,同时关闭空气压缩机的供气阀门。

(3) 改变实验条件,重复(1)和(2)步骤。

(4) 实验结束后关闭水管开关与所有设备的电源开关。

五、注意事项

(1) 为了增强演示的直观性,提高实验效果,可在示踪剂氯化钠溶液中适量添加红墨水。

(2) 实验时离空气压缩机一定距离,转子流量计阀门应慢慢旋开,以防旋转转子冲坏流量计玻璃。

(3) 开机之前检查气路接头是否脱落,氧枪插入深度是否合乎实验要求,气路控制阀门是否关闭。

(4) 实验结束后请关闭气路开关与所有设备的电源开关。

六、数据记录与处理

(1) 画出单纯顶吹及顶底复合吹的气量与混合均匀时间的关系曲线。
(2) 画出单纯顶吹及顶底复合吹的气量与喷溅量的关系曲线。

实验数据及记录见表 3-7。

表 3-7 实验数据记录表

实验号	顶底复合吹炼的气量/m³·h⁻¹		模型气量/m³·h⁻¹			混合均匀时间/s		喷溅量/g	
			顶吹	复合吹					
	顶气量	底气量	顶气量	顶气量	底气量	顶吹	复合吹	顶吹	复合吹
1	20000	300	25.14	25.14	2.655				
2	20880	459.36	26.246	26.246	4.06				
3	21600	626.4	27.15	27.15	5.54				
4	22400	806.4	28.16	28.16	7.14				
5	23200	997.6	29.16	29.16	8.83				
6	24000	1200	30.168	30.168	10.62				

七、思考题

(1) 测定两相流混合均匀时间的意义是什么？
(2) 测定单纯顶吹及顶底复合吹的气量与喷溅量的意义何在？

实验 41 炉外精炼钢包吹氩水力学模型模拟实验

一、实验目的

(1) 认识炉外精炼模拟实验的设备特点、装置，流程及其操作方法。
(2) 通过观察水力学模拟钢包吹氩中的现象和测定示踪液在各种不同条件下水力学模拟钢包吹氩的混合均匀时间曲线及研究其规律等方法，分析影响钢包吹氩的因素。
(3) 从实验结果分析比较中进一步理解认识课堂理论，找出其中的规律，并提出钢包吹氩合理的冶炼工艺。

二、实验原理

炉外精炼是生产纯净钢和保证连铸顺利进行的重要手段。LF (lade furnace) 精炼炉是应用最广、数量最多的精炼炉。钢包吹氩工艺是一种较为有效的炉外精炼措施，目前已在炼钢厂普遍采用，它既可单独使用，也可以辅助其他炉外精炼装置来加强精炼功能。钢包吹氩搅拌技术可增大钢包冶金反应界面、加快传质速率、提高操作效果、缩短冶炼周期,对于去除钢中非金属夹杂物的数量、粒径、形态和有害气体（N_2、H_2、O_2），同时对促进钢液化学成分和内部温度场均匀具有良好的效果。

水力学模拟实验研究方法,即采用常温下的水来模拟高温状态下的金属液在冶金反应器中的行为,为现场设备的设计及其改造制定合理的操作工艺。钢包吹氩实验同样是采用常温下的水来模拟高温状态下的钢液在钢包中的行为。

单氩气进入钢液之后,形成了一个个小小的"气室",由于钢水静压力的作用,"气室"表面吸附力较大,将非金属夹杂,如 SiO_2、Al_2O_3、MnO 等微粒吸附,与此同时钢液中的 [H]、[N]、[O] 等,不断地向小"气室"内扩散。同时由于钢液温度的作用将"气室"体积不断地增加并且上浮,在上浮的过程中强烈的搅拌钢水,从而加强了夹杂物颗粒的碰撞,会聚成为较大的颗粒,更快地上浮到渣中,从而达到纯净钢液,提高钢的质量。

在出钢量、钢包容积、出钢温度、吹氩量等一定时,氩气气泡直径越小,在钢包中的离散度越大,单位时间内气泡数量也越多,与钢液的反应界面也越大,效果越好。当气体吹入钢液之后,形成若干个小气泡,它既受浮力的作用,也受惯性力的作用,根据相似理论,在这种情况应该先用弗劳德准数相等,但在实践中应该考虑气体和液体密度的影响,为了使气体扩散和上浮过程能够顺利进行,钢液体系必须具有良好的热力学条件与动力学条件。水力学模拟实验主要是研究动力学方面的因素,具体包括以下3方面:

(1) 同时考虑 Re 和 Fr 相等。钢包的钢液流动主要受黏滞力、重力和惯性力的作用。

(2) 只考虑 Fr 相等,Re 处于同一自模化区。根据流体力学原理,当流体流动的 Re 大于第二临界值时,流体的湍动程度及流速的分布几乎不再受 Re 的影响。

(3) 同时考虑 Fr 和 We 相等。在钢包吹氩冶金中,去除钢液中的非金属夹杂物及气体是其主要任务之一,当考虑到钢包覆盖剂的卷入问题时,需要考虑液体表面张力的作用,因此这类模型的建立需保证模型与原型的 Fr 和 We 相等。Re 是系统的惯性力和黏性力的比;Fr 是系统的惯性力和重力或浮力的比;We 是系统的惯性力和表面张力的比。

实验用模型为昆明钢铁厂120t转炉,缩成为原尺寸的1/40。利用相似原理,实型与模型的弗劳德准数（Fr）相等,采用水模拟钢液,其修正的 Fr 应为:

$$Fr_{实型} = Fr'_{模型} \tag{3-35}$$

$$Fr_{实型} = \frac{u^2}{gd} \cdot \frac{\rho_g}{\rho_L - \rho_g} \tag{3-36}$$

$$Fr'_{模型} = \frac{u'^2}{gd'} \cdot \frac{\rho'_g}{\rho'_L - \rho'_g} \tag{3-37}$$

由式（3-37）代入式（3-36）得:

$$\frac{u^2}{gd} \cdot \frac{\rho_g}{\rho_L - \rho_g} = \frac{u'^2}{gd'} \cdot \frac{\rho'_g}{\rho'_L - \rho'_g} \tag{3-38}$$

喷嘴的流量 Q 与气体流速 u 关系为:

$$Q = u \cdot \frac{\pi d^2}{4}, \quad Q' = \frac{\pi d'^2}{4} \cdot u' \tag{3-39}$$

因此

$$\frac{Q}{Q'} = \frac{d'}{d} \cdot \frac{u'}{u}$$

令 $\dfrac{d'}{d} = M$, $M = \dfrac{1}{5}$:

$$Q' = QM^2 \cdot \dfrac{u^2}{u} \tag{3-40}$$

由式（3-38）得：

$$\dfrac{u^2}{u} = M^{\frac{1}{2}} \left[\dfrac{\rho_g (\rho'_L - \rho'_g)}{\rho'_g (\rho_L - \rho_g)} \right]^{\frac{1}{2}} \tag{3-41}$$

由式（3-41）代入式（3-40）

$$Q' = M^{\frac{5}{2}} \cdot Q \left[\dfrac{\rho_g (\rho'_L - \rho'_g)}{\rho'_g (\rho_L - \rho_g)} \right]^{\frac{1}{2}} \tag{3-42}$$

式中，Q、Q'分别为实型和模型供气流量，m^3/h；ρ_g、ρ'_g分别为实型和模型气体密度，kg/m^3；ρ_L、ρ'_L分别为实型和模型液体密度，kg/m^3；u、u'分别为实型和模型气体流速，m/s；d、d'分别为实型和模型供气枪管口直径，mm；M为实型和模型的比例，该实验选取1:5；g为重力加速度，m/s^2。

具体模型气量的计算如下。

已知实型的钢水量为15t，改变气量进行比较（参看实验记录表）：

$$\rho_L = \rho_{钢液} = 7000 kg/m^3$$
$$\rho'_L = \rho_{水} = 1000 kg/m^3$$
$$\rho_g = \rho_{氩气} = 1.78 kg/m^3$$
$$\rho'_g = \rho_{空气} = 1.293 kg/m^3$$

吹入钢液后氩气温度升至1600℃，其密度为：

$$\rho_{g1600℃} = \rho_g / (1 + 1600/273) (kg \cdot s^2/m^4)$$

将各值代入式（3-42）得：

$$Q'_{氩气} = 0.0008 Q_{高温} \quad (Q_{高温} 为高温1600℃时的值)$$
$$Q_{高温} = Q_{标态} (1 + 1600/273) \quad (Q_{标态} 为标准状态时的值)$$
$$Q'_{氩气} = 0.005635 Q_{标态}$$

由式（3-40）得出，在常温下的水力学模拟实验流量Q'与实际操作流量Q的数据见表3-8。

表3-8 模型流量与实际流量的数据

$Q'/m^3 \cdot h^{-1}$	0.1	0.2	0.5	0.7	0.9	1	1.5	2	2.5
$Q/m^3 \cdot h^{-1}$	7.6	15.2	38	53.2	68.4	76	113.9	151.9	189.9

由表3-8可知模拟流量$Q' = 0.2 m^3/h$时，实际操作流量Q为15.2m^3/h，若吹氩3min，出钢量为21.4t，则吹氩强度为：

$$q = \dfrac{15.23 \times 3}{60 \times 21.4} = 0.036 \, (m^3/(min \cdot t))$$

在鞍钢二炼钢110t钢包，平均吹氩强度为0.0244$m^3/(min \cdot t)$；武钢一炼钢250t钢包，平均吹氩强度为0.03$m^3/(min \cdot t)$。目前世界各大钢厂的吹氩强度一般为0.06~0.2$m^3/(min \cdot t)$。表3-9为不同时间吹氩量的变化。

表 3-9　吹氩时间与吹氩量的关系

吹氩时间/min	1	3	5	10	15
吹氩量/m³	0.25	0.76	1.27	2.5	3.8
吹氩强度/m³·(min·t)⁻¹	0.012	0.036	0.054	0.118	0.178

在实验中所使用的流量计，一般是用空气标定的，需要进行换算，将空气刻度换算成氩气刻度。

$$q_i = q_i' \frac{r_0'}{r_{i0}} \cdot \frac{p'}{p_i} \frac{T_i}{T'} \cdot \frac{T_0}{p_0} \frac{p_i}{T_i} \tag{3-43}$$

式中，P' 和 T' 分别为流量计在标定时所用的压力和温度，其中，$P' = 101.325\text{kPa}$，$T' = 293\text{K}$；P_0 和 T_0 分别为气体在标准状态下的压力及温度，$P_0 = 101.325\text{kPa}$，$T_0 = 273\text{K}$；P_i 和 T_i 分别为测定气体流量时的实际压力及温度；r_{i0} 为所测气体在标准状态下的密度，其中，$r_{Ar} = 1.782\text{kg/cm}^3$，$r_{O_2} = 1.429\text{kg/cm}^3$；$r_0'$ 为标定流量计所用的气体密度，流量计一般用空气标定，$r_0' = 1.293\text{kg/cm}^3$；$q_i$ 为 q_i' 对应换算后的标准量值，L/min。

三、实验装置

实验装置如图 3-15 所示。

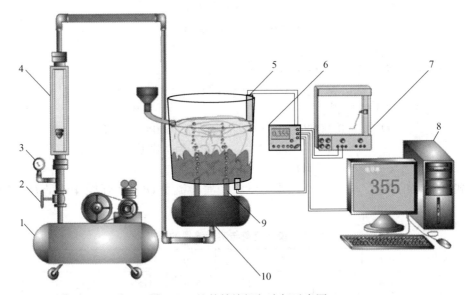

图 3-15　炉外精炼钢包吹氩示意图
1—空压机；2—控制阀门；3—压力表；4—转子流量计；5—电导电极；6—电导率仪；
7—函数记录仪；8—数据监控及其处理；9—底枪；10—底气分配箱

四、实验步骤

(一) 混合均匀时间的测定

(1) 打开空气压缩机的电源开关，空气压缩机开始工作，当空气压缩机气缸内压强

达到 $8kgf/cm^2$ 时（$1kgf/cm^2 = 9.80665×10^4 Pa$），自动停机。打开电脑记录程序、函数记录仪及电导率仪的电源开关，将其设备调整到工作状态。

（2）将钢包中加入规定的水量，准备示踪液，即饱和的 NaCl 溶液 50mL。

（3）打开空气压缩机的供气阀门，将各气量调整到要求的值（在实验过程中当空气压缩机气缸内压强低于 $4kgf/cm^2$ 时，自动开机）。

（4）从钢包口固定位置，加入 NaCl 溶液，同时打开电脑记录程序、电导率仪的开关和函数记录仪的走纸开关，当记录仪返回基线后，关闭走纸开关及电脑记录程序。从记录笔所绘制曲线的波动起点到电导率不改变的时间即为该气量搅拌钢液的混合均匀时间，与此同时关闭空气压缩机的供气阀门，放出钢包内的水。

（5）重复步骤（1）~（4），测定混合均匀的时间。

（二）钢包工作时流体流线的测定

（1）打开空气压缩机的电源开关，空气压缩机开始工作，当空气压缩机气缸内压强达到 $8kgf/cm^2$ 时，自动停机，将其设备调整到工作状态。

（2）将钢包中加入规定的水量，准备好示踪粒子，即聚氯乙烯粒子，密度小于实验用水。

（3）打开空气压缩机的供气阀门，将各气量调整到要求的值（在实验过程中当空气压缩机气缸内压强低于 $4kgf/cm^2$ 时，自动开机）。

（4）从钢包口固定位置，加入示踪粒子，同时观察记录过程并画出流线图，也可用照相机拍摄流场流线。完记录成后，关闭空气压缩机的供气阀门，放出钢包内的水。

（5）实验结束后关闭水管开关与所有设备的电源开关。

五、注意事项

（1）为了增强演示的直观性，提高形象化的效果，可在示踪剂氯化钠溶液中加入适量的红墨水着色。

（2）采用电脑记录及函数记录仪描绘出的混合均匀时间曲线，效果较好，但缺点是增加了装置的复杂性和所需仪表的数量。为了简化起见，也可由两位同学采用秒表及一台电导率仪分次测定吹气量与混合均匀时间的关系曲线，但缺点是测量的误差相对较大。

（3）由于实验设备材质较脆，请轻拿轻放。

（4）注意保护实验电气设备不要被水浸湿。

（5）空气压缩机工作时请远离空气压缩机。

（6）实验结束后请关闭水管开关与所有设备的电源开关。

六、数据记录与处理

实验数据记录表见表 3-10。

表 3-10 各种枪型气量与混合均匀时间实验数据记录表

实验号	实型吹炼的气量 /$m^3·h^{-1}$	模型吹炼的气量 /$m^3·h^{-1}$	各喷枪枪型混匀时间/s			
			单孔枪	环缝枪	直孔枪	透气砖枪
1						

续表 3-10

实验号	实型吹炼的气量 /m³·h⁻¹	模型吹炼的气量 /m³·h⁻¹	各喷枪枪型混匀时间/s			
			单孔枪	环缝枪	直孔枪	透气砖枪
2						
3						
4						
5						
6						
7						
8						
9						
10						

(1) 画出钢包工作时流体的流线图。
(2) 画出实验所用枪型的气量与混合均匀时间的关系曲线。
(3) 分析比较在一定气量下，各种枪型对液体混合均匀时间的关系，并且指出哪种枪型好。

七、思考题

(1) 根据实验结果，计算实验时的雷诺数，并确定流体流动的类型。
(2) 分析 RH 真空循环脱气精炼中对循环流量的影响因素，并设计循环流量的预报模型。
(3) 设计 RH 真空循环脱气精炼流体的流速测定方法。
(4) 分析影响 RH 真空循环脱气精炼脱碳能力的影响因素。

实验 42　金属连续铸锭水力学模型模拟实验

一、实验目的

(1) 了解连铸机的基本设备装置、工艺流程及操作过程等。
(2) 通过观察和测定各钢液流团在中间包内的脉冲响应曲线、停留时间分布规律、流体形状等方法，分析连续铸钢过程对于钢坯质量的影响因素。
(3) 掌握中间包冶金冷态实验的基本研究方法。

二、实验原理

连铸是钢铁冶金的最后一个环节，也是一个最重要的环节。在连续铸锭过程中，金属液从钢包水口流出，流经中间包，注入结晶器，中间包起到了存储钢液、分配钢液、减小钢液的静压力、稳定钢流促使夹杂物上浮等作用。中间包的几何形状、中间包液面的深度、钢包内钢液的流动状态、出水口流股的形状和稳定性、结晶器内液面的高度和断面尺寸的大小等，对结晶器内金属流动性都有较大的影响，从而影响结晶器的凝固传热过程和铸坯质量。然而在高温状态下钢液在钢包—中间包—结晶器等反应器的流动状态是直接观察不到的，因此通过水力学模拟实验来考察各种因素对中间包和结晶器内金属液的流动状态的影响，对于现场的流体流动进行准确的模拟，有很好的指导意义。

根据相似原理建立实验模型进行数据分析和处理，需要采用许多无量纲的准数。流体力学中常用的准数有：

雷诺（Reynolds）数：

$$Re = \frac{uL}{\nu} = \frac{\rho uL}{\mu} = \frac{惯性力}{黏滞阻力} \tag{3-44}$$

弗劳德（Froude）数：

$$Fr = \frac{u^2}{Lg} = \frac{惯性力}{重力} \tag{3-45}$$

修正的弗劳德（Froude）数：

$$Fr' = \frac{\rho_g u^2}{(\rho_L - \rho_g)gL} = \frac{惯性力}{浮力} \tag{3-46}$$

韦伯（Weber）数：

$$We = \frac{\rho u^2 L}{\sigma} = \frac{惯性力}{表面张力} \tag{3-47}$$

式中，L 为特征尺寸；σ 为液体表面张力；μ 为液体黏度；u 为液体流速；ρ 为液体密度；ν 为运动黏度。

通过引入准数，就可按照相似定理，用低于过程变量数目的准数来描述过程，而且这种对过程简化而又完整地描述与测量单位无关。这就为物理模拟实验研究与研究结果的运用提供了极大的方便。

（1）同时考虑 Re 和 Fr 相等。中间包的钢液流动主要受黏滞力、重力和惯性力的作用。

（2）只考虑 Fr 相等，Re 处于同一数量级。根据流体力学原理，当流体流动的 Re 大于第二临界值时，流体的湍动程度及流速的分布几乎不再受 Re 的影响。

（3）同时考虑 Fr 和 We 相等。在中间包冶金中，去除钢液中的非金属夹杂物是其主要任务之一，当考虑到中间包覆盖剂的卷入问题时，需要考虑液体表面张力的作用，因此这类模型的建立需保证模型与原型的 Fr 和 We 相等。

测量停留时间分布，通常应用"刺激-响应"实验。其方法是：在中间包注入处输入一个刺激信号，信号一般使用示踪剂来实现，然后在中间包出口处测量该信号的输出，即所谓响应，利用响应曲线分析得到流体在中间包内的停留时间分布。刺激-响应实验相当于黑箱研究方法，当流体流动状态不易或不能直接测量时，仍可从响应曲线分析其流动状况及其对冶金反应的影响，因此该方法在类似于中间包这类非理想流动的反应器中得到了广泛的采用。冶金实验研究用示踪剂依据反应体系进行选取，若系统为高温实际反应器（中间包），即可采用灵敏的放射性同位素作示踪剂，也可采用不参与反应的其他元素，如铜、金等；若系统为冷态模拟研究，常使用电解质、发光或染色物质作为示踪剂，例如水模型中常采用 KCl 溶液作为示踪剂加入。示踪剂加入方法有脉冲加入法和阶跃加入法等，最常用的为脉冲加入法。

三、实验装置

实验装置如图 3-16 所示。流体采用自来水，示踪液采用饱和 NaCl 溶液、红墨水等。为减少钢液的二次氧化，钢在浇铸过程中注流保持饱满和表面圆滑的状态，即以层流或接近层流的状态进行浇铸。

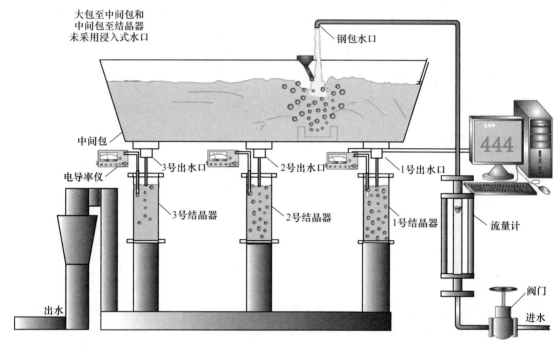

图 3-16　实验设备

四、实验步骤

（1）在水力学模拟金属连续铸锭机设备上测定示踪液从大包出水口经过中间包，再到达 1 号、2 号、3 号结晶器的停留时间。

（2）通过在水力学模拟金属连续铸锭机设备上，采用不同的条件（改变大包出水口、在中间包中加入导流板等）改变中间包流场，观察从大包出水口到中间包再到达 1 号、2 号、3 号结晶器的二次氧化情况。

（3）钢包分别采用浸入式水口与非浸入式水口进行实验。

（4）稳定实验条件，中间包液面高度保持在 280mm（即流量控制在 2300L/h）。

（5）分别采用短水口与长水口，观察流体变化情况。

（6）在钢包出水口固定位置加入示踪液（定量 100mL），同时测定示踪液到达 1 号、2 号、3 号结晶器的停留时间。

（7）在中间包中加入挡板，观察各水口的流股的变化以及二次氧化的情况。

（8）在 1 号铸机位置更换结晶器，观察结晶器内二次氧化的情况。

（9）实验结束后关闭水管开关与所有设备的电源开关。

五、注意事项

（1）为了增强演示的直观性，提高形象化的效果，可在示踪剂氯化钾溶液中用适量的红墨水着色。

（2）采用电脑同时采集出三个结晶器的响应曲线，效果较好，但缺点是增加了装置的复杂性。为了简化起见，也可由三位同学各采用一块秒表及一台电导率仪，分别记录示踪液到达1号、2号、3号结晶器的停留时间。

（3）由于实验设备材质较脆，请轻拿轻放。

（4）注意保护实验电气设备不要被水浸湿。

（5）实验结束后请关闭水管开关与所有设备的电源开关。

六、数据记录与处理

（一）实验记录表

非浸入式水口试验数据记录见表3-11。

表3-11 示踪液从大包出水口通过中间包到达结晶器试验数据记录

时间/s	5	10	20	30	40	50	60	70	80	90	100	110	120	130	140	150	160	170
1号结晶器电导率/$S \cdot m^{-1}$																		
2号结晶器电导率/$S \cdot m^{-1}$																		
3号结晶器电导率/$S \cdot m^{-1}$																		

浸入式水口试验数据记录见表3-12。

表3-12 示踪液从大包出水口通过中间包到达结晶器试验数据记录

时间/s	5	10	20	30	40	50	60	70	80	90	100	110	120	130	140	150	160	170
1号结晶器电导率/$S \cdot m^{-1}$																		
2号结晶器电导率/$S \cdot m^{-1}$																		
3号结晶器电导率/$S \cdot m^{-1}$																		

（二）雷诺准数的计算

流体的物理性质见表3-13。

表 3-13 物理性质

类别	温度/℃	密度 ρ/kg·m^{-3}	表面张力 σ/N·cm^{-1}	运动黏度 ν/m^2·s^{-1}
水	15	1000	7.3×10^{-4}	0.89×10^{-6}
钢液	1600	7000	1.5×10^{-2}	0.43×10^{-6}

根据相似性原理，模型与实物中液体流动性相似的基本条件是几何相似和动力相似。当用水模拟钢液的流动时，若考虑流体只受到重力、惯性力的作用，忽略黏性力与表面张力，则动力相似就可用 Fr 表示，而几何相似可采用任何比例。

中间包尺寸为：1440mm×410mm×330mm，模型与实型比为 1:3，即 $\lambda=0.25$。

结晶器尺寸为：90×90 方坯 3 个。

浸入式水口由 800mm 长的水管构成，在水管上加一个三通管则为双侧双孔式。

$$Re = U\frac{d}{\nu} \tag{3-48}$$

式中，U 为流速；d 为中间包出水口直径，$d=0.0124$m；ν 为浇铸温度下钢水的运动黏度，$\nu=0.5×10^{-6}$m^2/s。

在忽略阻力损失的情况下，钢水的流速 U 可由伯努力方程式求得：

$$U = \sqrt{2g(H+h)} \tag{3-49}$$

式中，g 为重力加速度，m/s；H 为中间包液面到出水口高度，$H=0.35$m；h 为中间包出水口到结晶器液面高度，$h=0.21$m。

将式（3-49）代入式（3-48）得：

$$Re = U\frac{d}{\nu} = \sqrt{2 \times 9.8 \times (H+h)} \times \frac{d}{\nu} \tag{3-50}$$

根据中间包准数、雷诺准数相等可推出以下几个公式：

速度：$u_{模} = \lambda^{0.5} \cdot u_P$

长度：$L_{模} = \lambda \cdot L_P$

流量：$Q_{模} = \lambda^{2.5} \cdot Q_P$

（三）流场流动情况

（1）画出中间包流场示意图；

（2）画出示踪液从大包出口经过中间包到达结晶器的停留时间分布曲线。

七、思考题

（1）从大包到中间包再到达结晶器，浸入式水口与非浸入式水口的流股有什么变化？

（2）对本实验过程进行思考，有哪些地方可以改进？

实验 43 钢中非金属夹杂物金相实验

一、实验目的

（1）了解钢中非金属夹杂物的金相检验方法。

(2) 熟悉钢中非金属夹杂物的评级（GB 10561—2005）方法。

二、实验原理

（一）钢中非金属夹杂物的来源

在金相显微镜下钢中存在的非金属相的化合物如氧化物、硫化物、氮化物和复杂化合物统称为非金属夹杂物。夹杂物分为外来夹杂物和内生夹杂物两种。

（1）外来夹杂物：1）由耐火材料、炉渣等在冶炼、出钢、浇铸过程中冲刷下来进入钢液中来不及上浮而滞留在钢中；2）与废钢等原材料同时进入炉中的杂物。外来夹杂物一般较粗大，是可以减少和避免的。

（2）内生夹杂物：1）溶解在钢液中的氧、硫、氮等杂质元素在降温和凝固时，由于溶解度降低，它们与其他元素化合并以化合物形式从液相或固溶体中析出，最后包含在钢中；2）在出钢和浇铸过程中钢水和大气接触，钢水中容易氧化和氮化的元素被氧化、氮化为产物；3）冶炼过程中加入的脱氧剂及合金添加剂和钢中元素化学反应的产物。一般来说，内生夹杂物较为细小，合适的工艺措施可减少其含量，控制其大小和分布，但不可能完全消除。

（二）钢中非金属夹杂物对材料性质的影响

（1）金属夹杂对钢材使用性能的影响。由于非金属夹杂物以机械混合的形式存在于钢中，而性能又与钢有很大的差异，因此破坏了钢基本的均匀性、连续性，在夹杂物区域造成应力集中，在外力作用下形成疲劳裂纹。

（2）非金属夹杂物对钢的工艺性能的影响。由于夹杂物的存在，特别是当夹杂物聚集分布时，对锻造、热轧、冷变形开裂、淬火裂纹、零件磨削后的表面粗糙度等都有较明显的不利影响。

因此，钢中非金属夹杂物对材料性质的影响、钢中非金属夹杂物的金相检验、钢材的冶金质量及分析机械零件的失效原因具有十分重要的意义。

相反地，某些钢中少量细小的夹杂物存在是有益的，如硫化物可以改善易切削钢的切削加工性能。细小、弥散分布的 Al_2O_3、TiN、AlN 可细化晶粒。

因此，如何清除与控制有害夹杂，创造和利用有益夹杂，还需进一步研究。

（三）钢中非金属夹杂物的金相检验方法

随着科技的发展，鉴定钢中非金属夹杂物的方法很多，目前，常用的夹杂物分析方法有金相法、扫描电镜、电解-化学分析等。若要对夹杂物进行准确和全面的鉴定往往需要综合这些方法，金相法是最常见的一种。金相法分为夹杂物的定性检验与定量检验。

1. 夹杂物的定性检验

将抛光好的试样放在金相显微镜上，在 100～200 倍的明场下观察其形状、分布、颜色、可塑性等并加以记录，然后选用高倍的放大倍数的物镜在明场、暗场、偏振光照明下观察，观察夹杂物的外形、色彩、分布和类型；暗场观察夹杂物的透明度、固有色彩；偏振光观察夹杂物的各向同性、各向异性及色彩和特性。最后确定夹杂物的名称（见表3-14，它需要实践经验的积累与总结才能检验准确。

2. 夹杂物的定量检验

本方法取自 GB 10561—2005，即在显微镜低倍（100 倍）明场下，将视场与标准评级图谱进行比较的方法评定，其中评级Ⅰ图谱取自 Jern-Konteret 的方法，称做 JK 评级图。根据夹杂物的形态和分布，JK 标准评级图分为 5 个基本类型：

（1）A 类（硫化物类）。单独的灰色夹杂物具有高的延展性，有较宽范围形态比（长度/宽度），一般端部呈圆角（GB/T 10561—1989 表述：在铸态下，当含量较少时，以粒状存在于晶粒内部或晶界上，当含量较多时，以明显的网状存在于晶界上；塑性夹杂物，沿轧制方向伸长，呈线条状）。

（2）B 类（氧化铝类）。大多数没有形变，带角的，形态比小（一般小于 3），黑色或带蓝色的颗粒，沿轧制方向排成一行（至少有 3 个颗粒），铸态时以小颗粒成群分布，塑性差、脆性大，沿轧制方向呈链、串状分布，且其磨光性差、易脱落，因此，在其存在的部位上易留下彗星尾状空洞。

（3）C 类（硅酸盐类）。具有高的延展性，有较宽范围形态比（一般不小于 3）的单个呈黑色或深灰色夹杂物，一般端部呈锐角。

（4）D 类（球状氧化物类）。不变形、角状或圆形的，形态比小（一般小于 3），黑色或带蓝黑色的，无规则分布的颗粒。

（5）DS 类（单颗粒球状类）：圆形或近似圆形，直径不小于 13μm 的单颗粒夹杂物。

每类夹杂物按厚度或直径不同又分为细系和粗系两个系列，每个系列由表示夹杂物含量递增的六级图片（0.5~3 级）组成。评定夹杂物级别时，允许 0.1 级、1.25 级等。

实际检验方法是将检验面上最恶劣视场与标准评级图相比较，确定夹杂物的类型和级别。检验结果表示方法是在每个试样每类夹杂物类别字母后标注以最恶劣视场的级别数，如"e"表示粗系夹杂物；A2 表示硫化物细系 2 级；A3e 表示硫化物粗系 3 级。

（四）金相显微镜的构成及使用方法

金相显微镜鉴定夹杂物的照明方式有明视场照明、暗视场照明和偏振光照明。用这三种照明方法基本上可以对夹杂物进行鉴定。可以根据观察到的夹杂物在明视场、暗视场、偏振光照明时的各种现象对照这些表来确定夹杂物的类型。

1. 明视场照明

来自光源的光由垂直照明器垂直转向，经物镜垂直或接近垂直照在试样表面，经试样表面反射至目镜，若试样为镜面，则为明亮一片，而试样上的一些组织和夹杂物由于它们的反射能力比金属基体弱，因此将呈现一定的暗色影像，映在明亮的视域中，故称明视场照明。

用明视场照明的方法鉴定钢中非金属夹杂物，主要是观察夹杂物的大小、形状、分布、变形行为、数量反射本领及其色彩等项目来识别夹杂物的类型。

许多类型的夹杂物都具有其特定的外形和变形行为，虽然非金属夹杂物的外形种类很多，但仍可概括为以下具有代表性的几种特征：

（1）球形夹杂。在熔融状态中由于表面张力的作用形成的滴状夹杂物，凝固后一般呈球状存在，如二氧化硅、某些硅酸盐（硅含量大于 60% 时）等。

（2）具有较规则的结晶状态，方形、长方形、三角形、六角形及树枝状等，如三氧化二铝、氮化钛、铬铁矿等。

（3）当先生成相的尺寸具有一定大小时，后生成相则分布在先生成相的周围，如后生成相 FeS 分布在先生成相 FeO 的周围等。

（4）有的夹杂物常常呈连续或断续的形式沿着晶界分布，如 FeS 等。

（5）塑性夹杂物与脆性夹杂物的变形能力。当钢变形时，塑性夹杂物沿变形方向呈纺锤形或条带状分布，如硫化物和一些硅酸盐夹杂等。压缩比小时一般为纺锤形，压缩比大时一般为条带形。脆性夹杂物经加工变形后，由于夹杂物与钢的基体相比较，变形很小，当加大变形量时，脆性夹杂物被破碎并沿着钢的流变方向呈链状分布，如三氧化二铝等。

（6）夹杂物的反射本领。从目镜中看到夹杂物和试样表面反射的光的强度，可以判断夹杂物的反射本领。如果夹杂物的光泽与试样基体表面接近，则认为这种夹杂物的反射本领较强；若夹杂物具有较低的反射本领，则表现得比基体差。

（7）夹杂物的色彩。在明视场下观察不同的夹杂物具有不同的色彩。如硫化锰呈淡蓝灰色；氮化钛为黄亮色；氧化铝呈灰紫色等。在明视场所观察到的夹杂物的颜色由于受到基体反射光的影响，并不真实。

2. 暗视场照明

暗视场照明和明视场照明有很大不同，来自光源的光线通过一个环行光阑，而光线只能从环行光阑的边缘通过，不能从中间通过，所以光通过环行光阑后产生一个环行光束，此环行光束只能沿物镜的外壳投在反射集光镜金属弧形反射面上，此反射集光镜把环行光束以极大的倾斜角反射到试样表面，如果试样是个理想的抛光面，它仍以极大的倾斜角向反方向反射，因此反射光不可能进入物镜，所以在物镜里只能见到漆黑的一片，这就是"暗视场"名称的由来。

暗视场观察夹杂物的特征是金相识别夹杂物的一个重要方法，它可以确定夹杂物的透明度、本来色彩及在明视场下难以发现的细小夹杂物。

任何夹杂物都具有固定的色彩。在暗视场下，如果夹杂物是透明的，而且带有固有色彩，则光线由杂物折射到金属基体与夹杂物的交界处，被反射后再经夹杂物射至目镜，由于在暗视场下，试样表面没有反射光射入物镜，因此能够准确地观察到夹杂物的固有色彩。必须强调的是：物镜的鉴别率越高，放大倍数越大时，夹杂物的颜色越清楚，色彩也就越真实。

在明视场下由于金属抛光面反射光的混淆，使其无法判断夹杂物的透明度。在暗视场下，无金属表面反射光混淆现象存在，因此可以观察夹杂物的透明度。夹杂物一般分为透明、半透明、不透明三种。例如透明无色的球状 SiO_2、透明的含硅量较高的硅酸铁；半透明的绿宝石色的方锰石（MnO）、透明亮黄色的 Al_2O_3，不透明的 FeO，FeO 在暗视场下不透明，但物相的周围有亮边，这时由于光照射到金属与夹杂物交界处以后，一部分光由交界处反射出来的缘故。

3. 偏振光照明

偏振光照明方法主要判断夹杂物为光学各向同性物质还是各向异性物质，观察夹杂物的本来色彩。

由于夹杂物的晶体结构不同，其光学性质也有所不同。在不同的方向上它们有不同的光学性质，这是许多结晶物质的一个特点，这种物质被称为光学各向异性物质。金属晶体的各向异性现象与原子分布的特性有关。结晶成立方晶系的夹杂物，基本上是各向同性的，而非立方晶系的夹杂物则具有明显的光学各向异性性质。夹杂物的这一光学性质是识别夹杂物的重要标志之一，而这种性质只有在偏振光下才能测定。

以上的照明方法是应用普通光，普通光在光传播方向的任意方向上振动，如灯光、阳光都是自然光。偏振光仅在垂直光传播方向的平面上一个固定方向发生振动，其振动是有规律的。在显微镜中有两个偏振片，一块叫起偏镜，作用是把普通光转变为偏振光，自然光经偏振片后就变成了偏振光，它只有一个和光传播方向垂直的振动方向；另一块叫检偏镜，作用是检验光是否为偏振光。当普通光通过起偏镜变为偏振光，此偏振光照射到检偏镜上，当检偏镜与起偏镜平行时，就能从检偏镜的另一侧看到有光通过，这时光线最亮，随着检偏镜转动亮度逐渐减弱，当检偏镜与起偏镜垂直时（称偏振光正交），此偏振光就不能通过检偏镜，在目镜中就看不到光。因此当把检偏镜转动360°时，就会看到有4次消光。

当光通过起偏镜照射到试样表面并反射回来，此反射光是否还是偏振光呢？这就要用检偏镜来检验。实验时先把偏振片调到偏振光正交位置，这时偏振光不能通过检偏镜进入目镜，从目镜中看到的是一片黑暗。但如果试样表面上的夹杂物是透明的，偏振光透过夹杂物并从夹杂物与金属基体交界面处反射回来，则偏振光就发生了变化，也就是改变了偏振光正交的位置，就有一部分偏振光通过检偏镜进入目镜，所以就可以看到那些透明的夹杂物（包括试样上的划痕、水迹、透明的脏物等）、不透明的夹杂物由于偏振光在它与金属基体交界处反射回来后也发生了变化，也就是改变了偏振光正交的位置，就有一部分偏振光通过检偏镜进入目镜，因此也能隐约地看到。

当偏振光从试样的夹杂物表面反射回来后，如果夹杂物是光学各向同性物质，那么反射光仍为偏振光，没变化，那么转动试样（载物台）360°时夹杂物的亮度就没有变化。如果夹杂物是光学各向异性物质，转动试样（载物台）360°时夹杂物有明亮变化，产生消光现象。因此可以通过用偏振光照明来判断夹杂物是各向同性物质还是各向异性物质。

三、实验试样与调制

该实验使用4XB型、4XB、JXP等3种类型金相显微镜。

钢中非金属夹杂试样的采取与调制包括：

（1）铁水包采样：样勺舀取→浇铸到清洁的模具中。

（2）钢锭取样：采样点要有代表性，乙炔切割→刨床（刨去火焰切割影响区）。

（3）钢坯采样：钢坯→切头去尾→前、中、后分别取样（剪切或试样大小没有严格规定，供参考的尺寸为：圆棒形：$\phi = 12 \sim 20mm$，高15mm；方形：边长$10 \sim 2mm$，高15mm；长方形：宽$10 \sim 12mm$，长$15 \sim 20mm$，高15mm）。

四、实验步骤

金相实验一般是人工研磨，通过粗磨、细磨和抛光等工序完成。

（1）粗磨。将试样在砂轮机上磨制，磨去试样的棱角、尖角、飞边等。磨制时用力要均匀且不宜过大，并随时浸入水中冷却，以避免受热引起组织变化。该实验粗磨用水砂纸。

（2）细磨。消除粗磨时留下的痕迹，磨制时将 2 号或 3 号金相砂纸置于玻璃板上，均匀用力向前研磨，回程时提起试样，以保证磨面平整而不产生弧度。直到将上道工序产生的划痕磨去方可更换 5 号砂纸，每磨一道工序，将研磨方向转 90°（即与上一道磨痕垂直）。

（3）抛光。根据抛光机使用操作守则，将细磨留下的划痕用抛光机抛成镜面，洗净擦干，试纸吸水，进行金相检验。

（4）金相检验。根据金相显微镜使用操作守则检验实验样品，方法如《钢中非金属夹杂物含量的测定方法》（GB/T 10561—2005），最后确定夹杂物类型与等级。

五、注意事项

（1）使用抛光机要熟读"抛光机使用操作手册"，且在老师指导下使用。
（2）遇到薄片试样检验要用镶样机。

六、数据记录与处理

（1）记录检验所用国家标准、试样钢种和样品编号。
（2）对试样中的非金属夹杂物进行评级并描绘出夹杂物的特征，见表 3-14。

表 3-14　钢中常见夹杂物的特征

夹杂名称	化学符号	分布	形状	可磨性	可塑性	反光能力	光学性质		
							明视场	暗视场	偏振光
氧化硅	SiO_2	无秩序	球形	良好	不变形		深灰色的球，中心有亮点及反光环圈	透明、无色	弱的各向异性
氧化铝	Al_2O_3	成群分布，变形后呈碎屑状	大多数情况呈细小形状，少数呈不规则的粗晶粒	不好，易磨掉	不变形	低	在深灰色中带有紫色	透明，发亮的黄色	透明，弱各向异性
氧化锰	MnO	成群分布	观察到的不规则形状	良好	稍变形	低	深灰色，有时内部具有明显的绿宝石色彩	在薄层中透明，本色为绿宝石色	各向同性，在薄层中为绿色
氧化压铁与氧化压锰的固溶体	$FeO \cdot MnO$	多数情况下呈碎屑及成球群分布	含 MnO 低时呈球状，多时呈不规则形状	良好	不变形	低	随 MnO 含量不同，颜色由灰变到紫，在夹杂物中心带有红色	透明度随 MnO 含量增大，本色为血红并带有各种颜色	各向同性，红色并带有各种颜色

续表 3-14

夹杂名称	化学符号	分布	形状	可磨性	可塑性	反光能力	光学性质 明视场	光学性质 暗视场	光学性质 偏振光
铁硅酸盐-铁橄榄石	$2FeO \cdot SiO_2$	任意	呈玻璃状	良好	稍变形	低	深灰，球体中的环圈反光，中心有亮点	透明，淡黄到褐色	各向异性，透明
硫化铁	FeS	在晶粒内任意分布，沿晶界则成网状	球状或共晶状	良好	易变形		淡黄，长期暴露氧气下则变褐色	不透明，沿晶界有亮线	黄色，各向异性，不透明
硫化锰	MnS	任意	长方形结晶体	良好	易变形		浅蓝灰色	透明，灰色	透明，各向同性
铁、锰硫化物（固溶体）	$Fe \cdot MnS$	在晶粒内任意分布或沿晶界分布	球状或共晶	良好	易变形			随Mn、S含量由灰蓝到淡黄	各向同性，不透明
氮化钛	TiN	单个的或成群分布或呈小链状	正方形、长方形	不好	不变	高	颜色由淡黄到玫瑰色	不透明	各向同性，不透明
氧化铬	Cr_2O_3	无规律	呈六面体或不规则形状颗粒，表面粗糙不平整	不好	不变形	低	暗灰并带有紫色	透明，在薄层中呈绿色	各向异性，薄层中呈绿色
氧化钒	VO	单个或成群	规则结晶体	不好	不变形	很高	白色带粉红玫瑰色	不透明	各向同性，不透明

七、思考题

（1）金相法检验的优缺点有哪些？

（2）鉴定钢中非金属夹杂物除用金相法外还有哪些方法？

实验 44　钢铁材料中碳硫元素测定实验

一、实验目的

（1）通过实验进一步加深和理解碳和硫含量对钢铁性能的影响。

(2) 掌握碳硫分析仪的使用方法与原理。
(3) 掌握钢铁中碳与硫含量分析的原理与方法。

二、实验原理

(一) 钢铁中碳、硫元素分析的重要性

碳和硫是确定钢铁产品规格和质量的两种重要元素。

碳在钢中的含量、存在形态及所形成碳化物的形态、分布对钢铁材料的性能起着极为重要的作用。碳的含量决定钢的品级，一般碳含量高于1.7%以上的称铸铁，低于1.7%的称钢。通常把碳含量高于0.60%的钢称高碳钢，碳含量在0.25%~0.60%之间的钢称中碳钢，碳含量小于0.25%的钢称低碳钢，碳含量小于0.04%的称工业纯铁。碳对钢铁的性能起着重要的作用：随着碳含量增加，钢的硬度和强度提高，其韧性和塑性下降；反之，碳含量减少，则硬度和强度下降，而韧性和塑性增加。碳在钢中大部分以化合状态存在，如Fe_3C、Cr_4C、Mn_3C、WC等，总称为化合碳。在铁中大部分呈铁的固溶体存在，如无定形碳、退火碳、结晶碳或石墨碳，总称为游离碳。化合碳和游离碳含量的总和称为含碳量，在成分分析中通常测定总碳量。

硫是钢中的有害元素之一。钢铁中的硫主要来源于冶炼原料，它主要以硫化物状态存在于钢铁中，如FeS、MnS等。硫存在于钢铁中，会恶化钢铁的质量，降低其力学性能及耐蚀性、可焊性。特别是钢中的硫，若以FeS的状态存在时，由于它的熔点低（1000℃左右），会引起钢的"热脆"现象，即热变形，高温时工作产生裂纹，影响产品的质量和使用寿命。因此，钢中的硫含量越低越好。一般的普通钢种要求硫的含量不大于0.05%；优质钢种要求硫的含量为0.02%~0.03%；特殊钢种或机械加工零件的钢种要求硫的含量不大于0.1%。

鉴于碳硫含量对钢铁质量和性能的重要作用，因此检测钢铁中的碳和硫含量，即碳和硫的分析具有重要意义。

(二) 碳硫成分分析原理

该实验采用燃烧法测定样品中的碳和硫含量。样品在高温和纯氧气氛下燃烧，碳转化为二氧化碳和一氧化碳，硫元素转化为二氧化硫。发生的化学反应为：

$$C + O_2 = CO_2 \tag{3-51}$$

$$CO_2 + C = 2CO \tag{3-52}$$

$$2CO + O_2 = 2CO_2 \tag{3-53}$$

$$4Fe_3C + 13O_2 = 6Fe_2O_3 + 4CO_2 \tag{3-54}$$

$$Mn_3C + 3O_2 = Mn_3O_4 + CO_2 \tag{3-55}$$

$$Cr_4C + 4O_2 = 2Cr_2O_3 + CO_2 \tag{3-56}$$

$$4MnS + 7O_2 = 2Mn_2O_3 + 4SO_2 \tag{3-57}$$

$$3MnS + 5O_2 = Mn_3O_4 + 3SO_2 \tag{3-58}$$

$$4FeS + 7O_2 = 2Fe_2O_3 + 4SO_2 \tag{3-59}$$

生成的CO、CO_2和SO_2气体从产品中逸出，实现碳硫元素与金属元素及其化合物的分离，然后进一步将CO氧化为CO_2，测定CO_2和SO_2的含量，再换算出试样中的碳和硫的

含量。目前炉前快速分析 CO_2 和 SO_2 含量的方法是红外碳硫分析，利用气体对红外线的选择性吸收这一原理来实现的。

按照量子力学的理论，偶极分子本身正负电荷中心不重合，发生振动和转动时，就吸收红外光的能量。因此，像 CO、SO_2 等分子是不对称的偶极分子，会吸收红外光。CO_2 是一个对称型的分子，不是偶极分子，但在振动时，其分子产生瞬时偶极，因此也要吸收红外光。而对于对称的双原子气体分子如 N_2、O_2、H_2、Cl_2 等，单原子的惰性气体如 He、Ar，其本身不吸收红外线辐射，因此红外线吸收光谱法不能分析 N_2、H_2 和 O_2。换言之，红外吸收法测定 CO_2 和 SO_2 时，N_2、O_2、H_2 不干扰测定。但水分子偶极距很大，有强烈的吸收，所以一定要消除 H_2O 的干扰。对红外光的吸收，均有特定的波长。其中 CO_2 有两个特征吸收波长：$4.26\mu m$ 和 $14.99\mu m$，一般选择 $4.26\mu m$；SO_2 的特征吸收波长为 $7.35\mu m$。

CO_2 和 SO_2 吸收红外线的规律同样服从光的吸收定律，即朗伯-比尔定律：

$$T = I/I_0 \tag{3-60}$$

$$\lg(I/I_0) = KCL$$

式中，T 为透射比；I_0 为入射光强度；I 为透射光强度；K 为吸收系数；C 为气体浓度；L 为气体光径长度。

红外光通过红外线吸收池后，由于 CO_2 和 SO_2 对红外线的吸收，使能量减少，其减少的程度与 CO_2 或 SO_2 的浓度有关。因此测量红外检测器输出值的变化，也即测量了碳或硫的含量。

CS-2000 型红外碳硫分析仪是一台同时配有电阻炉和高频感应炉的碳硫分析仪，2.2kW 的高频感应炉加热温度最高可达 2000℃，电阻炉加热温度最高 1550℃，1℃可调。CS-2000 型红外碳硫分析仪既适用于无机样品的分析（如钢铁、铸铁、难熔金属、陶瓷），也适用于有机样品的分析（如煤、碳、油）。有机样品（如煤、碳、木头）通常具有较高的碳含量（60%~100%）和可燃性，在温度达到 1300℃（或更低）的时候，样品中的碳和硫元素就会完全被释放出来，推荐使用电阻炉碳硫分析仪检测。然而，无机样品具有相对较低的碳含量（10^{-6}~10^{-2}），并且一般情况下不能燃烧。样品中的碳硫元素只有在 2000℃以上才可以完全释放，可选择高频感应炉碳硫分析仪。

三、实验装置和试剂

本次测定钢铁样品中碳硫含量的设备是德国 Eltra（埃尔特）公司生产的 CS-2000 型碳硫分析仪，其工作流程如图 3-17 所示。氧气由高压瓶减压后经稀土氧化铜净化装置净化后，通过碱石棉和 $MgClO_4$ 除去可能有的 CO_2 和 H_2O，经玻璃棉过滤器进入系统，不合格的净化气经三通阀排放。清洗气流不经炉子，由清洗电磁阀控制直接到测量系统进行清洗。由氧气阀控制的分析气流进入感应炉，带出样品所氧化生成的 CO、CO_2、SO_2、H_2O 等气体经炉外部金属过滤网过滤去尘埃，经 $MgClO_4$ 除去水和玻璃棉过滤器净化后，进入 SO_2 红外检测器测定硫；然后经镀铂硅胶催化剂管，SO_2 转化为 SO_3，CO 转化为 CO_2，再经 SO_3 吸收管除去 SO_3，剩下的 CO_2 由 CO_2 红外检测器测定碳量。由氧气阀控制的另一路气流通过样杯，清洗炉内的渣屑和尘埃，经集尘器而排放。

试剂和辅材：粉状分析样品、钨助溶剂、测量坩埚、样品勺等。

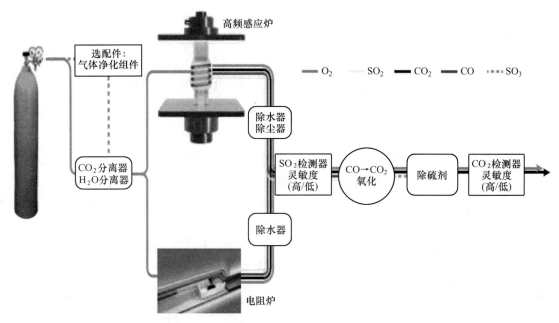

图 3-17　CS-2000 型碳硫分析仪工作流程

四、实验步骤

（1）将 O_2 和 N_2 气瓶阀门打开，气压固定；

（2）将 CS-2000 型碳硫分析仪主电源开关打开；

（3）将高频炉上调节档开关开至 2 档，稳定 10~15min，后调整至 3 档；

（4）将电脑打开，启动电脑桌面 "Uni" 软件；

（5）在分析天平上称取所用坩埚的质量后归零处理；

（6）将约 1.5g 钨助燃剂加入坩埚内，随后归零处理；

（7）将约 0.5g 试样加入坩埚，在软件上点击 "F4 Balance" 记录样品质量后，按天平上的归零按钮归零处理；

（8）将坩埚及试样仪器放置在设备的样品柱上；

（9）点击 "Uni" 软件上 "F5" 开始进行分析；

（10）60s 左右软件上自动显示碳和硫的分析结果，将结果记录在实验报告上；

（11）重复分析两个样品，即按照步骤（5）~（10）操作，获得铁水脱硫实验前后的样品成分分析结果；

（12）实验结束，将软件退出，电脑关闭，依次关闭设备上调节档开关、O_2 和 N_2 气体阀门及电源总开关。

五、数据记录与处理

（1）对铁水脱硫前后样品所测得的碳硫含量和误差进行分析。

（2）计算样品的脱碳率和脱硫率。

六、思考题

分析实验结果误差产生的原因。

实验45　钢中典型有害气体元素测定实验

一、实验目的

（1）通过实验，掌握先进氧、氮、氢分析设备的基本操作。
（2）熟悉降低钢中有害气体含量的工艺措施。

二、实验原理

钢中气体含量对钢质量有非常重要的影响，典型的气体主要有氧、氮和氢。其中氧主要以夹杂物的形式存在于钢中，因此，分析全氧量就是分析钢中非金属夹杂物的总量。通过对冶炼各个环节氧、氮、氢含量的变化，可以判断冶炼过程中的吸气量和钢液二次氧化的程度。冶金产品中的氧、氮、氢分析多采用熔融法，其分析原理是将加工好的金属试样通过脉冲加热瞬间熔化，熔化过程中试样内的非金属夹杂物中的氧与盛放试样的石墨坩埚中的碳发生氧化反应生成CO，试样中的氮则以氮气的形式提取出来。碳和氧形成的CO和氮气由惰性气体带走。气体经过过滤处理后，进入装有催化剂（氧化铜）的反应室，在催化剂的作用下将CO气体全部转化为CO_2气体，然后将这部分气体送入红外线检测池。CO_2在混合气体中的含量可以用红外线吸收法测定，通过传感器可以间接检测出钢中氧含量，将检测信号传送到处理器。剩余的气体通过碱石棉和无水高氯酸镁除去其中的CO_2，送入热导池中，利用氮气和氦气的导热率不同，对氮气进行检测，同样也将检测信号传到处理器。整个检测过程中，将采集到的信号经过模数信号进行转换后，传入计算机，分别分析出钢中的氧、氮含量值。为了获得数据的相对准确，需要在实验前对标准试样进行校验，使仪器精度调整在标准试样的值域，从而提供可靠的数据。

三、实验装置

该实验采用的装置是德国ELTRA公司ONH2000氧氮氢分析仪（见图3-18）。氧氮氢分析仪主要由计算机、分析仪、电子天平组成，其中分析仪是由脉冲炉、冷却水系统、气路系统和检测池几大系统组成，可以通过计算机进行操作。

四、实验步骤

（1）实验分析试样的加工处理。将试样切割成与标样大小相一致，采用机械抛光处理试样，去除表面锈迹，采用酒精浸泡去除试样表面残存的油迹。

（2）实验之前，将ELTRAONH2000氧氮氢分析仪调到"1档"，保证分析仪的气体通道、冷却水通道开启；仪器背面红外线指示灯均匀闪烁时，则表明分析仪已经稳定可以进行实验，此时，将档位开关调整到"2档"。同时，必须保证脉冲炉为关闭状态，防止载气泄漏。

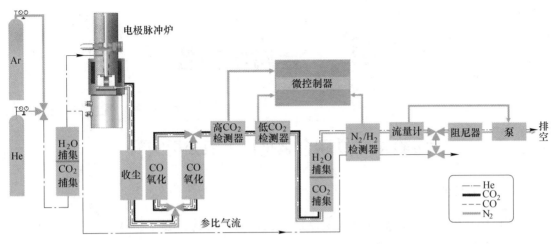

图 3-18　氧氮氢分析仪工作示意图

（3）采用标准试样对仪器进行校准，比较仪器的分析值与标样的给定值，保证两者之间的一致性。标样的校准过程首先通过对计算机中的控制软件进行操作，按"F2"，开启脉冲炉，在脉冲炉中安装好石墨坩埚后，关闭脉冲炉；按"F4"，采用电子天平对试样进行称量，将称量的值输入计算机中；按"F3"，在计算机中输入试样的标号编号；称量标样后，按"F5"分析开始，将其从脉冲炉顶端的投样孔中投入脉冲炉，通过软件操作开始进行分析，分析开始后由计算机自动进行，达到终点时结果由计算机自动给出。分析结束后按"F2"开启脉冲炉，从中取出已使用过的坩埚。

（4）校准完成后进行一般试样的分析，其操作步骤与标样的分析过程相同，同时记录数据。

（5）实验结束后分别关闭冷却水系统、载气系统和计算机系统，将分析仪的档位开关调到"1档"待机状态，若仪器长期不用，则将分析仪的档位开关调到"0档"关机状态。

五、数据记录与处理

对样品所测得的氧、氮、氢含量和误差进行分析。

六、思考题

分析实验结果误差产生的原因。

4 金属学实验

实验46 铁碳合金平衡组织分析实验

一、实验目的

（1）用金相显微镜观察研究铁碳合金（包括白口铸铁）在平衡状态下的组织特征，并建立组织与铁碳状态图间的关系。

（2）分析成分（含碳量）对铁碳合金显微组织的影响，加深铁碳合金成分、组织与性能之间的相互关系。

二、实验原理

铁碳合金的显微组织是研究和分析钢铁材料的基础。所谓平衡状态的显微组织是指合金在极其缓慢的冷却条件下（如退火状态）所得到的组织。我们可根据 Fe-Fe$_3$C 相图（见图 4-1）来分析铁碳合金在平衡状态的显微组织。Fe-Fe$_3$C 相图是研究碳钢组织，确定其加工工艺的重要依据。铁碳合金的平衡组织主要是指碳钢及白口铸铁的组织，其中碳钢

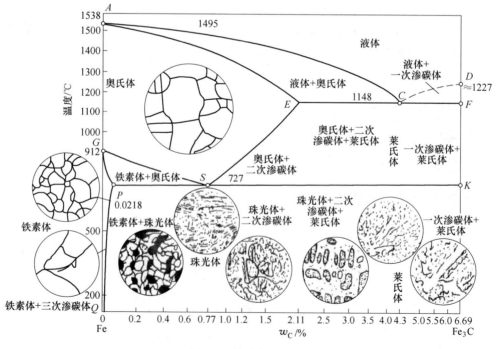

图 4-1 铁碳合金相图

是工业上广泛使用的金属材料，它们的性能与其显微组织密切相关。另外碳钢和白口铸铁显微组织的观察和分析，有助于加深对 Fe-Fe$_3$C 相图的理解。

从 Fe-Fe$_3$C 相图可以看出，碳钢和白口铸铁的室温显微组织由铁素体（F）和渗碳体（Fe$_3$C）这两个基本相所组成。但是由于含碳量不同，铁素体和渗碳体的相对数量、析出条件以及分布情况不同，因而呈现不同的组织形态，具体见表 4-1。

表 4-1　碳钢和白口铸铁显微组织观察和分析表

类别		含碳量/%	显微组织	浸蚀剂
工业纯铁		<0.02	铁素体（F）	4%硝酸酒精溶液
碳钢	亚共析钢	0.02<w_C<0.77	铁素体+珠光体	4%硝酸酒精溶液
	共析钢	0.77	珠光体（P）	4%硝酸酒精溶液
	过共析钢	0.77<w_C<2.03	珠光体+二次渗碳体（网状）	4%硝酸酒精溶液
白口铸铁	亚共晶白口铸铁	2.03<w_C<4.30	珠光体+二次渗碳体+莱氏体	4%硝酸酒精溶液
	共晶白口铸铁	4.30	莱氏体	4%硝酸酒精溶液
	过共晶白口铸铁	4.30<w_C<6.67	一次渗碳体+莱氏体	4%硝酸酒精溶液

铁素体（F）是碳在 α-Fe 中的固溶体。铁素体为体心立方晶格，具有磁性及良好的塑性，硬度较低。用 4%的硝酸酒精溶液浸蚀后，在显微镜下呈明亮的等轴状的晶粒；在纯铁和亚共析钢中呈多边形块状分布，当含碳量接近共析成分时，铁素体呈现不连续的网状分布于珠光体周围。

渗碳体（Fe$_3$C）是铁与碳形成的一种化合物，含碳量为 6.67%，硬度高而脆，耐蚀性强，用 4%的硝酸酒精溶液侵蚀后呈白亮色，若用苦味酸钠溶液侵蚀，则渗碳体会被染成暗黑色或棕红色，而铁素体仍为白色，可由此区分铁素体和渗碳体。按成分和形成条件不同，渗碳体可呈不同形态：一次渗碳体（初生相）是直接从液态中析出的，所以在过共晶白口铸铁中呈粗大的条片状；二次渗碳体（次生相）是从奥氏体中析出的，往往呈网络状沿高温下的奥氏体晶界分布，在室温下的过共析钢中沿珠光体呈网络状分布；三次渗碳体是由铁素体中析出的，通常呈不连续的片状存在于铁素体晶界处，数量极微，一般可忽略不计。

珠光体是铁素体和渗碳体的机械混合物，在一般退火处理情况下是由铁素体与渗碳体交错排列的层片状混合组织。经硝酸酒精侵蚀后，在高的放大倍数下能较清晰地看到平行相间的组织，相对较宽的为铁素体，细条的为渗碳体，当放大倍数较低时，珠光体的片层则不能分辩清，而呈黑色。

各类组织组成物的力学性能见表 4-2。

表 4-2　各类组织组成物的力学性能

组成物	性能				
	硬度 HB	抗拉强度 σ_b/MN·m^{-2}	断面收缩率 ψ/%	相对延伸率 δ/%	冲击韧性 α_K /J·cm^{-2}
铁素体	60~90	120~230	60~75	40~50	160
片状珠光体	190~230	860~900	10~15	9~12	24~32
渗碳体	750~820	30~35	—	—	≈0

莱氏体（Ld'）是在室温下由珠光体、渗碳体及二次渗碳体组成的机械混合物。含碳量为4.3%的共晶白口铸铁在1147℃时形成由奥氏体和渗碳体组成的共晶体，其中奥氏体冷却时析出二次渗碳体，并在723℃以下时分解为珠光体。莱氏体的显微组织特征是在白色的渗碳体的基底上分布着黑色斑点及细条的珠光体。二次渗碳体和共晶渗碳体混在一起，从形态上难以区分。

根据组织特点及含碳量不同，铁碳合金可分为工业纯铁、钢和铸铁三大类。

（一）工业纯铁

纯铁在室温下具有单相铁素体组织。含碳量小于0.02%的铁碳合金一般称为工业纯铁，当其冷却到 PQ 线以下时，将沿铁素体晶界析出少量三次渗碳体，室温下为铁素体和少量三次渗碳体组成。黑色网络线条是铁素体的晶界，白色不规则块状是铁素体，在某些晶界处有不连续的薄片状的三次渗碳，如图4-2所示。

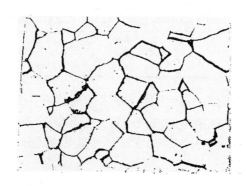

图 4-2 工业纯铁显微组织

（二）碳钢

1. 亚共析钢

含碳量大于0.02%而小于0.77%为亚共析钢，其组织由铁素体和珠光体组成。随着含碳量的增加，铁素体的数量逐渐减少，而珠光体数量逐渐增加，两者的相对量可由杠杆定理求得。例如：

含碳量为0.45%的钢（45号钢）珠光体的相对量为：$P = 0.45 \div 0.8 \times 100\% = 56\%$。

铁素体的相对量：$F = (0.8 - 0.45) \div 0.8 \times 100\% = 44\%$。

另外，由于铁素体和珠光体密度相近，若忽略铁素体中所含的微量碳（约为0.008%），也可以通过在显微镜下观察珠光体和铁素体各自所占视场面积的百分数，近似的计算出钢的含碳量，即 $C \approx P \times 0.8\%$（其中，P 为珠光体占视场面积的百分数）。例如，在显微镜下观察珠光体所占视场面积的百分数为50%，则该钢的含碳量 $C \approx 50\% \times 0.8\% \approx 0.4\%$，相当于40号钢。

不同亚共析钢退火后的显微组织如图4-3所示。

2. 共析钢

含碳量为0.77%的碳钢称为共析钢，其组织为共析转变得到的珠光体组成，即由铁素体与渗碳体交错排列的层片状混合组织。由杠杆定理可以求得铁素体和渗碳体的质量比

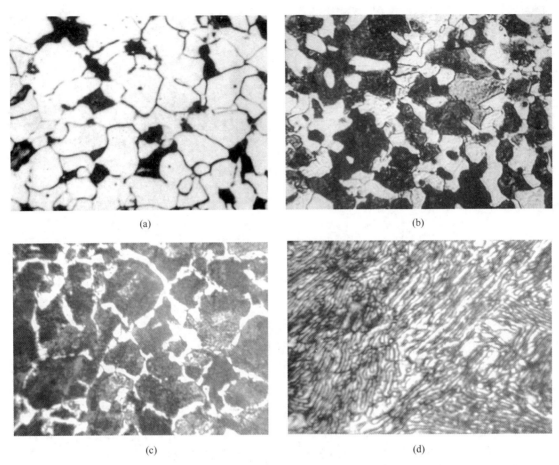

图 4-3 不同亚共析钢退火后的显微组织
(a) 20 号钢；(b) 45 号钢；(c) 60 号钢；(d) T8 钢

为 7.9∶1，因此铁素体厚，渗碳体薄。由于铁素体比渗碳体的电极电位低，用硝酸酒精腐蚀后，铁素体成为阳极被溶解，渗碳体成为凸出相，由于两相对光的反射能力相近，因此在明视场下二者均是明亮的，只有相界呈暗灰色。当放大倍数较高时，上述情况才能看清，倍数较低时，渗碳体两侧相界无法分辨而呈黑色条状，当倍数更低时，则渗碳体片无法分辨，珠光体组织呈暗黑色一片。

3. 过共析钢

含碳量超过 0.77% 而小于 2.06% 的钢称为过共析钢，它在室温下的组织由先共析二次渗碳体（网络状）和珠光体（片层状）组成。当钢中含碳量越多网状的二次渗碳体也越多，网络略有加宽，这种组织有时较难与接近共析成分的亚共析钢的区别。经硝酸酒精侵蚀后珠光体呈暗黑色，而二次渗碳体呈白色网络状，若用碱性苦味酸钠溶液侵蚀，二次渗碳体会被染成暗黑色而铁素体仍保持白色，因此用这两种腐蚀剂可以将接近共析成分的过共析钢和亚共析钢区分开。不同过共析钢侵蚀后的显微组织如图 4-4 所示。

(a)　　　　　　　　　　　　　　　　　(b)

图 4-4　不同过共析钢侵蚀后的显微组织

(a) T12 钢，退火，4%硝酸酒精溶液侵蚀；(b) T12 钢，退火，苦味酸钠溶液侵蚀

(三) 白口铸铁

1. 共晶白口铸铁

共晶白口铸铁的含碳量为 4.30%，在室温下共晶白口铸铁的组织由单一的莱氏体组成，它是共晶转变的产物。莱氏体在刚形成时由细小的奥氏体与渗碳体两相混合物组成，继续冷却时，奥氏体将不断析出二次渗碳体，这部分渗碳体与原莱氏体中的渗碳体混在一起无法分辨，冷却至 727℃，剩余的奥氏体通过共析转变而成珠光体。因此室温下看到的莱氏体组织是由珠光体和渗碳体组成的。经硝酸酒精侵蚀后在显微镜下黑色斑点及细条状的珠光体分布在白亮色的渗碳体的基体上的组织就是莱氏体。虽然共晶白口铸铁凝固后还要经历一系列的固态转变，但是它的显微组织仍具有典型的共晶体特征。

2. 亚共晶白口铸铁

含碳量大于 2.06%小于 4.30%的白口铸铁称为亚共晶白口铸铁。在室温下亚共晶白口铸铁的组织为珠光体、二次渗碳体和莱氏体。经硝酸酒精侵蚀后珠光体呈暗黑的树枝状组织。莱氏体的显微组织特征是在白色的渗碳体的基底分布着黑色斑点及细条的珠光体，二次渗碳体和共晶渗碳体混在一起，从形态上难以区分。

3. 过共晶白口铸铁

含碳量大于 4.30%的白口铸铁称为过共晶白口铸铁。在室温下过共晶白口铸铁的组织由一次渗碳体和莱氏体组成。经硝酸酒精侵蚀后在显微镜下为黑色斑点和细条状的莱氏体的基体上分布着亮白色粗大条片状的一次渗碳体。

白口铸铁的显微组织如图 4-5 所示。

三、实验步骤

(1) 观察工业纯铁、20 号钢、45 号钢、60 号钢、T8 钢、T12 钢及亚共晶、共晶、过共晶白口铸铁的显微组织，分析并仔细辨认组织组成物。

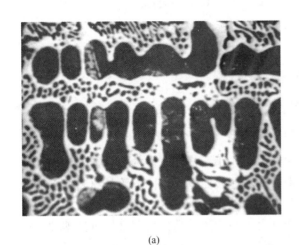
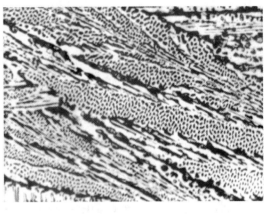

(a)   (b)

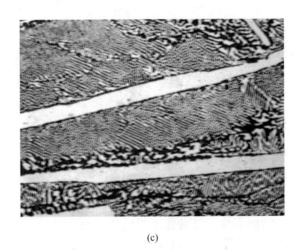

(c)

图 4-5 白口铸铁的显微组织
(a) 亚共晶白口铸铁；(b) 共晶白口铸铁；(c) 过共晶白口铸铁

（2）观察随含碳量的增加，铁碳合金的组织变化特征。

四、数据记录与处理

分别绘出 45 号钢、T8 钢、T12 钢、亚共晶白口铸铁、共晶白口铸铁、过共晶白口铸铁的显微组织示意图。用引线标注出各组织组成物的名称，并在每个图的下面标明材料、状态、组织、放大倍数和侵蚀剂。

五、思考题

根据组织随含碳量变化的特征，分析组织及性能的关系。

实验 47　硬度测定实验一　布氏硬度

一、实验目的

(1) 了解硬度测定的基本原理及适应范围。
(2) 了解布氏硬度实验机的主要结构及操作方法。

二、实验原理

金属的硬度可以认为是金属材料表面在接触应力作用下抵抗塑性的一种能力，硬度测量能够给出金属材料软硬程度的数量概念。由于在金属表面以下不同的深处材料所承受的应力和所发生的变形程度不同，因而硬度值可以综合地反映压痕附近局部体积内金属的弹性、微量塑变抗力、塑变强化能力及大量形变抗力。硬度值越高，表明金属抵抗塑性变形能力越大，塑料产生塑性变形就越困难。另外，硬度与其他力学性能（如强度指标 σ_b 及塑性指标 ψ 和 δ）之间有着一定的内在联系，因此从某种意义上说硬度的大小对于机械零件或工具的使用性能及寿命具有决定性意义。

硬度的试验方法很多，在机械工业中广泛采用压入法来测定硬度，压入法又可分为布氏硬度、洛氏硬度、维氏硬度等。压入法硬度试验的主要特点是：

(1) 试验时应力状态最软（即最大切应力远远大于最大正应力），因而不论是塑性材料还是脆性材料均能发生塑性变形；

(2) 金属的硬度与强度指标之间存在的近似关系见式（4-1）。

$$\sigma_b = K \cdot HB \tag{4-1}$$

式中，σ_b 为材料的抗拉强度；HB 为布氏硬度值；K 为系数，退火状态的碳钢 $K = 0.34 \sim 0.36$；合金调质钢 $K = 0.33 \sim 0.35$；有色金属合金 $K = 0.33 \sim 0.53$。

(3) 硬度值对材料的耐磨性、疲劳强度等性能也有定性的参考价值，通常硬度值高，这些性能也就好。在机械零件设计图纸上对力学性能的技术要求往往只标注硬度值，其原因就在于此。

(4) 硬度测定后由于仅在金属表面局部体积内产生很小压痕，并不损坏零件，因而适合于成品检验。

(5) 设备简单，操作迅速方便。

布氏硬度试验是施加一定大小的载荷 P，将直径为 D 的钢球压入被测金属表面（见图 4-6）保持一定时间，然后卸除载荷，根据钢球在金属表面所压出的凹痕面积 $F_凹$ 求出平均应力值，以此作为硬度值的计量指标，并用符号 HB 表示，其计算公式如下：

$$HB = P/F_凹 \tag{4-2}$$

式中，HB 为布氏硬度值；P 为载荷，kgf（1kgf=9.8N）；$F_凹$ 为压痕面积。

根据压痕面积和球面之比等于压痕深度和钢球直径之比的几何关系，可知压痕部分的球面积为：

$$F_凹 = \pi D h \tag{4-3}$$

式中，D 为钢球直径，mm；h 为压痕深度，mm。

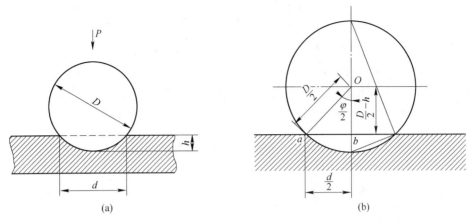

图 4-6 洛氏硬度试验原理
(a) 原理图；(b) h 和 d 的关系

由于测量压痕直径 d 要比测定压痕深度 h 容易。故可将式 (4-2) 中 h 改换成 d，这可根据图中的关系求出：

$$\frac{1}{2}D - h = \sqrt{\left(\frac{D}{2}\right)^2 - \left(\frac{d}{2}\right)^2}$$

$$h = \frac{1}{2}\left(D - \sqrt{D^2 - d^2}\right) \tag{4-4}$$

将式 (4-3) 和式 (4-4) 代入式 (4-2) 即得：

$$HB = \frac{P}{DH} = \frac{2P}{D(D - \sqrt{D^2 - d^2})} \tag{4-5}$$

式中只有 d 是变量，故只需测出压痕直径 d，根据已知 D 和 P 就可计算 HB 值。在实际测量时，可由测出之压痕直径 d 直接查表得到 HB 值。

由于金属材料有硬有软，所测工作有厚有薄，若只采用一种载荷（如 3000kgf，1kgf = 9.80665N）和钢球直径（如 10mm）时，则对硬的金属适合，而对极软的金属就不适合，会发生整个钢球陷入金属中的现象；若对于厚的工作合适，则对于薄件会出现压透的可能，因此在测定不同材料的布氏硬度值时就要求有不同的载荷 P 和钢球直径 D。为了得到统一的、可以相互进行比较的数值，必须使 P 和 D 之间维持某一比值关系，以保证所得到的压痕形状的几何相似关系，其必要条件是使压入角 θ 保持不变。

根据相似原理由图 4-6 (b) 中可知 d 和 θ 的关系是：

$$\frac{D}{2}\sin\frac{\theta}{2} = \frac{d}{2} \tag{4-6}$$

或

$$D\sin\frac{\theta}{2} = d$$

以此代入式 (4-5) 得：

$$HB = \frac{P}{D^2}\left[\frac{2}{\pi\left(1 - \sqrt{1 - \sin^2\frac{\theta}{2}}\right)}\right] \tag{4-7}$$

式（4-7）说明，当 θ 为常数时，为使 HB 值相同，P/D^2 也应保持一定值。因此对同一材料而言，不论采用何种大小的荷载和钢球直径，只要能满足 P/D^2 为常数，所得的 HB 值是一样的。对不同材料来说，所得的 HB 值也是可以进行比较的。按照 GB 231—63 规定：P/D^2 比值有 30、10、2.5 三种，具体试验数据和适用范围见表 4-3。

表 4-3 布氏硬度试验规范

材 料	硬度范围	试样厚度 /mm	P/D^2	钢球直径 D /mm	载荷 P /kgf	载荷保持时间 /s
黑色金属	140~450	6~3 4~2 <2	30	10 5 2.5	3000 750 187.5	10
	<140	>6 6~3 <3	10	10 5 2.5	1000 250 62.5	10
铜合金及镁合金	36~130	>6 6~3 <3	10	10 5 2.5	1000 250 62.5	30
铝合金及轴承合金	8~35	>6 6~3 <3	2.5	10 5 2.5	250 62.5 15.6	60

三、实验仪器、药品及材料

HB-3000 型布氏硬度试验机的外形结构如图 4-7 所示，其主要部件及作用如下：

（1）机体与工作台。硬度机有铸铁机体，在机体前台面上安装了丝杠座，其中装有丝杠，丝杠上装立柱和工作台，可上下移动。

（2）杠杆机构。杠杆系统通过电动机可将载荷自动加在试样上。

（3）压轴部分。用以保证工作时试样与压头中心对准。

（4）减速器部分。带动曲柄及曲柄连杠在电机转动反转时，将载荷加到压轴上或从压轴上卸除。

（5）换向开关系统。是控制电机回转方向的装置，使加、卸载荷自动进行。

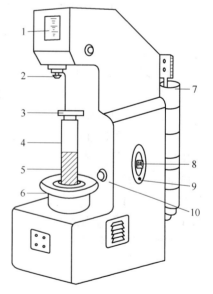

图 4-7 HB-3000 布氏硬度试验机
1—指示灯；2—压头；3—工作台；
4—立柱；5—丝杠；6—手轮；
7—载荷砝码；8—压紧螺丝；9—时间定位器；
10—加载按钮

四、实验步骤

（1）准备工作包括以下步骤：

1）把根据表 4-3 选定的压头擦拭干净，装入主轴衬套中。

2）按表 4-3 选定载荷，加上相应的砝码。

3）安装工作台：当试样高度小于 120mm 时应将立柱安装在升降螺杆上，然后装好工作台进行试验。

4）按表 4-3 确定持续时间，然后将紧压螺钉拧松。把圆盘上的时间定位器（红-色指示点）转到与持续时间相符的位置上。

5）接通电源，打开指示灯，证明通电正常。

（2）操作程序包括以下步骤：

1）将试样放在工作台上，顺时针转动手轮，使压头压向试样表面直至手轮对下面螺母产生相对运动为止。

2）按动加载按钮，启动电动机，即开始加载荷。此时因紧压螺钉已拧松，圆盘并不转动，当红色指示灯闪亮时迅速拧紧紧压螺钉，使圆盘转动，达到所要求的持续时间后，转动即自行停止。

3）逆时针转动手轮降下工作台，取下试样用读数显微镜测出压痕直径 d 值，以此值查表即得布氏硬度 HB 值。

五、注意事项

（1）试样表面必须平整光洁，以使压痕边缘清晰，保证精确测定压痕直径 d。

（2）压痕距离试样边缘应大于 D（钢球直径），两压痕之间距离应不小于 D。

（3）用读数显微镜测量压痕直径 d 时，应从相互垂直的两个方向是进行，取其平均值。

（4）为了表明试验条件，可在 HB 值后标注 $D/P/T$，如 HB10/3000/10，即表示此硬度值是在 $D=10$mm，$P=3000$kgf，$T=10$s 的条件下得到的。

六、数据记录与处理

测定 45 号钢正火试样的布氏硬度值 HB 并填入表 4-4。

表 4-4　45 号钢布氏硬度

45 号钢钢片厚 5mm	钢球直径 D/mm	载荷 P/kgf	持续时间 T/s	$\dfrac{P}{D^2}$
凹痕直径 d				
HB 值				

七、思考题

简述布氏硬度试验原理。

实验 48　硬度测定实验二　洛氏硬度

一、实验目的

（1）了解硬度测定的基本原理及适应范围。
（2）了解洛氏硬度实验机的主要结构及操作方法。

二、实验原理

洛氏硬度同布氏硬度一样也属压入硬度法，但它不是测定压痕面积，而是根据压痕深度来确定硬度值指标。

洛氏硬度测试所用压头有两种：一种是顶角为 120°的金刚石圆锥，另一种是直角为 1/16″（1.588mm）或 1/8″（3.176mm）的淬火钢球。根据金属材料软硬程度不一，可选用不同的压头和载荷配合使用，最常用的是 HRA、HRB 和 HRC。这三种洛氏硬度的压头、负荷及使用范围见表 4-5。

表 4-5　洛氏硬度试验规范

符号	压头	负荷 P /kgf	硬度 HB 值有效范围	使 用 范 围
HRA	120° 金刚石圆锥	60	>140	适用测量硬质合金、表面淬火层、渗碳层
HRB	1/16″钢球	100	25~100（HB60~230）	适用测量有色金属、退火及正火钢
HRC	120° 金刚石圆锥	150	20~67（HB230~700）	适用测量调质钢、淬火钢

洛氏硬度测定时，需要先后两次施加载荷（预载荷和主载荷），预加载荷的目的是使试样表面接触良好，以保证测量结果准确。图 4-8 中 0—0 位置为未加载荷时的压头位置，1—1 位置为加上 10kgf 预加载荷后的位置，此时压头深度为 h_1，2—2 位置为加上主载荷后的位置，此时压入深度 h_2，h_2 包括由加载所引起的弹性变形和塑性变形，卸除主载荷后由于弹性变形恢复而稍提高到 3—3 位置，此时压头的实际压入深度为 h_3。洛氏硬度就是以主载荷所引起的残余压入深度（$h=h_3-h_1$）来表示。但这样直接以压入深度的大小来表示硬度，将会出现硬的金属硬度值小，而软的金属硬度值大的现象，这与布氏硬度所表示大小的概念相矛盾。为了与习惯上数值

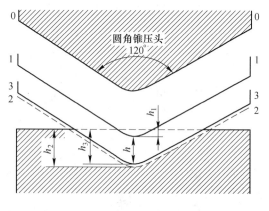

图 4-8　洛氏硬度试验原理

越大硬度越高的概念相一致，采用一常数（K）减去残余压入深度（h_3-h_1）的差值表示硬度值。为简便起见又规定每 0.002mm 压入深度作为一个硬度单位（即刻度盘上一小格）。

洛氏硬度值的计算公式如下：

$$HR = \frac{K - (h_3 - h_1)}{0.002} \tag{4-8}$$

式中，h_1 为预加载荷压入试样的深度，mm；h_3 为卸除主载荷后压入试样的深度，mm；K 为常数，采用金刚石圆锥时 $K=0.2$（用于 HRA、HRC），采用钢球时 $K=0.26$（用于 HRB）。

因此，式（4-8）可改为：

$$HRC(或 HRA) = 100 - \frac{h_3 - h_1}{0.002}$$

$$HRB = 130 - \frac{h_3 - h_1}{0.002}$$

三、实验设备

H-150 型杠杆式洛氏硬度试验机（见图 4-9）的主要部分及作用如下：

（1）机体及工作台：试验机有坚固的铸铁机体，在机体前面安装有不同形状的工作台，通过手轮的转动，借助螺杆的上下移动而使工作台上升和下降。

（2）加载机构：由加载杠杆（横杆）及挂重架（纵杆）等组成，通过杠杆系统将载荷传至压头而压入试样。

（3）千分表指示盘：通过刻度盘指示各种不同的硬度值。

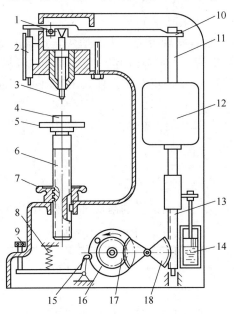

图 4-9 H-150 型杠杆式洛氏硬度试验机的结构

1—支点；2—指示器；3—压头；4—试样；5—试样台；6—螺杆；7—手轮；8—弹簧；
9—按钮；10—杠杆；11—纵杆；12—重锤；13—齿杆；14—油压缓冲器；15—插销；
16—转盘；17—小齿轮；18—扇齿轮

四、实验步骤

(1) 阅读并弄清布氏和洛氏硬度试验机的结构及注意事项。

(2) 根据被测金属材料的硬度高低,按表 4-5 选定压头和载荷,并装入试验机。

(3) 试样处理要求:表面平整光洁,不得有氧化皮或油污及明显的加工痕迹。试样厚度应不小于压入深度的 10 倍。

(4) 将符合要求的试样放置在试样台上,顺时针转动手轮,使试样与压头缓慢接触,直至表盘小指针指到 "0" 为止,此时即预加载荷 10kgf(1kgf = 9.80665N)。然后将表盘大指针调整至零点(零点为 0)。此时压头位置即为图 4-8 中的 1—1 位置。两相邻压痕及压痕离试样边缘的距离均不应小于 3mm。

(5) 平稳地加上主载荷,加载时力的作用线必须垂直于试样表面。当表盘中大指针反向旋转摇柄若干格并停止时,持续 3~4s(此时压头位置为图 4-8 中的 2—2 位置)。再顺时针旋转摇柄,直至自锁为止,即卸除主载荷。此时大指针退回若干格,这说明弹性变形得到恢复,指针所指位置反映了压痕的实际深度(此时压头位置相当于图 4-8 中的 3—3 位置)。由表盘上可直接读出洛氏硬度值,HRA、HBC 读外围圈黑刻度,HRB 读内圈红刻度。

(6) 逆时针旋转手轮,取出试样,测试完毕。

五、注意事项

(1) 试样两端要平行,表面应平整,若有油污或氧化皮,可用砂纸打磨,以免影响测试。

(2) 圆柱形试样应放在带有 "V" 形槽的工作台是操作,以防试样滚动。

(3) 加载时应细心操作,以免损坏压头。

(4) 加预载荷(10kgf)时若发现阻力太大,应停止加载,立即报告,检查原因。

(5) 测完硬度值,卸掉载荷后,必须使压头完全离开试样后在取下试样。

(6) 金刚石压头系贵重物件,质硬而脆,使用时要小心谨慎,严禁与试样或其他物件硬撞。

(7) 应根据硬度试验机使用范围,按规定合理选用不同的载荷和压头,超过使用范围将不能获得正确的硬度值。

六、数据记录与处理

测定 45 号钢和 T12 钢正火、淬火试样的洛氏硬度值 HRC,并填入表 4-6 中。

表 4-6 试样的洛氏硬度

试样材料	热处理	压 头	载荷/kgf	硬度值 HRC
45 号钢	正火			
45 号钢	淬火			
T12 钢	正火			
T12 钢	淬火			

七、思考题

简述洛氏硬度试验原理。

实验 49 硬度测定实验三 显微硬度

一、实验目的

（1）了解硬度测定的基本原理及适应范围。
（2）了解并掌握显微硬度的原理及测定方法。

二、实验原理及内容

（一）实验原理

"硬度"在应用技术上的意思是一种材料受着另一种受力更硬的物体压力所呈现的阻力大小，即材料的表面层抵抗小尺寸的物体所传递的压力而不变形的能力。最常见的显微硬度有维氏和克氏两种。显微硬度实验原理（见图 4-10）与维氏硬度实验原理相同，也是以夹角为 136°的四棱角锥压入试样用压痕单位所受的力来确定显微硬度值，以 HV 表示。

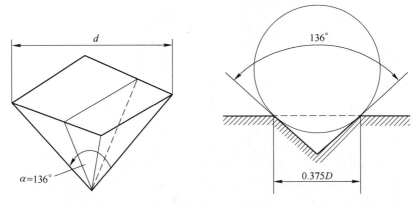

图 4-10 显微硬度测试原理

显微硬度计通过光学放大，测出在一定负荷下由金刚石角锥体压头压入被测物后所残留的压痕的对角线长度，然后求出被测物的硬度，计算的公式如下：

$$\text{HV} = P/F \tag{4-9}$$

$$\text{HV} = 2P\sin(\alpha/2)/d^2 = 1.854P/d^2 \tag{4-10}$$

式中，HV 为维氏硬度值，g/μm；P 为荷重，g；d 为压痕对角线长度，μm。

（二）实验内容

在实际应用中，只要用显微测微尺测出对角线长度 d，根据所用载荷，在规定的标准负荷下的 HV-d 关系表格中即可查出 HV 值。

为什么压头要采用四棱锥呢？这是因为采用四棱锥后，负荷改变后压痕的几何形状不变。实验时,可根据材料的硬度更换负荷的大小。

为什么压头要采用四棱锥夹角为 136°呢?因为这样可使显微硬度的凹痕与布氏硬度凹痕面积相等。一般布氏硬度测量时,其压痕直径多处在钢球直径的 $0.25D \sim 0.5D$ 之间。当压痕直径与显微硬度的凹痕对角线 d 都等于 $0.375D$,可以证明显微硬度的凹痕与布氏硬度凹痕面积相等。一般显微硬度计有 11 种负荷砝码从 $0.5 \sim 200$。当使用的负荷越小,压痕越浅,实用于薄件、薄层及较软的相、组织的硬度测量,但负荷越大测量越准确,因此在可能范围内可选用大负荷。

三、实验仪器

实验仪器如图 4-11 所示。

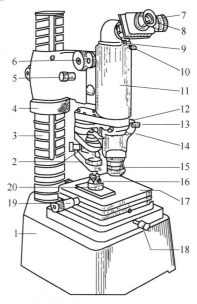

图 4-11 显微硬度计的构造

1—底座;2—加载机构;3—升降螺旋柱;4—升降螺母;5—微调;6—粗调;
7—压痕对角长度测量尺;8—观察及测量目镜,;9—目镜固定螺钉;10—固定螺钉;
11—镜筒;12—照明光源;13—调中螺钉;14—明暗场转换杆;15—物镜;16—136°的金刚石压头;
17—载物台;18—旋转载物台固定螺钉;19—载物台移动记数螺钉;20—被测试样

四、实验步骤

(1) 试样的准备:试样被测量面必须细磨及抛光,被测量的组织必须清晰,试样放置在载物台上应平稳,并置于物镜之下的观察位置。

(2) 载荷选择要根据试样的厚薄、硬度的高低来选择载荷,试样薄、硬度低的载荷要小,试样厚、硬度高的要选择尽量大的载荷。

(3) 试样放置好后,进行粗调及微调进行聚焦,聚焦直至组织清晰为止。

(4) 旋动载物台调节螺钉移动时要选择硬度测定部位。

(5) 移动载物台将试样移到硬度测定位置时应恰好置于金刚石压头下方,然后缓慢而均匀地转动加载手柄,使压头轻轻地压入试样表面。

（6）载荷保持时间 10~15s 后，卸出载荷。再移动载物台，使被测试样再回到显微镜物镜下方，然后测量压痕对角线长度，如压痕中心点不重合，要调至重合后再进行测量。

（7）压痕对角线的测量：转动目镜测微计的十字交叉线使两交线分别与压痕左右两边对齐后，再分别读出各自的读数进行相减，差值即为对角线长度（或是格值），再经查表 4-7~表 4-10（或计算）可得到硬度值。压痕对角线的测量方法如图 4-12 所示。

表 4-7　HX-1 型显微硬度计对角线长度表

螺旋格数	498 倍　1 小格 = 0.000309mm					130 倍　1 小格 = 0.00117mm			
	对角线长度	螺旋格数	对角线长度	螺旋格数	对角线长度	螺旋格数	对角线长度	螺旋格数	对角线长度
10	0.0031	38	0.0117	66	0.0204	0.5	0.00058	14.5	0.0170
11	0.0034	39	0.0120	67	0.0207	1.0	0.00117	15.0	0.0176
12	0.0037	40	0.0124	68	0.0210	1.5	0.00176	15.5	0.0181
13	0.0040	41	0.0127	69	0.023	2.0	0.00234	16.0	0.0187
14	0.0043	42	0.0130	70	0.0216	2.5	0.00293	16.5	0.0193
15	0.0046	43	0.0133	71	0.0219	3.0	0.00351	17.0	0.0199
16	0.0049	44	0.0136	72	0.0222	3.5	0.00410	17.5	0.0205
17	0.0053	45	0.0139	73	0.0225	4.0	0.00468	18.0	0.0211
18	0.0056	46	0.0142	74	0.0229	4.5	0.00527	18.5	0.0216
19	0.0059	47	0.0145	75	0.0232	5.0	0.00585	19.0	0.0222
20	0.0062	48	0.0148	76	0.0235	5.5	0.00644	19.5	0.0228
21	0.0065	49	0.0151	77	0.0238	6.0	0.00702	20.0	0.0234
22	0.0068	50	0.0154	78	0.0241	6.5	0.00761	20.5	0.0240
23	0.0071	51	0.0158	79	0.0244	7.0	0.00819	21.0	0.0246
24	0.0074	52	0.0161	80	0.0247	7.5	0.00878	21.5	0.0252
25	0.0077	53	0.0164	81	0.0250	8.0	0.00936	22.0	0.0257
26	0.008	54	0.0167	82	0.0253	8.5	0.00995	22.5	0.0263
27	0.0083	55	0.0170	83	0.0257	9.0	0.01053	23.0	0.0269
28	0.0087	56	0.0173	84	0.0260	9.5	0.01112	23.5	0.0275
29	0.009	57	0.0176	85	0.0263	10.0	0.0117	24.0	0.0281
30	0.0093	58	0.0179	86	0.0266	10.5	0.0123	24.5	0.0287
31	0.0096	59	0.0182	87	0.0269	11.0	0.0129	25.0	0.0293
32	0.0099	60	0.0185	88	0.0272	11.5	0.0135	25.5	0.0298
33	0.0102	61	0.0188	89	0.0275	12.0	0.0140	26.0	0.0204
34	0.0105	62	0.0192	90	0.0278	12.5	0.0146	26.5	0.0310
35	0.0108	63	0.0195	91	0.0281	13.0	0.0152	27.0	0.0316
36	0.0111	64	0.0198	92	0.0284	13.5	0.0158	27.5	0.0322
37	0.0114	65	0.0201	93	0.0287	14.0	0.0164	28.0	0.0328

续表 4-7

螺旋格数	498 倍　1 小格 = 0.000309mm						130 倍　1 小格 = 0.00117mm			
	对角线长度	螺旋格数	对角线长度	螺旋格数	对角线长度	螺旋格数	对角线长度	螺旋格数	对角线长度
94	0.0290	113	0.0349	132	0.0408	28.5	0.0334	38.0	0.0445
95	0.0294	114	0.0352			29.0	0.0339	38.5	0.0450
96	0.0297	115	0.0355			29.5	0.0345	39.0	0.0456
97	0.0300	116	0.0358			30.0	0.0351	39.5	0.0462
98	0.0303	117	0.0362			30.5	0.0357	40.0	0.0468
99	0.0306	118	0.0365			31.0	0.0363	40.5	0.0474
100	0.0309	119	0.0368			31.5	0.0369	41.0	0.0480
101	0.0312	120	0.0371			32.0	0.0375		
102	0.0315	121	0.0374			32.5	0.0381		
103	0.0318	122	0.0377			33.0	0.0386		
104	0.0321	123	0.0380			33.5	0.0392		
105	0.0324	124	0.0383			34.0	0.0398		
106	0.0328	125	0.0386			34.5	0.0404		
107	0.0331	126	0.0389			35.0	0.0410		
108	0.0334	127	0.0392			35.5	0.0415		
109	0.0337	128	0.0395			36.0	0.0421		
110	0.0340	129	0.0398			36.5	0.0427		
111	0.0343	130	0.0402			37.0	0.0433		
112	0.0346	131	0.0405			37.5	0.0439		

表 4-8　显微硬度表 HV 10g

压痕对角线长度 /mm	0	1	2	3	4	5	6	7	8	9
0.004	1159	1103	1051	1003	958	916	876	840	805	772
0.005	742	713	686	660	636	613	591	571	551	533
0.006	515	498	482	467	453	439	426	413	401	390
0.007	378	368	358	348	339	330	321	313	305	297
0.008	290	283	276	269	263	257	251	245	239	234
0.009	229	224	219	214	210	205	201	197	193	189
0.010	185	182	178	175	171	168	165	162	159	156
0.011	153	151	148	145	143	140	138	136	133	131
0.012	129	127	125	123	121	119	117	115	113	111
0.013	110	108	106	105	103	102	100	98.5	97.4	96.0

续表 4-8

压痕对角线长度/mm	0	1	2	3	4	5	6	7	8	9
0.014	94.6	93.3	92.0	90.7	89.4	88.2	87.0	85.8	84.7	83.5
0.015	82.4	81.3	80.3	79.2	78.2	77.2	76.2	75.2	74.3	73.4
0.016	72.4	71.5	7.07	69.8	69.0	68.1	67.3	66.5	65.7	64.9
0.017	64.2	63.4	62.7	62.0	61.3	60.6	59.9	59.2	58.5	57.9
0.018	57.2	56.6	56.0	55.4	54.8	54.2	53.6	53.0	52.5	51.9
0.019	51.4	50.8	50.3	49.8	49.3	48.8	48.3	47.8	47.3	46.8
0.020	46.4	45.9	45.5	45.0	44.6	44.2	43.7	43.3	42.9	42.5
0.021	42.1	41.7	41.3	40.9	40.5	40.1	39.7	39.4	39.0	38.7
0.022	38.3	38.0	37.6	37.3	37.0	36.6	36.3	36.0	35.7	35.4
0.023	35.1	34.8	34.5	34.2	33.9	33.6	33.3	33.0	32.7	32.5
0.024	32.2	31.9	31.7	31.4	31.2	30.9	30.6	30.4	30.2	29.9
0.025	29.7	29.4	29.2	28.9	28.7	28.5	28.3	28.1	27.9	27.6
0.026	27.4	27.2	27.0	26.8	26.6	26.4	26.2	26.0	25.8	25.6
0.027	25.4	25.3	25.1	24.9	24.7	24.5	24.3	24.2	24.0	23.8
0.028	23.6	23.5	23.3	23.2	23.0	22.8	22.7	22.5	22.4	22.2
0.029	22.1	21.9	21.8	21.6	21.5	21.3	21.2	21.0	2.09	2.07
0.030	20.6	20.5	20.3	20.2	20.1	19.9	19.8	19.7	19.6	19.4
0.031	19.3	19.2	19.1	18.9	18.8	18.7	18.6	18.5	18.3	18.2
0.032	18.1	18.0	17.9	17.8	17.7	17.6	17.4	17.3	17.2	17.1
0.033	17.0	16.9	16.8	16.7	16.6	16.5	16.4	16.3	16.2	16.1
0.034	16.0	15.9	15.9	15.8	15.7	15.6	15.5	15.4	15.3	15.2
0.035	15.1	15.1	15.0	14.9	14.8	14.7	14.6	14.6	14.5	14.4
0.036	14.3	14.2	14.2	14.1	14.0	13.9	13.8	13.8	13.7	13.6
0.037	13.5	13.5	13.4	13.3	13.3	13.2	13.1	13.0	13.0	12.9
0.038	12.8	12.8	12.7	12.6	12.6	12.5	12.5	12.4	12.3	12.3
0.039	12.2	12.1	12.1	12.0	12.0	11.9	11.9	11.8	11.7	11.7
0.040	11.6	11.5	11.5	11.4	11.4	11.3	11.3	11.2	11.1	11.1

注：1. HV 100g=(表中读数)×10。
2. HV 1g=(表中读数)×1/10。

表 4-9 显微硬度表 HV 20g

压痕对角线长度/mm	0	1	2	3	4	5	6	7	8	9
0.005	1483	1426	1371	1320	1272	1060	1182	1141	1102	1065

续表 4-9

压痕对角线长度/mm	0	1	2	3	4	5	6	7	8	9
0.006	1030	996	965	934	905	878	851	826	802	779
0.007	757	736	716	696	677	659	642	626	610	594
0.008	580	565	552	538	526	513	501	490	479	468
0.009	458	448	438	429	420	411	403	394	386	378
0.010	371	363	356	350	343	336	330	324	318	312
0.011	306	301	296	290	285	280	276	271	266	262
0.012	258	253	249	245	241	237	234	232	226	223
0.013	220	216	213	210	206	204	201	198	195	192
0.014	189	186	184	182	179	176	174	172	170	167
0.015	165	163	161	158	156	154	152	151	149	147
0.016	145	143	141	139	137	136	135	133	131	130
0.017	128	127	125	124	123	121	120	118	117	116
0.018	115	113	112	111	110	108	107	106	105	104
0.019	103	102	101	100	98.5	97.5	96.5	95.5	94.6	93.7
0.020	92.7	91.8	90.9	90.0	89.1	88.3	87.4	86.6	85.7	84.9
0.021	84.1	83.3	82.5	81.8	81.0	80.2	79.5	78.8	78.0	77.3
0.022	76.6	75.9	75.3	74.6	73.9	73.3	72.6	72.0	71.3	70.7
0.023	70.1	69.5	68.9	68.3	67.7	67.2	66.6	66.0	65.5	64.9
0.024	64.4	63.9	63.3	62.8	62.3	61.8	61.3	60.8	60.3	59.8
0.025	59.3	58.8	58.4	57.9	57.5	57.1	56.6	56.2	55.7	55.3
0.026	54.9	54.4	54.0	53.6	53.2	52.8	52.4	52.0	51.6	51.3
0.027	50.9	50.5	50.2	49.8	49.4	49.0	48.7	47.3	48.0	47.6
0.028	47.3	47.0	46.6	46.3	46.0	45.7	45.3	45.0	44.7	44.4
0.029	44.1	43.8	43.5	43.2	42.9	42.6	42.3	42.0	41.8	41.5
0.030	41.2	40.9	40.7	40.4	40.1	39.9	39.6	39.4	39.1	38.8
0.031	38.6	38.3	38.1	37.9	37.6	37.4	37.1	36.9	36.7	36.5
0.032	36.2	36.0	35.8	35.6	35.3	35.1	34.9	34.7	34.5	34.3
0.033	34.1	33.9	33.7	33.5	33.3	33.1	32.9	32.7	32.5	32.3
0.034	32.1	31.9	31.7	31.5	31.3	31.2	31.0	30.8	30.6	30.5
0.035	30.3	30.1	30.0	29.8	29.6	29.4	29.3	29.1	28.9	28.8
0.036	28.6	28.5	28.4	28.2	28.0	27.8	27.7	27.5	27.4	27.3
0.037	27.1	26.9	26.8	26.7	26.5	26.4	26.2	26.1	26.0	25.8
0.038	25.7	25.6	25.4	25.3	25.2	25.0	24.9	24.8	24.6	24.5
0.039	24.4	24.3	24.1	24.0	23.9	23.8	23.7	23.5	23.4	23.3
0.040	23.2	23.1	23.0	22.8	22.7	22.6	22.5	22.4	22.3	22.2

续表 4-9

压痕对角线长度/mm	0	1	2	3	4	5	6	7	8	9
0.041	22.1	22.0	21.9	21.8	21.7	21.5	21.4	21.3	21.2	21.1
0.042	21.0	20.9	20.8	20.7	20.6	20.5	20.4	20.3	20.3	20.2
0.043	20.1	20.0	19.9	19.8	19.7	19.6	19.5	19.4	19.3	19.2
0.044	19.1	19.1	19.0	18.9	18.8	18.7	18.7	18.6	18.5	18.4

注：HV 200g＝(表中读数)×10；HV 2g＝(表中读数)×1/10。

表 4-10 显微硬度表 HV 50g

压痕对角线长度/mm	0	1	2	3	4	5	6	7	8	9
0.007	1892	1839	1789	1740	1693	1648	1605	1564	1524	1486
0.008	1449	1413	1379	1346	1314	1283	1253	1225	1199	1171
0.009	1145	1120	1095	1072	1049	1027	1006	985	966	945
0.010	927	908	891	874	857	841	825	810	795	781
0.011	766	752	739	739	726	713	689	677	666	655
0.012	644	633	623	613	603	593	584	575	566	558
0.013	549	540	532	524	516	509	502	494	487	480
0.014	473	466	460	454	447	441	435	429	423	418
0.015	412	407	401	396	391	386	381	376	371	367
0.016	364	358	353	349	345	341	336	332	329	325
0.017	321	317	313	310	306	303	299	296	293	289
0.018	286	283	280	277	274	271	268	265	262	260
0.019	257	254	251	249	246	244	241	239	236	234
0.020	232	229	227	225	223	221	219	216	214	212
0.021	210	208	206	204	203	201	199	197	195	193
0.022	192	190	188	187	185	183	182	180	178	177
0.023	175	174	172	171	169	168	167	165	164	162
0.024	160	159.6	158.3	157	155.7	154.5	153.2	152	150.8	149.5
0.025	148.3	147.2	146	144.9	143.7	142.6	141.5	140.4	139.3	138.2
0.026	137.2	136.1	135.1	134.0	133.0	132.6	131.9	131.1	129.1	128.1
0.027	127.2	126.3	125.4	124.4	123.5	122.6	121.7	120.8	120.0	119.1
0.028	118.3	117.4	116.5	115.8	115.0	114.2	113.4	112.6	111.8	111.0

续表 4-10

压痕对角线长度/mm	0	1	2	3	4	5	6	7	8	9
0.029	110.3	109.5	108.8	108.0	107.3	106.6	105.8	105.1	104.4	103.7
0.030	103.0	102.3	101.6	101.0	100.3	99.7	99.2	98.9	97.8	97.1
0.031	96.5	95.9	95.3	94.6	94.0	93.4	92.9	92.3	91.7	91.1
0.032	90.6	90.0	89.4	88.9	88.3	87.8	87.2	86.7	86.2	85.7
0.033	85.2	84.6	84.1	83.6	83.1	82.6	82.1	81.6	81.2	80.7
0.034	80.2	79.7	79.3	78.8	78.4	77.9	77.5	77.1	76.7	76.2
0.035	75.7	75.3	74.9	74.4	74.0	73.6	73.2	72.8	72.4	72.0
0.036	71.6	71.2	70.8	70.4	70.0	69.6	69.2	68.8	68.5	68.1
0.037	67.7	67.4	67.0	66.6	66.3	66.0	65.6	65.2	64.9	64.6
0.038	64.2	63.9	63.6	63.2	62.9	62.6	62.3	61.9	61.6	61.3
0.039	61.0	61.7	60.3	60.0	59.7	59.4	59.1	58.8	58.5	58.3
0.040	58.0	57.7	57.4	57.1	56.8	56.5	56.3	56.0	55.7	55.4
0.041	55.2	54.9	54.6	54.4	54.1	53.9	53.6	53.3	53.1	52.8
0.042	52.6	52.3	52.1	51.8	51.6	51.3	51.1	50.9	50.6	50.4
0.043	50.2	49.9	49.7	49.5	49.2	49.0	48.8	48.6	48.3	48.1
0.044	47.9	47.7	47.5	47.3	47.0	46.8	46.6	46.4	46.2	46.0
0.045	45.8	45.6	45.4	45.2	45.0	44.8	44.6	44.4	44.2	44.0
0.046	43.8	43.6	43.4	43.2	43.1	42.9	42.7	42.5	42.3	42.2
0.047	42.0	41.8	41.6	41.4	41.3	41.1	41.0	40.8	40.6	40.4
0.048	40.2	40.1	39.9	39.7	39.6	39.4	39.3	39.1	38.9	38.8

注：HV 5g＝(表中读数)×1/10。

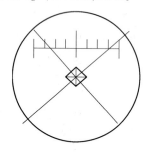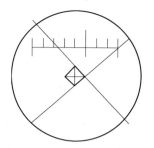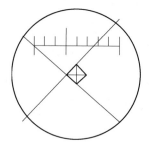

图 4-12 压痕对角线的测量方法

五、注意事项

（1）试样的被测面应安放水平。

(2) 工作台移动时必须缓慢而平稳，不能有冲击，以免试样走动。

(3) 在定压痕位置时切不可旋动工作台的测微螺杆，以免变动压痕原始位置。

(4) 若现场中看到压痕不是正方形，则必须求出两个不等长的对角线的平均值，即为等效正方形的对角线长。

(5) 显微硬度计测试环境应防震、防尘、防腐蚀性气味，室温不超过（20±5）℃，相对湿度不大于65%。

(6) 升降轴应经常上一些锭子油作润滑和防锈之用，仪器不使用时工作台应降到较低位置，以使升降轴免受灰尘等影响。

(7) 试样打出压痕后，压痕不在视场中心，需要进行校正。若压痕左右偏离，只要调节螺钉改变工作台的移动距离就可以了。若压痕前后偏离，则需用专用内六角扳手旋松螺钉再松开螺钉，工作台就会随之转动，使压痕移到视场中心。重合校正的实质就是使工作台的移动导轨与物镜中心、压锥顶尖的连线平行，而移动距离应与此连线相等。

六、数据处记录与处理

测量出20号钢中珠光体及铁素体的显微硬度，具体见表4-11。

表4-11　20号钢显微硬度

材料名称	状态	压头	砝码重	组织	硬度HV
20号钢	退火	136°的金刚石四棱锥	20g	F	
20号钢	退火	136°的金刚石四棱锥	20g	P	

七、思考题

不同的硬度测定方法有何关系？

实验50　金属热处理实验

一、实验目的

(1) 了解钢的基本热处理工艺方法。
(2) 了解热处理基本工艺参数与钢的性能关系。

二、实验原理

（一）淬火

1. 淬火加热温度

亚共析钢是在A_{c3}以上30~50℃；对共析钢和过共析钢是在A_{c1}以上30~50℃，如图4-13所示。

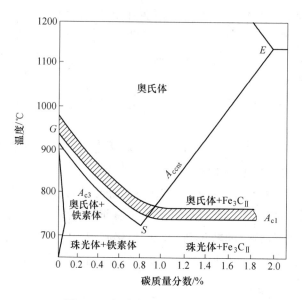

图 4-13　钢在加热时的组织转变

2. 加热时间（包括升温和保温时间）

不同钢种所需加热时间见表 4-12。

表 4-12　不同钢种的加热时间

加热介质	钢种类	加热时间
空气	碳钢	1.1min/mm 工件厚度
空气	合金钢	2min/mm 工件厚度
盐浴		0.3~0.5min/mm 工件厚度

3. 冷却速度

根据 C 曲线（见图 4-14）采用适当的冷却剂和冷却方法，使淬火工件在奥氏体最不稳定的温度范围内（650~550℃）快冷，其冷速超过临界冷却速度；而在马氏体转变温度（300~100℃）以下慢冷。

符合上述原则的理想冷却介质（冷却剂）还没有，但双液淬火和分级淬火是符合上述原则的冷却方法。常用的淬火方法还有单液淬火法、双液淬火、分级淬火等温淬火法等（见图 4-15），在实践中可根据具体情况灵活应用。

常用的淬火介质有清洁的自来水、浓度为 5%~10% 的 NaCl（食盐）水溶液、矿物油（或变压器油）。

（二）回火

回火温度：钢淬火后必须要回火，回火温度决定于最终所要求的组织和性能（工厂中常根据硬度的要求）。按回火加热温度，分为低温、中温及高温回火三类。

（1）低温回火是在 150~250℃ 进行回火，所得组织为回火马氏体，硬度 HRC 为 60。低温回火常用于切削刀具和量具。其主要作用是去除淬火后工件的内应力，韧性有所改善，而硬度并不降低。

(2) 中温回火是在 350~500℃ 进行回火，所得组织为回火屈氏体，硬度 HRC 为 35~45。主要用于各类弹簧热处理。

(3) 高温回火是在 500~650℃ 进行回火，所得组织为回火索氏体，硬度 HRC 为 25~35。用于结构零件的热处理，其综合力学性能较好。淬火加高温回火可称之为调质处理。

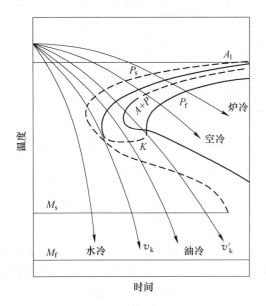

图 4-14 共析钢 C 曲线上估计连续冷却速度的影响

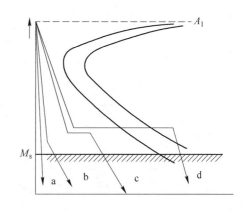

图 4-15 常见的淬火方法曲线
a—单液淬火；b—双液淬火；
c—分级淬火；d—等温淬火

三、实验仪器、药品及材料

(1) 主要设备：箱式电阻炉、洛氏硬度计。
(2) 冷却剂：水和 10 号机油。
(3) 实验试样：20 号钢、45 号钢和 T8 钢。

四、实验步骤

(1) 20 号钢、45 号钢、T8 钢试样按指定工艺进行热处理操作。

(2) 淬火时，试样用钳子夹好（夹试样的圆柱面而不是端面），出炉、入水迅速，并不断在水中或油中搅动，以保冷却。

(3) 热处理后的试样用砂纸磨去两端面氧化皮，然后测定硬度；每个试样测三点，取平均值，并将数据填入表内。

(4) 每个同学必须抄下全班实验数据，以便独立进行分析。

五、注意事项

(1) 在实验中要有序分工，各负其责。
(2) 注意操作安全。

六、数据记录与处理

（1）确定所在小组钢种的各参数，并填入表 4-13 和表 4-14。

表 4-13　实验记录

钢种	淬火			
	有效厚度/mm	加热温度/℃	加热时间/min	冷却介质
20 号钢				
45 号钢				
T8 钢				

表 4-14　实验记录

钢种	淬火阶段			回火阶段		
	加热温度/℃	加热时间/min	冷却介质	加热温度/℃	加热时间/min	冷却介质
20 号钢						
45 号钢						
T8 钢						

（2）统计本次实验各组的硬度值，填入表 4-15，并总结硬度值随回火温度变化的规律，以及钢的淬火硬度随碳含量变化的规律。

表 4-15　硬度值记录

钢种	原始硬度 HRC	淬火硬度 HRC	回火硬度 HRC		
			低温回火	中温回火	高温回火
20 号钢					
45 号钢					
T8 钢					

七、思考题

（1）为什么淬火时要用钳子夹住试样的圆柱面而不能夹端面？

（2）画出所在小组钢种的三条热处理工艺路线图（淬火+低温回火；淬火+中温回火；淬火+高温回火）。

（3）试在 C 曲线上绘制 T8 钢欲得到珠光体、索氏体、屈氏体+残余奥氏体和马氏体+残余奥氏体组织时的连续冷却曲线，并回答连续冷却能否得到上贝氏体和下贝氏体？

5 虚拟仿真实验

实验51 烧 结

一、实验目的

（1）了解钢铁冶金烧结过程的基础知识。
（2）学会钢铁原料烧结物料的配料计算及相关虚拟软件操作。
（3）学会钢铁原料烧结流程各个环节的虚拟软件操作。

二、实验原理

钢铁烧结流程包括配料计算及烧结过程控制等环节。配料矿槽所储存的粉矿、熔剂、焦粉、返矿等烧结原料按照一定的比例，由定量给料机定量排出。按每种比例派出的各种原料，由集料皮带运输机送到一次混合机加水混合，然后送往二次混合机加足水，再次进行混合同时造球。混合造球后的烧结料送混合料槽，当空台车运行到烧结机头部的布料机下面时，经槽下圆辊给料机、九辊布料器铺到烧结机台车上，台车底部为篦条。为了防止篦条间隙漏料和保护篦条不被烧结矿黏结，以及延长篦条使用寿命，在篦条上面铺一层一定粒度的成品烧结矿作为铺底料。布好混合料的台车在轨道上移动，经过点火炉使料层表面燃料点燃，同时下部风箱强制抽风，使烧结过程继续向下进行，通过料层的空气和烧结料中的焦炭燃烧所产生的热量使烧结混合料发生物理化学变化。随着台车沿着烧结机的轨道向排料端移动进行烧结反应，台车到达烧结机尾部时，燃烧层达到料层底部，混合料变成烧结饼，由链轮和导轨进行大倾翻，卸落烧结饼。烧结饼经机尾单辊破碎机破碎后，直接进入冷却机。冷却后的烧结矿经一次、二次成品筛分后，按粒级分成成品矿、铺底料和返矿。成品矿送往高炉，铺底料和返矿则分别送往铺底料槽和返矿槽，循环返回烧结系统。同时，烧结过程中产生的废气，通过下部风箱由排风机送往主排气管，在通过除尘器时进行除尘，然后从烟囱排出。当台车从机尾进入弯道时，烧结矿被卸下来；空台车靠自重或尾部星轮驱动，沿下轨道回到烧结机头部，在头部星轮作用下，空台车被提升到上部轨道，又重新进行布料、点火、烧结、卸矿等工艺环节。

三、实验步骤

（1）首先双击打开总服务，然后双击打开主服务器，最后双击管理程序。
（2）在登录界面中输入烧结普通用户的工号和密码，登录系统。
（3）在宝钢冶金生产仿真实训系统主界面，双击进入炼铁仿真系统界面，选择"烧结生产"模块,进入烧结系统。在弹出的"个人练习"对话框中,选择一条计划,点击"开始"。

在进行烧结系统启动控制之前,先进行系统启动条件的选择和确认。点击"操作菜单"按钮,弹出操作菜单,进行控制方式选择、系统联动选择、主微调阀门操作、速度设定和系统启停控制。先选择控制方式和系统联动选择,然后可以进行系统启停控制。正常生产下,1~5根据点火炉炉压和总负压调整,其他都全开。风箱开度前5个可以设置数值,其他都是三种状态,半开、全开、关闭。1~3关闭(省煤气,少冷风),4,5可以调节,6~23全开(见图5-1)。

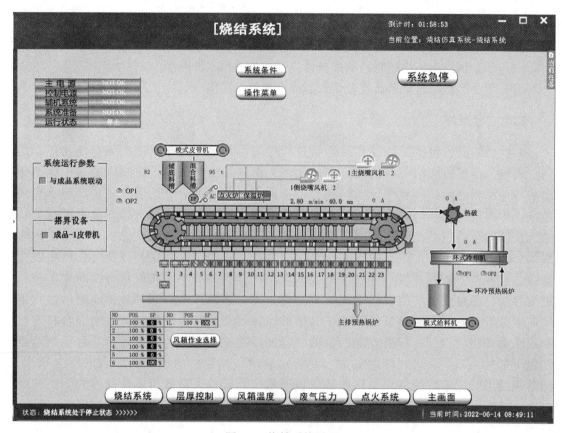

图 5-1　烧结系统界面

(一)烧结系统操作

烧结系统操作菜单如图5-2所示。点击按钮进行控制方式选择、系统联动选择、主微调阀门操作、速度设定和系统启停控制。先选择控制方式和系统联动选择,然后可以进行系统启停控制。当点击联动按钮,按钮红色显示时,可以在输入框中输入数值,同时右侧的烧结机速会变为刚设定的机速,圆辊给料机速度等于以前的速度加上烧结机速度改变量再乘速比。当点击不联动按钮,按钮红色显示时,可以分别设定烧结机速和圆辊给料机速度,两者是独立的互不影响。

实验 51　烧　　结

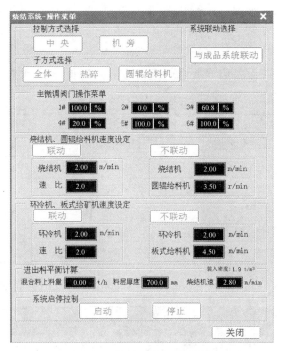

图 5-2　烧结系统操作菜单

子方式的选择见表 5-1 和表 5-2，主要用于倒料。

表 5-1　停止状态子方式的选择

机器名	子　方　式		
	DF	CR	ALL
泥辊	停止	运行	运行
烧结机	运行	运行	运行
热破	运行	运行	运行
冷却机	运行	停止	运行
停止状态做启动操作			

表 5-2　运行状态子方式的选择

机器名	子　方　式		
	DF	CR	ALL
泥辊	停止	停止	停止
烧结机	运行	停止	停止
热破	运行	停止	停止
冷却机	运行	运行	停止
运行状态做停止操作			

注：DF 为圆辊；CR 为热破；ALL 为全体。

（1）停止状态做启动操作。子方式选择后启动，若设备处于停止状态，则启动起来，若设备本处于运行状态，则保持运行状态。

（2）运行状态做停止操作。子方式选择后停止，若设备处于运行状态，则将设备关闭，若设备本处于停止状态，则保持设备状态不变。

根据给定的烧结系统设备启停要求，进行子方式选择然后启停，具体要求见表5-3。

表5-3 设备启停要求

状态	任务要求	子方式选择	操作（启动/停止）
停止状态	烧冷系统正常启动	全体	启动
停止状态	烧结机先布料运行，环冷机后运行	热碎	料到机尾，选择"全体"启动
停止状态	烧结机和环冷机运转，泥辊不转	圆辊给料机	启动
运转状态	成品系统倒料	全体	停止
运转状态	环冷机倒料运行，烧结机不倒料	热碎	停止
运转状态	烧结机倒料，环冷机不倒料	圆辊给料机	烧结机倒料到机尾，选择"全体"停止

层厚控制界面如图5-3所示。此界面用于烧结机速的设定和料层厚度的控制。

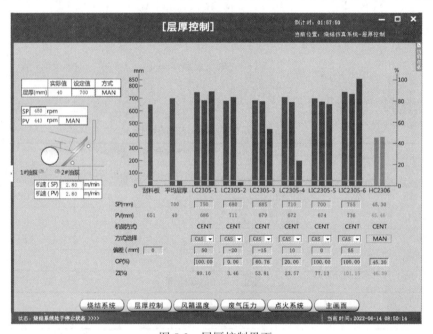

图5-3 层厚控制界面

风箱温度控制界面如图5-4所示。在生产在线控制模块操作时，默认显示南北两侧的异常风箱温度，可以点击"正常数据"按钮，切换到正常的风箱温度，也可以点击"异常数据"按钮，切换回异常温度。根据给定的说明条件，分析并勾选导致此异常风箱温度的原因。

废气压力控制界面如图5-5所示。生产在线控制模块操作时，默认显示异常废气压力，可以点击"正常压力"按钮，切换到正常的废气压力，也可以点击"异常压力"按钮，切换回异常废气压力。根据给定的说明条件，分析并勾选导致此异常风箱温度的原因。

实验 51　烧　　结

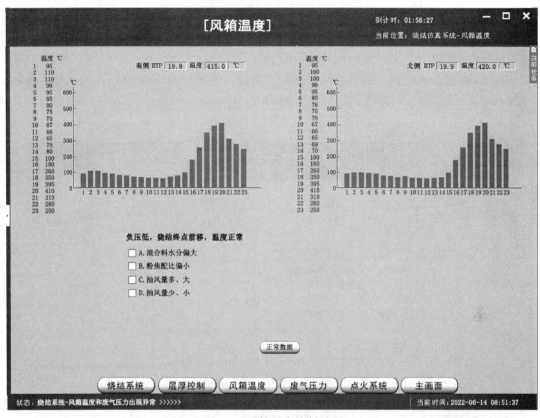

图 5-4　风箱温度控制界面

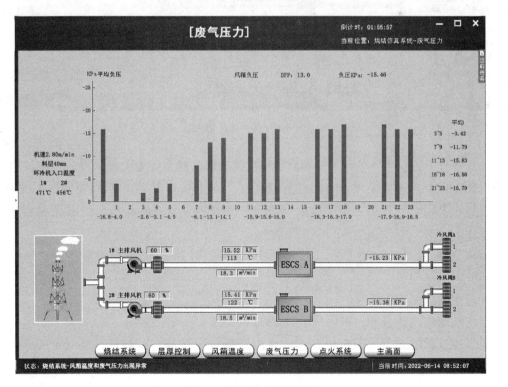

图 5-5　废气压力控制界面

(二) 点火系统

点火系统界面如图 5-6 所示。进行煤气类型和空气类型选择时，根据煤气类型和空气类型，设定点火炉空燃比，输入煤气总管流量。界面显示点火炉强度、煤气发热值、供热量、点火时间和点火温度。不同的煤气和空气类型，考核的点火炉空燃比的范围也不同；不同的煤气类型，对应的煤气发热值也不同。

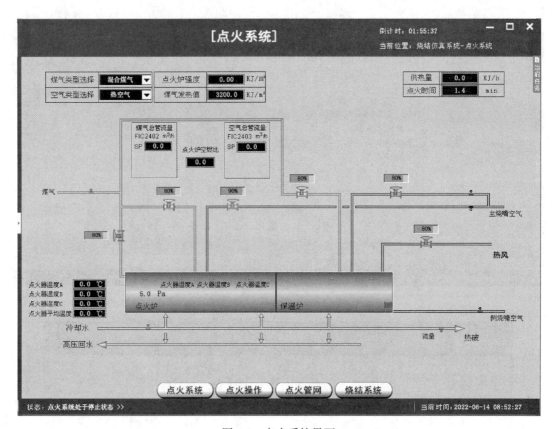

图 5-6 点火系统界面

点火操作界面如图 5-7 所示。界面中红色代表开，绿色代表关闭，点击相应按钮完成对应操作。四个状态当煤气切断阀打开就变红，点击按钮之后"辅助烧嘴点火准备完"变红；点击之后"点火炉主烧嘴点火准备完"变红；点击之后"点火炉主烧嘴点火准备完"变红。

点火管网界面如图 5-8 所示。显示用户启动的阀门状态，红色表示运行，绿色表示停止。

煤气水封如图 5-9 所示。

点击按钮红色代表开，灰色代表关。

煤气爆破试验界面如图 5-10 所示。点击"播放"按钮，开始进行煤气爆破试验，试验合格标准见表 5-4。

实验 51 烧 结

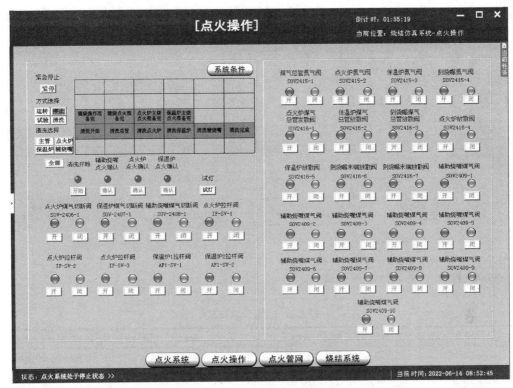

图 5-7 点火操作界面

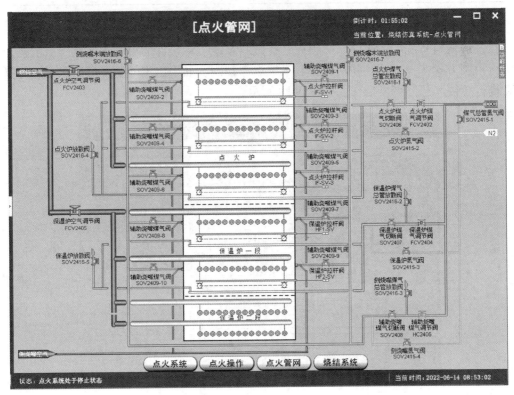

图 5-8 点火管网界面

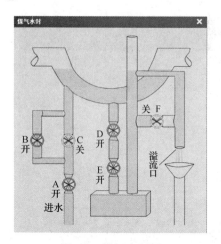

图 5-9 煤气水封图

A—进水总阀；B—进水旁通阀；C—进水主阀；
D——次疏水阀；E—二次疏水阀；F—联通阀

图 5-10 煤气爆发试验界面

表 5-4 试验合格标准

种类	煤气燃烧时间/s	颜色	表现
完全合格	8~125	蓝色	颜色往封上的底部
不合格	时间短	红色或黄色	
不合格		蓝色	没有到底
不合格			有爆鸣声

（三）散料系统

在进行散料系统启动之前，必须先进行散料系统启动条件的启动和确认。点击操作菜单进行控制方式选择、系统联动选择和系统启停控制，如果出现问题，可以点击急停操作按钮进行急停和急停恢复操作。如图 5-11 所示。

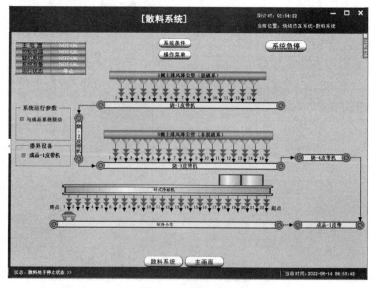

图 5-11 散料系统

散料系统操作菜单如图 5-12 所示。点击按钮进行控制方式选择、系统联动选择和系统启停控制。先选择控制方式和系统联动选择，然后可以进行系统启停控制。

（四）成品系统

（1）在进行成品系统启动之前（见图 5-13），必须先进行成品系统启动条件的选择和确认。

（2）显示各皮带设备的状态。

图 5-12 散料系统操作菜单

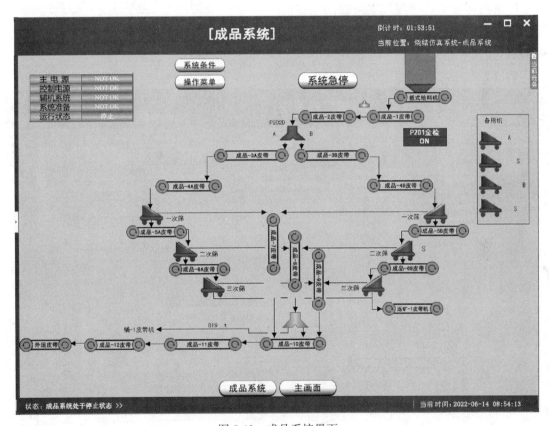

图 5-13 成品系统界面

（3）成品系统中 A 系统时左侧红，B 系统时右侧红；筛子运行时也变颜色。

成品系统操作菜单如图 5-14 所示。点击操作按钮进行控制方式选择、系统联动选择、子方式选择和系统启停控制。先进行控制方式、系统联动、子方式选择，然后可以进行系统启停控制。子方式切换包括 3 种：A 和 B 之间切换不用考虑相应的确认条件，双系统切单系统（A、B 切换到 A 或 B）时，需要降低机速，减少混合机上料量；单系统切到双系统，需要增大机速，增加混合料上料量。现场是直接设置对应的机速和混合料上料量，这里教学使用，让用户知道需要进行相应的操作即可。切换完子方式之后，当点击"启动"按钮的时候，弹出选择对话框，有四个选项（减少机速、增加机速、减少混合料上料量、增加混合料上料量）让用户进行选择。

（五）铺底料系统

铺底料系统显示铺底料各皮带机的运行状态（见图 5-15），在进行铺底料系统启动之前，必须先进行铺底料系统启动条件的选择和确认。

铺底料系统操作菜单如图 5-16 所示。点击"操作菜单"进行控制方式选择、系统联动选择后，进行系统启停控制。若控制方式选为"机旁"，系统启停控制失败。

图 5-14 成品系统操作界面

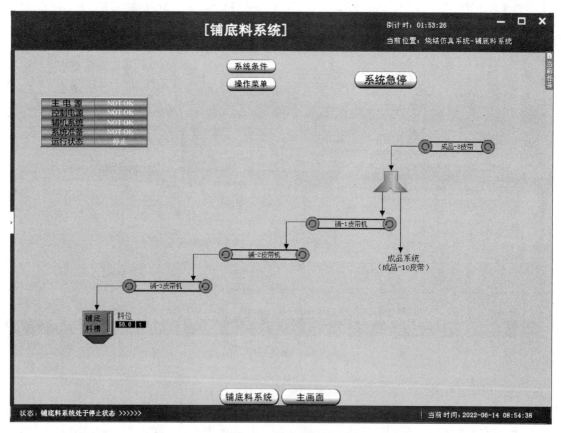

图 5-15 铺底料系统

指令窗口界面如图 5-17 所示。在现场指令列表中选中一条记录，点击"执行"按钮，系统会根据具体指令信息弹出相应对话框或者是对应的指令信息。

烧结工艺流程图（见图5-18）显示整个烧结系统的功能点说明。

加速设定界面如图5-19所示，在设定倍数中选择相应倍数，点击"确定"按钮。

任务内容界面如图5-20所示，如果完成当前任务，点击"完成"按钮，系统自动进入下一个任务。

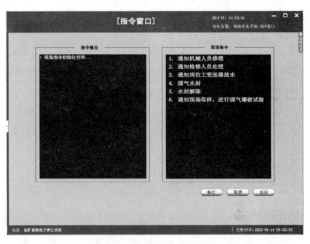

图 5-16　铺底料系统操作菜单　　　　　图 5-17　指令窗口界面

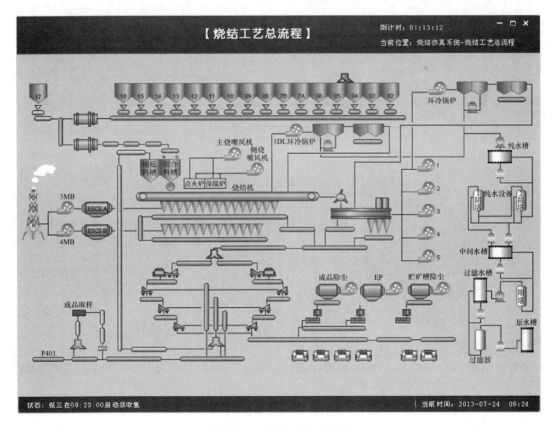

图 5-18　烧结工艺流程图

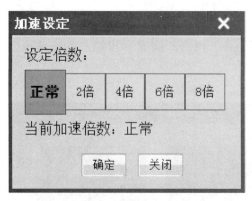

图 5-19 加速设定界面

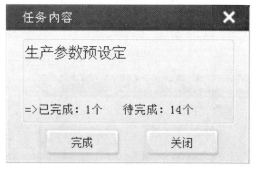

图 5-20 任务内容界面

（六）虚拟界面

虚拟界面如图 5-21 所示。

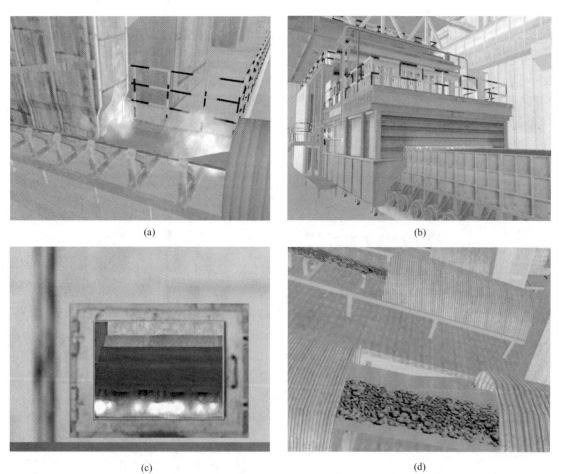

图 5-21 虚拟界面
(a) 二混出口皮带画面；(b) 点火炉画面；(c) 烧结机机尾断面视角画面；(d) 成品皮带视角

四、思考题

烧结在高炉投料中的重要性有哪些？

实验 52　高 炉 炼 铁

一、实验目的

高炉炼铁仿真实训是冶金工程专业学生完成炼铁生产技术理论课程的学习后安排的一个实训教学环节，目的是让学生紧紧围绕高炉炼铁仿真实训任务，进一步综合强化在理论课程中所学习的基础理论、基本知识和基本技能。利用 3D 动画技术仿真了炼铁的完整工艺流程，包括原燃料供料系统、炉顶装料系统、高炉本体系统、送风系统、高炉喷吹煤粉系统完整工艺流程的设备和场景的制作；仿真制作了全工艺流程的自动化二级监控系统和操控硬件设备（仿真现场操作台）；采用虚拟现实技术将生产现场的自动化操控系统进行仿真，通过网络实现与虚拟场景和设备的完全互动；在物理模型、工艺模型驱动下实现了符合真实的炼铁工艺过程训练。

二、实验原理

实验原理图如图 5-22 所示。

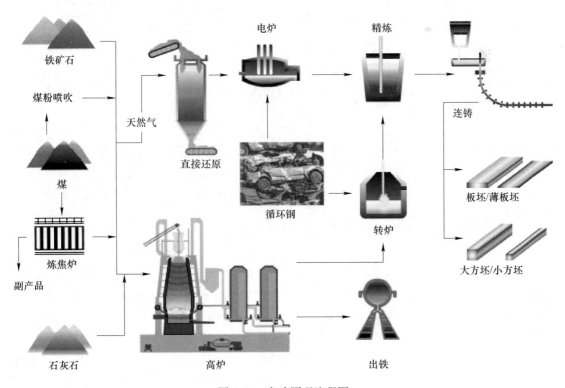

图 5-22　实验原理流程图

三、实验步骤

（一）槽下炉顶操作

步骤为：配料矩阵、料线矩阵、液压站启动、各皮带启动、第一次备焦、第一次备矿、焦槽下上料、第二次备焦、焦炉顶下料、焦炉顶布料、矿槽下上料、第二次备矿、矿炉顶下料、矿炉顶布料、焦槽下二次上料、第三次备焦。

（1）配料矩阵操作。配料矩阵操作主要是设定矿石和焦炭的配料，选手只要根据槽下炉顶计划信息内容，将配料矩阵信息填写正确，填写正确后点确定按钮（见图 5-23）。

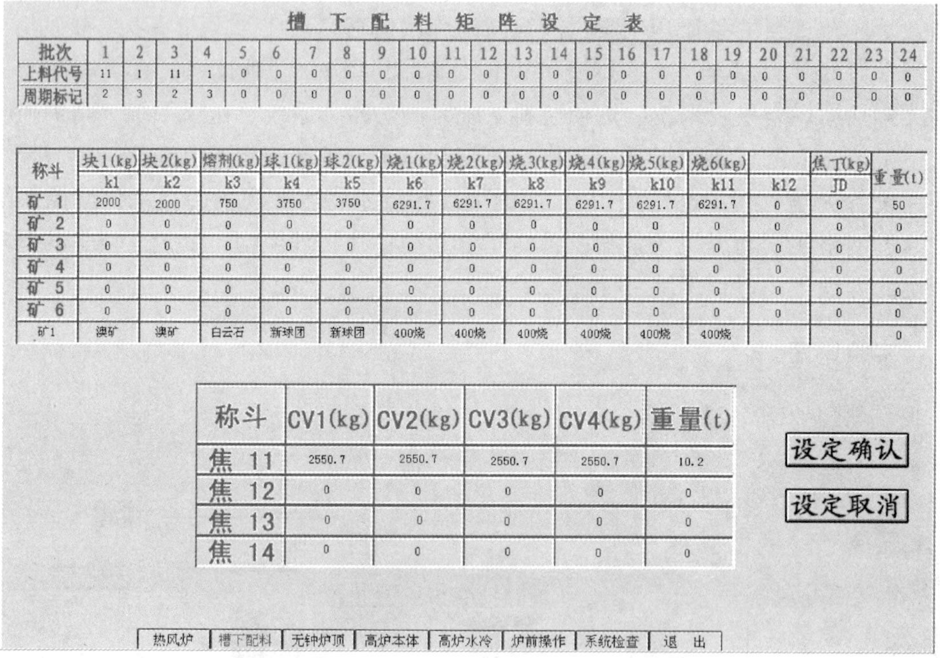

批次	1	2	3	4	5	6	7	8	9	10	11	12	13	14	15	16	17	18	19	20	21	22	23	24
上料代号	11	1	11	1	0	0	0	0	0	0	0	0	0	0	0	0	0	0	0	0	0	0	0	0
周期标记	2	3	2	3	0	0	0	0	0	0	0	0	0	0	0	0	0	0	0	0	0	0	0	0

称斗	块1(kg)	块2(kg)	熔剂(kg)	球1(kg)	球2(kg)	烧1(kg)	烧2(kg)	烧3(kg)	烧4(kg)	烧5(kg)	烧6(kg)		焦丁(kg)	重量(t)
	k1	k2	k3	k4	k5	k6	k7	k8	k9	k10	k11	k12	JD	
矿 1	2000	2000	750	3750	3750	6291.7	6291.7	6291.7	6291.7	6291.7	6291.7	0	0	50
矿 2	0	0	0	0	0	0	0	0	0	0	0	0	0	0
矿 3	0	0	0	0	0	0	0	0	0	0	0	0	0	0
矿 4	0	0	0	0	0	0	0	0	0	0	0	0	0	0
矿 5	0	0	0	0	0	0	0	0	0	0	0	0	0	0
矿 6	0	0	0	0	0	0	0	0	0	0	0	0	0	0
矿1	澳矿	澳矿	白云石	新球团	新球团	400烧	400烧	400烧	400烧	400烧	400烧			0

称斗	CV1(kg)	CV2(kg)	CV3(kg)	CV4(kg)	重量(t)
焦 11	2550.7	2550.7	2550.7	2550.7	10.2
焦 12	0	0	0	0	0
焦 13	0	0	0	0	0
焦 14	0	0	0	0	0

图 5-23　配料矩阵

（2）料线矩阵操作。料线矩阵整个操作过程分设定矿石和焦炭的料线、设定不同料线对应的溜槽倾角、确定布料矩阵中 11 个角位、设定不同角位布料圈数、改变料流阀开度大小五步进行，学生只要根据槽下炉顶计划信息内容，将料线矩阵信息填写正确（见图 5-24）。

（3）液压站启动。配料矩阵和料线矩阵设定完成后，点击“液压站”界面中的“液压系统启动”。

（4）各皮带启动。各皮带的启动指槽下总貌界面中的皮带启动。首先开启主皮带，启动“供矿皮带、返矿皮带、供焦皮带、焦丁皮带”，启动顺序可以颠倒，然后启动“矿焦振动筛”，启动完成后，启动“碎焦皮带”（见图 5-25）。

（5）第一次备焦、备矿操作。备焦操作依次启动“焦炭振动筛”，启动成功 4s 后，启动对应的“给料机”，此时便开始进行备焦操作，备焦完成后，再按相反的顺序，将焦炭给料机停止，焦炭振动筛停止。备矿操作依次启动“矿振动筛”，启动成功 4s 后，启动对应的“给料机”，此时便开始进行备矿操作，备矿完成后，再按相反的顺序，将矿给

实验 52 高炉炼铁

α角设定表

位置 料面深度米	11	10	9	8	7	6	5	4	3	2	1
0~2	42.5	40	37	34	31	42.5	40	37	34	31	14
2~4	0	0	0	0	0	0	0	0	0	0	0
4~6	0	0	0	0	0	0	0	0	0	0	0

布料圈数

位置 品种	11	10	9	8	7	6	5	4	3	2	1	Y
矿石	4	4	3	2	2	0	0	0	0	0	0	32.07
焦炭	0	0	0	0	0	2	2	2	2	2	5	34.02

料线设定表

	左尺设定值	右尺设定值
焦炭	1.5	1.5
矿石	1.5	1.5

α角倾动方向

焦炭	□ 从大到小
矿石	□ 从大到小

热风炉　槽下配料　无钟炉顶　高炉本体　高炉水冷　炉前操作　系统检查　退出

图 5-24　粗线矩阵操作

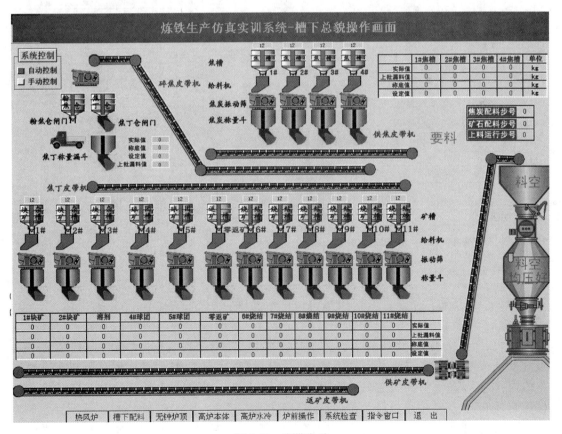

图 5-25　皮带启动

料机停止，矿振动筛停止。

(6) 焦槽下上料操作。启动"1号焦闸门"，等待1号焦炭下料完成后，启动"2号焦闸门"，依次类推，直到将4号焦炭下料完成。

(7) 第二次备焦操作。备焦操作依次启动"焦炭振动筛"，启动成功4s后，启动对应的"给料机"，此时便开始进行备焦操作，备焦完成后，再按相反的顺序，将焦炭给料机停止，焦炭振动筛停止。

(8) 焦炉顶下料操作。打开"均压放散阀"，放散完成后，关闭"均压放散阀"；然后松开"上密阀"，打开"上料闸"，此时料从上料罐下料到下料罐；等待上料罐为空时，关闭"上料闸"；最后压紧"上密阀"（见图5-26）。

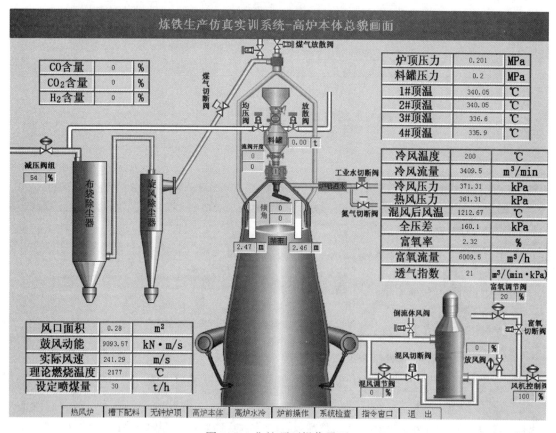

图5-26　焦炉顶下操作界面

(9) 焦炉顶布料操作。焦炉顶布料操作示意图如图5-27所示。1) 提探尺；2) 开"均压阀"，等待炉罐压力达到炉顶压力*0.9后，说明一次均压完成，关闭"均压阀"；3) 开"二次均压阀"，均压好后，关闭"二次均压阀"；4) 打开"布料器控制菜单"，点"开始布料"按钮；5) 松开"下密阀"；6) 打开"下料闸"，此时料从下料罐下料到本体内；7) 等待下料罐为空时，关闭"下料闸"；8) 压紧"下密阀"；9) 打开"布料器控制菜单"，点"停止布料"按钮；10) 放探尺。

(10) 其他说明。1) 矿槽下上料操作同焦槽下上料操作一样；2) 第二次备矿操作同第一次备矿操作一样；3) 矿炉顶下料同焦炉顶下料操作一样；4) 矿炉顶布料同焦炉顶

实验 52 高炉炼铁

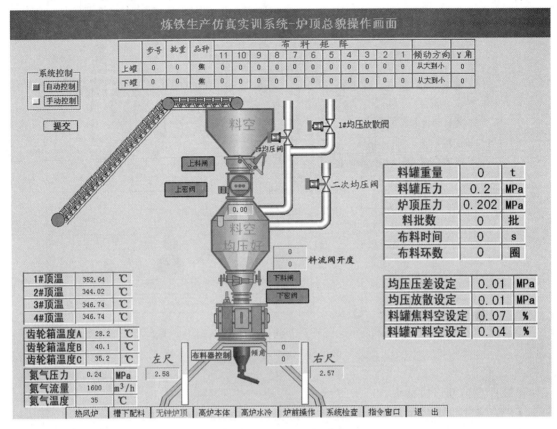

图 5-27 焦炉顶布料操作界面

布料操作一样；5）焦槽下二次上料同焦槽下上料操作一样；6）第三次备焦同第一次备焦一样。

（二）炉前操作

炉前操作示意图如图 5-28 所示，具体包括：

（1）点击电源"开"，打开电源。

（2）点击油泵电机"开"，打开油泵电机。

（3）点击"摆动流嘴"，左倾或右倾，角度达到"-10.0°"。

（4）点击"大臂回转进"，按钮变为绿色，待按钮颜色变黄后，点击图 5-28 左侧操作杆。

（5）点击设备选择中"开口机"，设定当前操作设备为开口机。

（6）点击开口机钻头状态中"顺转"按钮。

（7）点击"开口机小车进"按钮，按钮变为绿色，待按钮颜色变黄后，点击图 5-28 右侧操作杆。

（8）点击开口机钻头状态中"停止"按钮。

（9）点击开口机钻头状态中"逆转"按钮。

（10）点击"开口机小车退"按钮，按钮变为绿色，待按钮颜色变黄后，点击图 5-28 右侧操作杆。

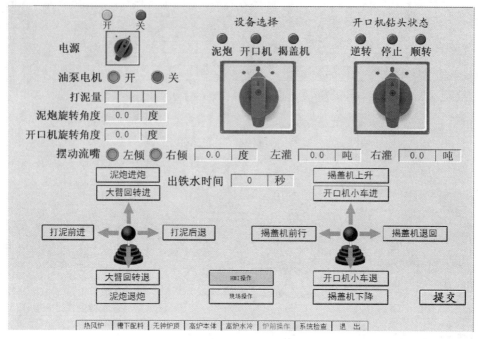

图 5-28　炉前操作界面

（11）点击开口机钻头状态中"停止"按钮。

（12）点击"大臂回转退"按钮，按钮变为绿色，待按钮颜色变黄后，点击图 5-28 左侧操作杆。

（13）点击设备选择中"揭盖机"，设定当前操作设备为揭盖机。

（14）点击"揭盖机上升"按钮，按钮变为绿色，待按钮颜色变黄后，点击图 5-28 左侧操作杆。

（15）点击"揭盖机前行"按钮，按钮变为绿色，待按钮颜色变黄后，点击图 5-28 左侧操作杆。

（16）点击"揭盖机下降"按钮，按钮变为绿色，待按钮颜色变黄后，点击图 5-28 左侧操作杆。

（17）点击设备选择中"泥炮"按钮，设定当前操作设备为泥炮。

（18）点击"打泥后退"按钮，进行装泥操作，按钮变为绿色，待按钮颜色变黄后，点击图 5-28 左侧操作杆。

（19）点击设备选择中"揭盖机"，设定当前操作设备为揭盖机。

（20）点击"揭盖机上升"按钮，按钮变为绿色，待按钮颜色变黄后，点击图 5-28 左侧操作杆。

（21）点击"揭盖机后退"按钮，按钮变为绿色，待按钮颜色变黄后，点击图 5-28 左侧操作杆。

（22）点击"揭盖机下降"按钮，按钮变为绿色，待按钮颜色变黄后，点击图 5-28 左侧操作杆。

（23）点击设备选择中"泥炮"，设定当前操作设备为揭盖机。

（24）出铁时间达到设定时间后，点击"泥炮进炮"按钮，让泥炮到达指定位置，按钮变为绿色，待按钮颜色变黄后，点击图5-28左侧操作杆。

（25）点击"打泥前进"按钮，进行打泥堵铁口，根据"打泥量"显示值，判断是否停止打泥（一般按钮颜色变黄后停止），点击图示左侧操作杆即停止。

（26）点击"泥炮退炮"按钮，按钮变为绿色，待按钮颜色变黄后，点击图示左侧操作杆，完成堵铁口操作。

注：以上操作为HMI操作，各鼠标点击事件对应现场操作控制器的指向操作。

（三）休风操作

休风考核包括以下内容：

（1）以不大于$200m^3/min$的减风速率减风至正常风量的70%，每次减风的同时，减少炉顶压力，并且适当调整富氧流量（减风需要减压，否则不减压不能继续减风）；

（2）当风量减少至小于全风量的70%时，减煤至正常煤量的50%，将减煤点设在$2400\sim2100m^3/min$之间，即只要风量在这之间进行减煤即视为正确，将煤量范围在$(15\pm3)t/h$均视为合适；

（3）继续减风至正常风量的50%（$\leqslant 200m^3/min$），每次减风的同时，减少炉顶压力，并且适量调整富氧流量；

（4）当风量减小至小于正常风量的50%时，全开高压阀组；设定煤量为零，停煤；全关富氧调节阀，停氧；然后关闭富氧切断阀；

（5）点"禁布"按钮，禁布；

（6）继续减风至炉顶压力小于50kPa（$\leqslant 200m^3/min$）；

（7）开放散；切煤气；全关混风调节阀；

（8）全关混风大闸（即混风切断阀）；

（9）继续减风至风量为0（$\leqslant 200m^3/min$）；

（10）提探尺。

（四）复风操作

（1）首先以每分钟$300m^3$的加风速率进行加风，加风到$500m^3/min$（风压约为50kPa，$300\sim600m^3/min$）时检查风口、吹管是否装严。

（2）继续恢复风量，当风量达到$1200m^3/min$时，开煤气切断阀，关煤气放散阀，设定合格目标风量为$1100\sim1300m^3/min$。

（3）继续恢复风量，当风量达到$2000m^3/min$（$1800\sim2100m^3/min$）时，炉顶压力调为$108\sim128kPa$，喷煤量调为正常值的50%，即15t/h（$(15\pm3)t/h$）；富氧流量调为正常值的50%，即$3000m^3/h$。

（4）当风量达到$2300m^3/min$（约为设定风量的70%）时，取消禁布开始布料。设定目标风量为$2200\sim2500m^3/min$，即只要在此范围内均视为合格。

（5）开始布料的同时，调节回风速率为每分钟$50m^3$，富氧流量按公式"富氧流量=风量×富氧率"变化，顶压按公式"顶压=（当前风量/全风量）×全顶压"进行恢复（全风量$3400m^3/min$，全顶压200kPa）。此步需要时间约22min。这个过程中，风量每分钟变50，富氧和顶压随之变动，设定顶压在$\pm 5kPa$，富氧流量在$\pm 90m^3/h$的范围内均是合理的。

（6）当风量达到正常值时，喷煤量设定为30t/min。

（五）悬料操作

（1）准确把握住悬料特征，悬料的特征出现后，30s之内必须进行以下6个操作：

1）减50℃风温，能准确调节热风炉混风阀的阀位使风温降低50℃。

2）点击禁布按钮使禁止打料。

3）降风量至2000m³/min。

4）停氧，富氧流量变为零。

5）减一半喷煤量至15t/h（15t/h±3t/h视为合格）。

6）降顶压至118kPa，在±5kPa范围内波动均视为合格。

（2）以250m³/min风量的速度继续减风量至1750m³/min。

（3）停煤。减风的同时将煤量调为零，此步始于减风开始终于此部分减风结束之前，当风量达到1750m³/min时，全开减压阀组。

（4）减风速率不变继续减风至塌料（设定风量达到1500m³/min时塌料（模拟时塌料对应风量设定为一个随机值））。

（5）减风速率不变继续减风至塌料（此步必须在之前各步结束之后进行，尤其是必须使顶压变为常压；减风速率与之前的减风速率一致（200~250m³/min），保持此速率继续减风直至塌料）。

（6）料塌下后需要马上提探尺。探尺突然下滑表明料塌下，之后做以下操作：1）1min内恢复风量至2000m³/min；2）喷煤量增至一半15t/h；3）恢复顶压，随风量变化至118kPa。炉顶压力同风量和喷煤同步调节，每次调节可以在与风量对应的顶压值上下波动5kPa，另外每次炉顶压力调节开始于喷煤量调节之后，下次风量调节操作之前。

（7）当风量、喷煤和顶压均达到以上要求值之后继续操作。

（8）取消禁布（点禁布按钮）开始打料。按照打料的规律"先深而宽，后细而窄"，规定5~6批把料线赶到正常位置。

（9）在打料的同时继续恢复风量，以不大于50m³/min的速度加风（每打一个料之后加一次风）直至正常风量。此步始于点禁布按钮之后，需要同打料同时进行，结束于风量恢复正常，即3400m³/min。

（10）加风的同时恢复富氧和顶压。富氧流量按公式富氧流量=风量×富氧率变化，顶压按公式顶压=（当前风量/全风量）×全顶压进行恢复（全风量3400m³/min，全顶压200kPa）。即存在表5-5的对应关系。

表5-5 富氧流量和炉顶压力的关系

时间/min	风量/m³·min⁻¹	富氧流量/m³·min⁻¹	炉顶压力/kPa
0	2000	3600	118
1	2050	3690	121
2	2100	3780	124
3	2150	3870	126
4	2200	3960	129

续表 5-5

时间/min	风量/m³·min⁻¹	富氧流量/m³·min⁻¹	炉顶压力/kPa
5	2250	4050	132
6	2300	4140	135
7	2350	4230	138
8	2400	4320	141
9	2450	4410	144
10	2500	4500	147

(六)热风炉操作

热风炉操作界面如图 5-29 所示。

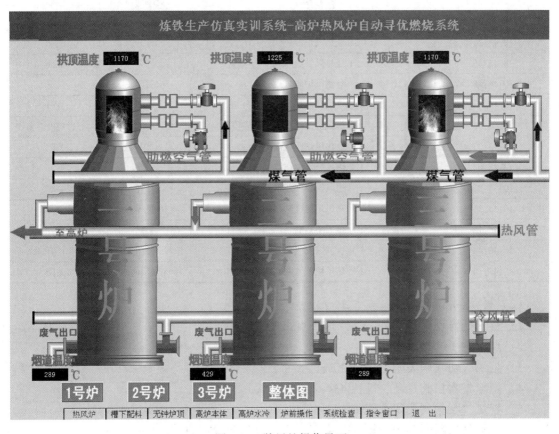

图 5-29 热风炉操作界面

(1)送风到燃烧操作：

1)首先把自动操作调到手动操作，点击手动；

2)点击炉子的燃烧按钮；

3)把热风炉冷风阀关闭，等待 28s；

4)把热风炉热风阀关闭，等待 22s；

5)把热风炉废气阀打开，等待 15s；

6）把热风炉2号烟道阀打开同时也把1号烟道阀打开，等待30s；

7）把热风炉废气阀关闭，同时把煤气燃烧阀打开，然后再把煤气放散阀关闭，等待30s；

8）把氮气吹扫阀打开，等待42s；

9）把空气切断阀打开，等待31s；

10）把煤气切断阀打开，等待30s；

11）把氮气吹扫阀关闭。

执行完这些阀门的操作也就是把炉子当前由送风状态调到了燃烧状态，具体见表5-6。

表5-6 操作记录

信息时间	执行操作	更改前值	更改后值
10:43:20	热风炉系统开始考核		
10:43:28	1号热风炉冷风阀	打开	关闭
10:43:55	1号热风炉热风阀	打开	关闭
10:44:18	1号热风炉废气阀	关闭	打开
10:44:33	1号热风炉2号烟道阀	关闭	打开
10:44:33	1号热风炉1号烟道阀	关闭	打开
10:45:03	1号热风炉废气阀	打开	关闭
10:45:03	1号热风炉煤气燃烧阀	关闭	打开
10:45:03	1号热风阀煤气放散阀	打开	关闭
10:45:31	1号热风炉氮气吹扫阀	关闭	打开
10:46:15	1号热风炉空气切断阀	关闭	打开
10:46:44	1号热风炉煤气切断阀	关闭	打开
10:47:14	1号热风炉氮气吹扫阀	打开	关闭

（2）燃烧到送风操作：

1）首先把自动操作调到手动操作，点击手动；

2）点击炉子的送风按钮；

3）把煤气切断阀关闭，等待30s；

4）把氮气吹扫阀打开，等待43s；

5）把氮气吹扫阀关闭，等待10s；

6）把空气切断阀关闭，煤气燃烧阀关闭，煤气放散阀打开，等待28s；

7）把2号烟道和1号烟道关闭，等待30s；

8）把充压阀打开，等待17′2″。

9）把热风阀打开，等待23s；

10）把冷风阀打开，等待27s；

11）把充压阀关闭。

执行完这些阀门的操作也就是把炉子当前由燃烧状态调到了送风状态，具体见表5-7。

实验52 高炉炼铁

表 5-7 操作记录

信息时间	执行操作	更改前值	更改后值
16:54:57	热风炉系统开始考核		
16:55:08	3号热风炉煤气切断阀	打开	关闭
16:55:38	3号热风炉氮气吹扫阀	关闭	打开
16:56:21	3号热风炉氮气吹扫阀	打开	关闭
16:56:31	3号热风炉空气切断阀	关闭	打开
16:56:31	3号热风炉煤气放散阀	关闭	打开
16:56:31	3号热风炉煤气燃烧阀	打开	关闭
16:56:59	3号热风炉1号烟道阀	打开	关闭
16:56:59	3号热风炉2号烟道阀	打开	关闭
16:57:29	3号热风炉充压阀	关闭	打开
17:14:31	3号热风炉热风阀	关闭	打开
17:14:54	3号热风炉冷风阀	关闭	打开
17:15:21	3号热风炉充压阀	打开	关闭

注：如果初始化时只有一个送风状态的话，想让当前送风炉转换为燃烧炉则必须把另外两个炉子的其中一个调制成送风，操作步骤就是把燃烧到送风阀门操作加上送风到燃烧阀门操作，具体见表5-8。

表 5-8 操作记录

信息时间	执行操作	更改前值	更改后值
16:54:57	热风炉系统开始考核		
16:55:08	3号热风炉煤气切断阀	打开	关闭
16:55:38	3号热风炉氮气吹扫阀	关闭	打开
16:56:21	3号热风炉氮气吹扫阀	打开	关闭
16:56:31	3号热风炉空气切断阀	打开	关闭
16:56:31	3号热风炉煤气放散阀	关闭	打开
16:56:31	3号热风炉煤气燃烧阀	打开	关闭
16:56:59	3号热风炉1号烟道阀	打开	关闭
16:56:59	3号热风炉2号烟道阀	打开	关闭
16:57:29	3号热风炉充压阀	关闭	打开
17:14:31	3号热风炉热风阀	关闭	打开
17:14:54	3号热风炉冷风阀	关闭	打开
17:15:21	3号热风炉充压阀	打开	关闭
17:15:57	1号热风炉冷风阀	打开	关闭
17:16:24	1号热风炉热风阀	打开	关闭
17:16:47	1号热风炉废气阀	关闭	打开
17:17:02	1号热风炉1号烟道阀	关闭	打开
17:17:02	1号热风炉2号烟道阀	关闭	打开
17:17:32	1号热风阀煤气放散阀	打开	关闭

续表 5-8

信息时间	执行操作	更改前值	更改后值
17:17:32	1号热风炉废气阀	打开	关闭
17:17:32	1号热风炉煤气燃烧阀	关闭	打开
17:18:01	1号热风炉氮气吹扫阀	关闭	打开
17:18:44	1号热风炉空气切断阀	关闭	打开
17:19:14	1号热风炉煤气切断阀	关闭	打开
17:19:44	1号热风炉氮气吹扫阀	打开	关闭

四、思考题

(1) 高炉悬料特征有哪些？
(2) 高炉布料的规律有哪些，对于高炉的操作有何影响？

实验 53　铁水预处理

一、实验目的及要求

在现代钢铁冶金生产工艺中，很重要的一门技术就是铁水预处理，又称为铁水炉外处理。它对于优化钢铁冶金工艺、提高钢的质量、发展优质钢种、提高钢铁冶金企业的综合效益起着重要作用，已发展成钢铁冶炼中不可缺少的工序。

该实验的目的在于通过铁水预处理的生产仿真实训系统操作，了解钢铁厂铁水预处理的整个工艺流程及各工序的设备、工艺参数的操作及其最终对预脱硫效果的影响，掌握KR法预脱硫的基本原理及实际工业应用，熟悉主要设备的操作。

二、基本原理

铁水预处理又称为铁水炉外处理，是指高炉铁水在进入炼钢炉之前预先脱除某些杂质的预备处理过程，包括预脱硫、预脱硅和预脱磷，简称铁水"三脱"。某钢厂为了与管线钢生产线匹配，120t 转炉铁水预处理工艺采用机械搅拌脱硫技术（简称KR脱硫），在入转炉的铁水罐中进行脱硫，选取活性石灰作为脱硫剂，铁水预处理周期为 34~37min，可以与转炉生产匹配。

通过铁水预脱硫，可以放宽对高炉铁水硫含量的限制，减轻高炉脱硫负担，降低焦比，提高产量。采用低硫铁水炼钢，可减少渣量和提高金属收得率。铁水预处理脱硫与炼钢炉和二次精炼脱硫相结合，可以实现深脱硫，为冶炼超低硫钢创造条件，满足用户对钢材品质不断提高的要求，有效提高钢铁生产流程的综合经济效益。

（一）脱硫剂脱硫原理

铁水脱硫的基本原理是利用与硫的亲和力比铁大的元素或化合物（脱硫剂）夺取铁水中硫化铁的硫，形成较为稳定的、不易溶解于铁水的元素或化合物，达到铁水去硫的目的。

脱硫剂的选择应该考虑到不同的脱硫剂各有其技术和经济上的优缺点，从以下几个方面考虑：（1）产品大纲及铁水原始硫含量；（2）脱硫处理后硫化物的稳定性；（3）铁水损失小；（4）铁水温降小；（5）对耐火材料的侵蚀小；（6）环境污染小；（7）当地资源，避免长距离运输；（8）便于加工、运输、储存；（9）价格便宜。

目前，广泛使用的主基脱硫剂有三类：石灰、碳化钙、镁。石灰的优点是来源广泛、价格低廉、脱硫成本低，且不易回硫，加工、运输、储存及使用方便安全；采用KR法也能得到超低硫铁水，但脱硫剂消耗大，脱硫渣较多，铁水温降稍大。碳化钙的优点是脱硫速度快、脱硫能力强、脱硫效率高且比较稳定，对铁水罐内衬耐火材料侵蚀小，但碳化钙价格较贵，加工、运输、储存要求严格，需要氮气保护，使用不安全，还容易污染环境。镁的优点是脱硫速度快、脱硫能力强、脱硫效率高且不易回硫，镁耗量少，处理时间短，脱硫后渣量、铁损、热损、环境污染少，但镁脱硫剂的明显缺点是价格昂贵。综上所述，选用活性石灰为KR脱硫剂。

石灰脱硫反应式：

$$CaO(s) + [S] + [C] = (CaS) + CO(g) \quad \Delta G = 86670 - 68.69T(J/mol)$$

当 $w>0.05\%$ 时：

$$CaO(s) + [S] + 1/2[Si] = (CaS) + 1/2(SiO_2) \quad \Delta G = -251930 + 83.36T(J/mol)$$

石灰脱硫的原理是，固体 CaO 极快地吸收铁水中的硫，由于铁水中的硅和碳是很好的还原剂而吸收了反应生成的氧，因此脱硫反应的产物为 CaS 和 SiO_2（或 CO）。石灰脱硫是吸热反应，在高温、高碱度、还原性气氛（低氧势）及铁水中[C]、[Si]、[P]高的条件下硫的活度系数高，这对脱硫有利。从脱硫机理来说，CaO 粒子和铁水中的[S]接触生成 CaS 渣壳，阻碍了[S]和[O]通过它的扩散而使脱硫过程减慢。铁水温度高、石灰细磨及活性高的石灰对于脱硫有较好的效果。

（二）铁水预处理脱硫工艺

国内外应用最为广泛的脱硫方法主要有机械搅拌法、KR 法和喷吹法。两者比较，KR 脱硫率高、脱硫剂易于制造、脱硫成本低、操作简单，但投资较高、设备维修量大；喷吹法一次投资低、设备维修量较小，但操作不易控制、易产生喷溅，同时脱硫率和脱硫成本相对 KR 优势较弱。通过比较，选择了 KR 法脱硫。

KR 脱硫是将浇注耐材形成的十字形搅拌桨，经烘烤后插入定量的铁水中旋转，使铁水产生漩涡，然后向铁水漩涡中投入定量的脱硫剂，使脱硫剂和铁水中的硫在不断地搅拌中发生脱硫反应。该法的最大优点是脱硫动力学条件好，因此脱硫率很高（大于90%）。KR 脱硫的转速不断提高，转速已提高至 100r/min，同时搅拌桨的寿命也从最初的 80~110 次，提高到目前的 500 次以上。

KR 脱硫工艺流程：向铁水罐中兑铁水→铁水罐运到扒渣位并倾翻→第一次测温取样→第一次扒渣→铁水罐回位→加脱硫剂→搅拌脱硫→搅拌头上升→第二次测温取样→铁水罐倾翻→第二次扒渣→铁水罐回位→铁水罐开至吊罐位→兑入转炉。

脱硫处理周期见表 5-9。

表 5-9 脱硫处理周期

作业项目	作业时间/min
吊第一罐铁水	3.0

续表 5-9

作业项目	作业时间/min
铁水罐车运行到扒渣位并倾转	1.5
第一次测温取样	1.0
第一次扒渣	7.0
第一次铁水罐回位	0.5
加脱硫剂	2.0
搅拌脱硫	6~9（平均7）
搅拌头提升	0.5
第二次测温取样	1.0
铁水罐车倾转	0.5
第二次扒渣	7.0
第二次铁水罐回位	0.5
铁水罐车运行到吊罐位	1.5
铁水罐吊走	2.0
合计	34~37（平均35）

KR 脱硫需要的主要设备（见图 5-30）包括：

（1）搅拌设备。由叶轮（搅拌桨）组成，脱硫时，起搅拌铁水作用。

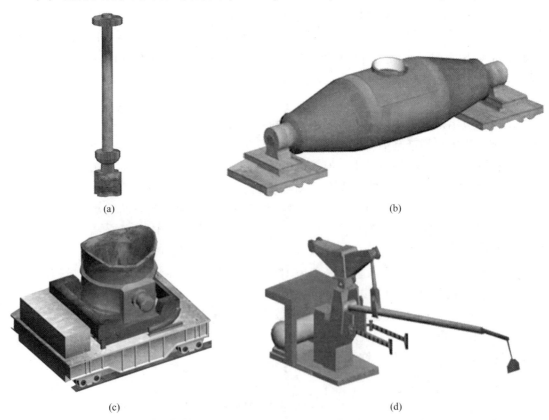

图 5-30　铁水预处理主要设备 3D 仿真图

（a）搅拌器；（b）鱼雷罐；（c）铁水包车及铁水包；（d）扒渣机

（2）溶剂接收和添加设备。由接收罐和称量漏斗组成，石灰和脱硫剂被接收到接收罐后通过称量漏斗依靠自身质量卸到铁水中。

（3）铁水盛装和运输设备。由铁水罐和带倾翻铁水罐运输台车组成。

（4）温度测量和取样装置。由机械式测温取样枪组成。

（5）除尘装置。由烟罩和烟道组成，收集脱硫时和扒渣时的烟气。

（6）扒渣装置。由扒渣器组成。

三、铁水预处理虚拟仿真操作

（一）系统的运行

（1）软件运行。检查所有接线都接好，网络通信良好，加密狗安装好后，先打开炼钢生产仿真实训系统的铁水预处理虚拟界面，打开后再打开炼钢生产仿真实训系统的铁水预处理操作界面。

注意：本系统只适合在 1024×768 的分辨率下运行，其他分辨率下会使系统运行不正常。

（2）虚拟界面键盘操作说明见表 5-10。

表 5-10 虚拟界面键盘说明表

按 键	功 能
F1	视角 1
F2	视角 2
F3	视角 3
Up（↑）	视线向上
Down（↓）	视线向下
Left（←）	视线向左
right（→）	视线向右

（二）系统的操作

（1）登录系统。双击可执行程序的图标或者右击鼠标点击"打开"，可以启动本系统。输入正确的学号或姓名、密码进入该程序。

（2）计划选择。进入主程序后，点击"实训练习项目""炼钢项目""铁水预处理控制"，会弹出如图 5-31 所示的计划选择窗口，选择要练习的项目，点"确定"按钮进入到铁水预处理主界面，点"关闭"按钮退出铁水预处理程序。

（3）铁水预处理操作。点击"主操作画面"按钮，即可进入铁水预处理主操作界面（见图 5-32）。

（4）搅拌前的准备工作。确认虚拟界面已连接，点击"系统检查"按钮，进行系统检查，依次点击"鱼雷罐车进站""倒铁水""进预处理站"（转到虚拟界面观看转换视角是否进站），点下方"前进"按钮，将铁水罐进站，左下角下降烟罩，下降电动溜槽，分别设定搅拌头的高度（3m 左右）、搅拌时间（7.5min 左右）、搅拌速度（85~90 r/min）、门槛值（55r/min 左右），进行脱硫剂备料（脱硫剂设定值 967kg，脱硫剂备料操

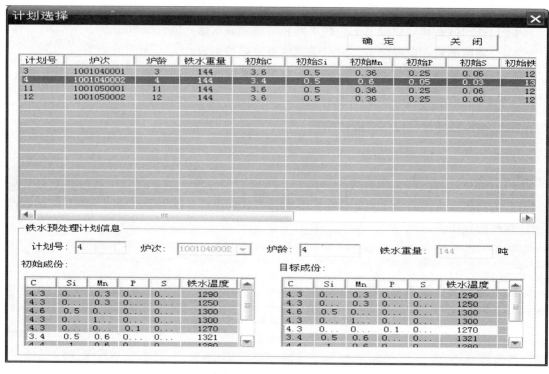

图 5-31　计划选择窗口

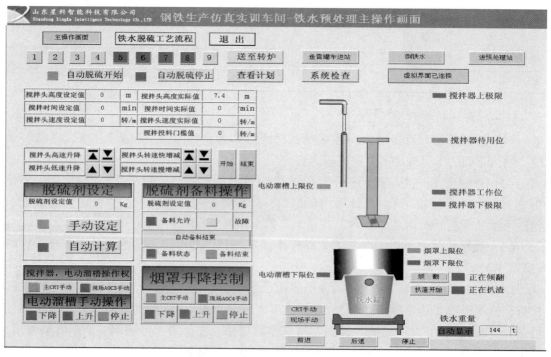

图 5-32　铁水预处理主操作界面

作设定值1000kg），然后点击备料按钮开始备料。

（5）搅拌操作。下降搅拌头至铁水液面，点"开始"按钮，进行搅拌，调节搅拌速度，使搅拌充分发挥作用，当搅拌速度超过门槛值时，转到铁水脱硫工艺流程界面从下往上依次打开助吹阀、底吹阀、流态阀、压送阀进行送料。下料将结束时，应提高转速 1~5r/min。投完料后，按与开阀相反的顺序关闭各阀门，提起溜槽。

（6）扒渣操作。当搅拌时间实际值等于搅拌时间设定值时，设定搅拌头高度到 7m，点击"搅拌头高速升"按钮，当搅拌头升到设定位后，点"倾翻"按钮，将铁水罐倾翻后点"扒渣开始"按钮，开始进行扒渣，虚拟界面转换角度，钢水表面基本没有灰色物质，扒渣结束；当扒完渣后，可点"扒渣结束"按钮，结束扒渣，点"复位"按钮，使铁水罐复位。

（7）送至转炉操作。点"送至转炉"按钮，将铁水罐后退出站，将搅拌后的钢包送至转炉，送至转炉后弹出成分报告，本炉次就结束了。

四、结果与讨论

（1）什么是铁水预处理技术，铁水预处理的效果和目的有哪些？
（2）影响铁水预处理脱硫效果的主要因素有哪些？
（3）铁水脱硫的主要方法有哪些，铁水脱硫技术的发展趋势是怎样的？

实验54 转炉炼钢

一、实验目的

炼钢的基本任务是脱碳、脱磷、脱硫、脱氧、去除有害气体和非金属夹杂物，提高温度和调整成分。该实验的目的在于通过转炉炼钢的生产仿真实训系统操作，了解钢铁厂转炉炼钢的整个工艺流程及典型工艺、设备的操作方法，掌握转炉炼钢的基本原理及铁水中杂质元素去除发生的物理化学反应，熟悉氧气顶吹转炉炼钢的工艺特点及氧枪枪位操作对产品质量的影响。

二、实验原理

转炉炼钢是以铁水、废钢、铁合金为主要原料，不借助外加能源，靠铁液本身的物理热和铁液组分间化学反应产生热量而在转炉中完成炼钢过程。氧气转炉炼钢是目前世界上最主要的炼钢方法。

氧气转炉炼钢法按气体吹入炉内部位不同又可分为氧气顶吹炼钢法、氧气底吹转炉炼钢法、顶底复合吹炼炼钢法等3种（见图5-33），顶底复合吹炼法是当前氧气转炉发展的主要方向。氧气转炉炼钢法的共同特点是设备简单、投资少、收效快、生产率高、原料适应性强，适于自动化控制。其原料主要是铁水，以吹入气体（氧气）作氧化剂来氧化铁水中的元素及杂质，它不需要从外部引进热源，而是利用铁水中的碳、硅、锰、磷等元素氧化放热反应生成的化学热和铁水的物理热作为热源完成炼钢过程。炉子可旋转360°，转炉生产的钢种主要是低碳钢和部分合金钢。

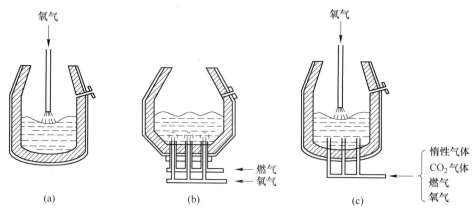

图 5-33 三种主要的转炉吹炼方法示意图
(a) 顶吹法；(b) 底吹法；(c) 顶底复吹法

氧气顶吹转炉（又称 LD 转炉或 BOF 转炉），于 1952 年在奥地利的林茨（Linz）和多纳维茨（Donawiz）两地投入生产后，在世界各国得到了迅速发展。其原料主要是铁水（或半钢）并加入少量的废钢，以高纯度的氧气（99.95% 以上）通过水冷喷枪（俗称氧枪）以高压（405.2~1013kPa）喷入熔池上方，高速氧流穿入熔渣和金属，搅动金属液，在熔池中心形成高温反应区。开始，氧气与金属的反应限于局部区域，随着 CO 气体的逸出而很快氧化铁水的 C、Si、Mn。氧化放热生成的化学热和铁水带入的物理热，足以为炼钢渣去除 P、S 等杂质和出钢所需温度提供热源，一般不需外来燃料，并且加入废钢或矿石等冷却剂来降温。在设备上逐渐向大型化、自动化发展，解决了除尘问题并发展综合利用等，冶炼品种多、质量高。

（一）转炉炼钢的任务

炼钢过程的基本任务是脱碳、脱磷和脱硫，以及脱氧合金化和加热钢水。氧气顶吹转炉为完成这四项基本任务所采取的方法是：

(1) 氧化。通过水冷氧枪向熔池内吹入氧气，氧化铁水中的碳、硅、磷、锰等元素。

(2) 造渣。冶炼过程中向炉内加入石灰、铁皮等造渣剂，造高碱度、氧化性和流动性良好的炉渣，脱除铁水中的磷和硫。

(3) 升温。转炉无外加热源，依靠氧化铁水中的硅、锰、碳、磷等元素所放出的热量来加热钢水。

(4) 加入铁合金。在出钢过程中向钢包内加入铁合金进行脱氧合金化。

（二）转炉炼钢的工艺过程

转炉炼钢过程是将高炉来的铁水经混铁炉混匀后兑入转炉，并按一定比例装入废钢，然后降下水冷氧枪以一定的供氧、枪位和造渣制度吹氧冶炼。当达到吹炼终点时，提枪倒炉，测温和取样化验成分，当钢水温度和成分达到目标值范围就出钢，否则，降下氧枪进行再吹。在出钢过程中，向钢包中加入脱氧剂和铁合金进行脱氧、合金化；然后，钢水送模铸场或连铸车间铸锭。顶吹转炉冶炼一炉钢的操作过程主要由 7 步组成。

(1) 上炉出钢、倒渣，检查炉衬和倾动设备等并进行必要的修补和修理。

(2) 倾炉，加废钢、兑铁水，摇正炉体（至垂直位置）。

（3）降枪开吹，同时加入第一批渣料（石灰、萤石、氧化铁皮、铁矿石），其量约为总量的 2/3~1/2。当氧枪降至规定的枪位时，吹炼过程正式开始。

（4）3~5min 后加入第二批渣料继续吹炼，随着吹炼的进行；钢中的碳逐渐降低，约 12min 后火焰微弱，停吹。

（5）倒炉、测温、取样，并确定补吹时间或出钢。

（6）出钢，同时（将计算好的合金加入钢包中）进行脱氧合金化。

（7）对转炉进行溅渣护炉。溅渣护炉的基本原理是在转炉出钢后，调整终渣成分，并通过喷枪向渣中吹氮气，使炉渣溅起并附着在炉衬上，形成对炉衬的保护层，减轻炼钢过程对炉衬的机械冲刷和化学侵蚀，从而达到保护炉衬、提高炉龄的目的。

上炉钢出完钢后，倒净炉渣，堵出钢口，兑铁水和加废钢，降枪供氧，开始吹炼。在送氧开吹的同时，加入第一批渣料，加入量相当于全炉总渣量的 2/3，开吹 3~5min 后，第一批渣料化好，再加入第二批渣料。如果炉内化渣不好，则需加入第三批萤石渣料。

吹炼过程中的供氧强度：小型转炉为 2.5~4.5m^3/(t·min)；120t 以上的转炉一般为 2.8~3.6m^3/(t·min)。

开吹时氧枪枪位采用高枪位，目的是为了早化渣、多去磷、保护炉衬；在吹炼过程中适当降低枪位保证炉渣不返干、不喷溅、快速脱碳与脱硫、熔池均匀升温；在吹炼末期要降枪，主要目的是熔池钢水成分和温度均匀，加强熔池搅拌，稳定火焰，便于判断终点，同时降低渣中 Fe 含量，减少铁损，达到溅渣的要求。当吹炼到所炼钢种要求的终点碳范围时，即停吹，倒炉取样，测定钢水温度，取样快速分析 [C]、[S]、[P] 的含量，当温度和成分符合要求时，就出钢。当钢水流出总量的 1/4 时，向钢包投入脱氧合金，进行脱氧、合金化，由此一炉钢冶炼完毕。

（三）吹炼过程中元素氧化规律和炉渣成分变化特点

氧气顶吹转炉炼钢的一个显著特点是熔池搅拌激烈、反应速度快，一般吹氧时间只需十几分钟，在这短短的十几分钟内完成脱碳、脱磷、脱硫、去气、去夹杂物、硅、锰氧化和升温等全部冶金反应。金属液中各种元素的氧化顺序取决于各种元素与氧的亲和力大小，亲和力随温度而变化。当温度为 1400℃ 以下时氧化顺序为：Si、V、Mn、C、P、Fe；当温度为 1400~1530℃ 时氧化顺序为：Si、C、V、Mn、P、Fe；当温度为 1530℃ 以上时为：C、Si、V、Mn、P、Fe。

一般根据脱碳速度的变化规律将吹炼过程分为吹炼前期、吹炼中期和吹炼末期。

（1）吹炼前期。吹炼前期也称硅锰氧化期。开吹的 3~4min 内，熔池平均温度通常低于 1400℃，此期主要是硅、锰氧化，但是由于一次反应区温度很高，因此碳也会被少量氧化。

由于硅、锰的迅速氧化，初期渣中二氧化硅和氧化锰含量较高，炉渣碱度较低。铁的氧化及废钢带入的铁锈等，使渣中氧化铁含量很快达到最高值。随着加入的石灰逐渐熔化和硅逐渐氧化完成，渣中（CaO）含量不断增加，（SiO_2）含量相应降低，因而炉渣碱度逐渐升高。

由于前期熔池温度比较低和碱性氧化渣的迅速形成，正好符合脱磷反应的热力学条件，因此前期渣具有较强的脱磷能力，铁水中的磷在前期被大量氧化，因此采用高枪位操作，以增加渣中氧化铁含量，快速成渣，提高前期脱磷率。

(2) 吹炼中期。吹炼中期也称碳氧化期。吹炼 3~4min 后，硅、锰已被大部分氧化掉，熔池温度已上升到 1500℃ 以上，碳开始激烈氧化，进入碳氧化期。此期的脱碳速度很快（可达 0.36%~0.38%/(t·min)），且几乎不变，不仅吹入熔池内的氧大部分消耗于脱碳反应，而且渣中氧化铁也消耗于脱碳反应，使渣中的氧化铁逐渐降低直到某一最低值，一般在 10% 左右。此期应降低枪位，加强熔池搅拌，加快脱碳速度，同时应防止渣中氧化铁降低过多导致炉渣返干。吹炼前期进入渣中的锰，在激烈脱碳的同时，由于渣中氧化铁降低会被碳还原，由渣中慢慢返回钢中一部分。

(3) 吹炼末期。随着脱碳反应的进行，钢液中碳的含量降低，脱碳速度减小，进入吹炼末期。石灰已全部熔化，炉渣碱度较高，流动性良好。因此，钢液中的硫含量下降，一般单渣法可脱硫 30%~40%，此时应进一步降低枪位，加强熔池搅拌，使反应达到平衡，同时降枪可以钢液成分均匀、温度分布一致，以便于准确地控制终点。

(四) 炼钢过程的基本反应

1. 硅的氧化反应

硅的氧化反应是炼钢的重要反应之一，氧化时放出大量的热，是转炉炼钢的重要热源之一。硅与氧的亲和力很强，硅的氧化为放热反应，因此，低温有利于硅的氧化，硅在任何炼钢法中都在熔炼的初期被氧化，氧气顶吹转炉开吹几分钟内硅即氧化完毕。

硅的氧化反应有以下三种情况：

(1) 硅与吹入的氧直接氧化：

$$[Si] + \{O_2\} = (SiO_2) \tag{5-1}$$

(2) 当炉渣形成后，硅与炉渣在炉渣-金属渣面上反应：

$$[Si] + 2(FeO) = (SiO_2) + 2[Fe] \tag{5-2}$$

(3) 硅与钢中氧反应：

$$[Si] + 2[O] = (SiO_2) \tag{5-3}$$

如有大量的 (FeO) 存在时，上面几个反应所生成的 (SiO$_2$) 在渣中与 (FeO) 结合成硅酸铁：

$$(SiO_2) + 2(FeO) = (2FeO \cdot SiO_2) \tag{5-4}$$

随着石灰的熔化形成一定碱度的炉渣，(FeO) 被碱性更强的 CaO 从硅酸铁中置换出来，生成更稳定的硅酸钙：

$$(2FeO \cdot SiO_2) + 2(CaO) = (2CaO \cdot SiO_2) + 2(FeO) \tag{5-5}$$

SiO$_2$ 能与 CaO 结合成稳定的硅酸盐，渣中自由 SiO$_2$ 又很少，硅的氧化比较完全，不会发生硅的还原。

2. 锰的氧化与还原反应

锰和硅相似，在冶炼初期容易被大量氧化，锰的氧化反应有以下三种情况：

(1) 锰与气相中的氧直接反应：

$$[Mn] + 1/2\{O_2\} = (MnO) \tag{5-6}$$

(2) 锰与溶于金属中的氧反应：

$$[Mn] + [O] = (MnO) \tag{5-7}$$

(3) 锰与炉渣中氧化亚铁反应：

$$[Mn] + (FeO) = (MnO) + [Fe] \tag{5-8}$$

由于锰对氧的亲和力低于硅，故被氧化程度比硅低。锰的氧化反应是一个放热反应，低温有利于锰的氧化。随着熔池温度的上升，锰与氧的亲和力下降，当温度大于1400℃时，碳氧亲和力超过锰氧的亲和力，碳的氧化可抑制锰的进一步氧化。因而，冶炼前期锰不像硅那样几乎全部氧化掉。生成的(MnO)属弱碱性氧化物，它与渣中酸性氧化物结合的能力比较小，渣中(MnO)主要呈自由状态，一旦外界条件改变，锰便会被还原出来。吹炼中期温度迅速升高，脱碳反应强烈，可使(MnO)部分还原，钢中含锰有所升高。随着脱碳反应的减弱，[Mn]又有所下降，这种现象称锰的驼背现象。

锰的还原反应为：

$$(MnO) + [C] = [Mn] + \{CO\} \tag{5-9}$$

3. 脱碳反应

碳的氧化是炼钢过程中最重要的反应，它的意义不仅在于把金属中的含碳量降低到规格要求范围内，更重要的是脱碳反应产生大量的CO气泡并排出，造成熔池强烈沸腾和搅拌，不断均匀着金属液的成分并使温度分布一致，加速炼钢过程中各种化学反应的进行，并有利于钢中气体和夹杂物的排出。脱碳反应还为转炉炼钢提供了大部分热源。此外，泡沫渣的生成和喷溅现象也都与脱碳反应有直接关系。这些对炼钢过程都有着极为重要的意义。

在金属熔池中碳氧反应主要是：

$$[C] + [O] = \{CO\} \tag{5-10}$$

4. 脱磷反应

对于绝大多数钢种来说，磷是有害元素，脱磷是炼钢过程的重要任务之一。钢中含磷高，会引起钢的冷脆，降低钢的塑性和韧性，使焊接性能、冷弯性能变差。因此，对钢中含磷量做了严格规定，普通碳素钢含磷量不大于0.045%，优质碳素钢含磷量不大于0.035%，高级优质钢含磷量不大于0.03%。

由元素的氧化次序可知，在炼钢条件下，磷不可能被氧直接氧化而去除，只有在它的氧化物(P_2O_5)与(CaO)相结合，生成稳定的复杂化合物，才能有效地去除。脱磷反应是在金属盒炉渣界面上进行的，其反应式由下列几个步骤组成：

$$5(FeO) = 5[Fe] + 5[O] \tag{5-11}$$

$$2[P] + 5[O] = (P_2O_5) \tag{5-12}$$

$$(P_2O_5) + 4(CaO) = (4CaO \cdot P_2O_5) \tag{5-13}$$

由此三个步骤相加，可得到脱磷反应总方程式：

$$2[P] + 5(FeO) + 4(CaO) = (4CaO \cdot P_2O_5) + 5[Fe] \tag{5-14}$$

脱磷效果常用炉渣和金属中磷的浓度比值来表示，该比值称为磷的分配系数(L_P)：

$$L_P = \frac{C_{(P_2O_5)}}{C_{[P]}^2}$$

或

$$L_P = \frac{C_{(P_2O_5)}}{C_{[P]}} \tag{5-15}$$

L_p 的值越大，金属去磷越完全。它主要取决于炉渣成分和温度。此外，炉渣黏度、渣量等也对脱磷反应有一定程度的影响。

5. 脱硫反应

硫由炉料及燃料带入，对大多数钢种是有害元素，硫会使钢的加工性能及使用性能变坏，故一般钢中要求含硫量不大于 0.05%，优质钢中含硫量不大于 0.02%~0.03%。脱硫也是炼钢的基本任务之一。实践证明，炼钢过程的脱硫反应有两种形式，炉渣脱硫及气化脱硫。

（1）炉渣脱硫。硫在钢中是以［FeS］和［MnS］的形态存在，在炉渣中硫以（CaS）、（MgS）、（MnS）等形态存在。这些硫化物在钢中的溶解度很小，而它们都能同时溶于渣中，因此，可以利用硫化物本身的特性，使钢中的硫进入渣中。炉渣脱硫的主要反应有：

$$[FeS] + (CaO) = (CaS) + (FeO) \tag{5-16}$$

$$[FeS] + (MnO) = (MnS) + (FeO) \tag{5-17}$$

$$[FeS] + (MgO) = (MgS) + (FeO) \tag{5-18}$$

（2）气化脱硫。在转炉炼钢中一部分硫进入转炉炉气中，这部分硫一般占总去硫量的 10%~40%，气化脱硫的主要反应一般认为是：

$$[S] + \{O_2\} = \{SO_2\} \tag{5-19}$$

硫与氧的亲和力比碳、硅与氧的亲和力低得多，当钢中碳较高时，硫直接氧化的可能性很小，因此气化脱硫是通过炉渣进行的，反应如下：

$$(CaS) + 3(Fe_2O_3) = 2(FeO) + (CaO) + \{SO_2\} \tag{5-20}$$

$$(CaS) + 3/2\{O_2\} = (CaO) + \{SO_2\} \tag{5-21}$$

三、实验步骤

（一）系统的运行

检查所有接线都接好，网络通信良好，加密狗安装好后，先打开炼钢生产仿真实训系统的转炉炼钢虚拟界面，打开后再打开炼钢生产仿真实训系统的转炉炼钢操作界面。需注意的是一定要先开虚拟界面再开操作界面，不然无法进行控制操作。该系统只适合在 1024×768 的分辨率下运行，其他分辨率下会使系统运行不正常。

（二）系统操作说明

1. 虚拟设备介绍

首先进入炼钢生产仿真实训系统中的转炉炼钢系统虚拟界面，在界面中可以看到整个转炉炼钢车间，整个车间分上下两层，控制室在上层的转炉正前方。转炉炼钢车间上层前方可以看到转炉、挡火门、看火门、运废钢天车和运铁水天车（见图 5-34（a））。转炉炼钢车间上层后方可以看到后炉门，送挡渣塞小车，除尘系统（见图 5-34（b））。转炉炼钢车间下层前方可看到渣车（见图 5-34（c））。转炉炼钢车间下层后方可看到钢包车与钢包（见图 5-34（d））。

2. 虚拟界面键盘操作

虚拟界面键盘说明见表 5-11。

实验 54 转炉炼钢

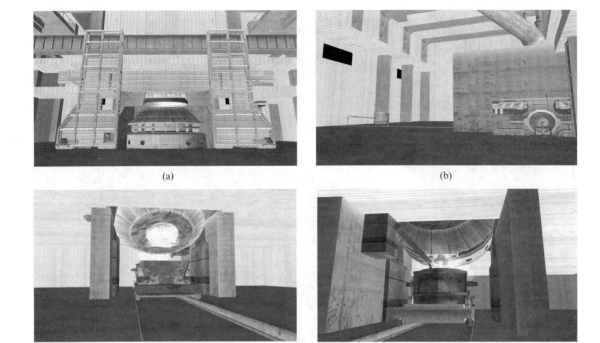

图 5-34 转炉炼钢车间图

表 5-11 键盘操作说明

按 键	功 能
F1	上层前方视角
F2	上层后方视角
F3	下层前方视角
F4	下层后方视角
Up（↑）	视线向上
Down（↓）	视线向下
Left（←）	视线向左
right（→）	视线向右

3. 监控界面介绍

打开转炉冶炼炉况监控系统界面（见图 5-35），左上部有四个数值显示区，分别为音频信号、氧枪高度、工作氧压和吹炼时间；左下部有枪位、氧压、温度、碳含量标尺；正中间为记录转炉冶炼过程中各个元素的实时曲线；在界面下部是可显示的曲线元素名称。在默认情况下界面只显示枪位、氧压、温度、碳含量四个实时曲线。其他曲线为隐藏状态。该界面为实时监控界面，打开后无须任何操作，当与控制端连接后，控制端的氧气阀门打开后实时曲线会自动绘制，要想查看其他元素的数值只要在界面下方的元素名上单击左键便可。

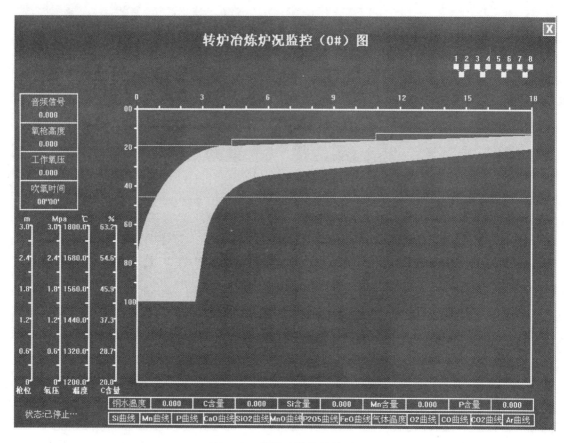

图 5-35 转炉冶炼监控界面

4. 操作监控画面

转炉倾动主界面（见图 5-36）即为软件主界面，可以在底排的按钮进行各界面之间的切换。转炉倾动主要实现氧枪升降、烟罩升降、转炉、投料、开闭氧点、小车横移。

（三）系统的操作流程

1. 登录

双击可执行程序的图标或者右击鼠标点击"打开"，可以启动该系统，输入正确的学号或姓名、密码进入该程序。

2. 准备工作

确认虚拟界面已连接，点击"初始化操作"按钮，铁水质量调整为144t、轻废钢6t、重废钢10t；铁水成分：C 为 4.6%，Si 为 0.5%，Mn 为 0.55%，P 为 0.04%；铁水温度：1300℃，对其进行初始化，指定到装料侧操作状态，将炉子摇到加料位，分别点击"加废钢"（炉子角度为 50°~55°）、"加铁水"（炉子角度在 40°~75°），将废钢和铁水加入炉子中。加完料后再将炉子摇回零位，设定好枪位。关闭挡火门，下降烟罩，准备好吹炼。

枪位的设定（160mm 装入量，不同的装入量，枪位值要求不同）：前期枪位平均在 1850~2000mm，均为合理；中期枪位不可低于 1700mm，不能高于 2300mm；后期枪位不

实验 54 转炉炼钢

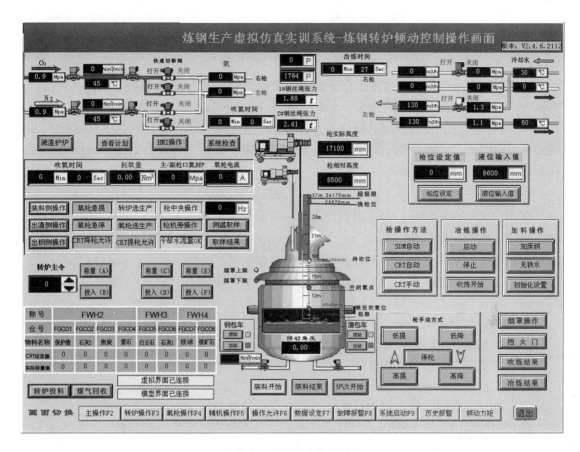

图 5-36 转炉倾动主界面

可高于 1700mm，不可低于 1100mm，低于 1100mm 容易化枪，高于 1700mm 拉碳不准。枪位具体变化见表 5-12。

表 5-12 枪位变化 （mm）

开始	吹氧后 1min	吹氧后 1.5min	吹氧后 2min	吹氧后 6min	吹氧后 12min
2400	2200	2000	1800	1700	1200

加料设定见表 5-13。7min 之后看温度和 C 的情况进行添加，一般加入石灰和铁矿石两种，加入的多相应的成本也就高。

表 5-13 加料设定 （mm）

时间	石灰 2	铁矾土	石灰 1	镁球	铁矿石	白云石
开始	2500	0	2500	1500	1000	1000
7min	1000	300	500	0	3000	0

3. 吹炼操作

点"启动"按钮，开始降枪，当枪超过开闭氧点后，开始进行吹氧，点"投入"按钮，将称好的料投入进去，可在吹炼过程点"测温取样"按钮，取下样，根据原成分与目标成分加入相应的料，或是提、降枪。吹炼一段时间后，等达到目标成分后，可进行提枪，提到开闭氧点以上，关闭氧开氧点，最后点"吹炼结束"按钮，结束吹炼。

4. 出钢、出渣操作

切换到出钢操作状态，将钢包车开进站，摇炉至出钢工位，可根据最终的吹炼成分与目标成分的差距，加入相应的合金，出钢完成后，将钢包车出站，炉子摇回零位。

点"溅渣护炉"按钮，降低枪位到开闭氧点，进行吹氮操作，当吹一段时间后，切换到出渣操作状态，将渣包车开进站，炉子摇到出渣工位，开始进行出渣，出渣结束后，将渣包车开出站，炉子摇回零位。

5. 炉次结束操作

点"炉次结束"按钮，会弹出成分报告，该炉次就结束了，可进入下一炉次的操作。

（四）使用注意事项

(1) 小车在未锁定状态中不允许降枪、吹氧和吹氮。
(2) 小车在锁紧状态中，不允许选择左右车、不允许移动小车。
(3) 倾动角度大于 3 或小于 -3，不允许降枪、不允许烟罩下降。
(4) 初始化参数未设定，不允许进行装料操作。
(5) 如果不在装料侧操作中，不允许加废钢、加铁水。
(6) 烟罩不在上限位，不允许动炉。
(7) 氧枪低于待吹位，不允许动炉。
(8) 如果正在投入或正在称量中，不能进行设定投料值。
(9) 氧枪高度小于 25970mm，即不在换枪位，不允许小车手移动。
(10) 在提枪或降枪中，不能执行氧枪选检修或选生产。
(11) 当前选择的小车不在工作位时不能进行锁紧操作。
(12) 吹氧与吹氮气是相斥的。

四、思考题

(1) 转炉炼钢的基本任务及原理是什么？
(2) 氧枪枪位的控制对杂质元素的脱除有什么影响？
(3) 不同杂质元素在转炉吹炼过程中发生了什么物理化学变化？
(4) 什么是溅渣护炉技术，它有何优点？

实验 55　LF 精炼

一、实验目的

(1) 通过虚拟现实和生产现场的互动式生产、现场操作等训练，使学生掌握炼钢生产工艺，培养其工程应用能力。

(2) 熟练掌握 LF 精炼操作技能及熟悉工艺流程，通过反复练习 LF 精炼模拟操作，从而有效弥补真机无法真实操作、实际操作 LF 精炼时容易出现事故等缺陷。

(3) 了解顶渣成分、石灰石、锰铁、精炼渣和钙铝丝对炼钢的影响，培养其在实际生产中综合系统设计、综合系统分析和解决实际问题的能力。

二、实验原理

（1）通过对炼钢生产现场虚拟现实模拟，将虚拟现实中受控对象的相关信息进行采集，并将采集到的信息回馈到控制设备，由控制设备传送到装有虚拟现实软件的计算机上，在软件的控制下，将"生产现场"的虚拟现实场景展示到大幕上，让学生身临其境。

（2）虚拟现实系统综合利用数字化声音、视频、动画、图像等多媒体技术，在实验室内模拟炼钢生产各工位的实际操作和工业现场的实际环境，学生进行虚拟现实和生产现场的互动式生产现场操作等训练。

三、实验步骤

（1）登录。双击可执行程序的图标或者右击鼠标点击"打开"，可以启动该系统。输入正确的学号或姓名、密码进入该程序登录后界面如图 5-37 所示。

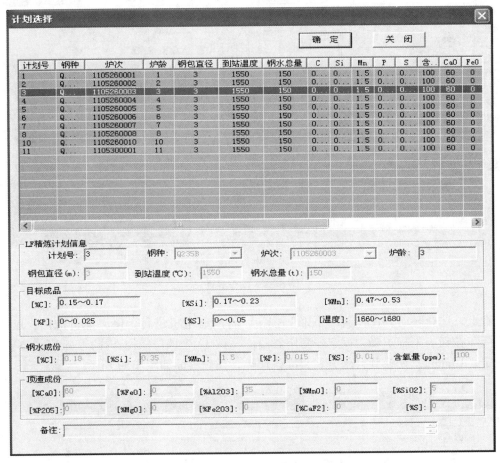

图 5-37　登录后界面

（2）加热前的准备工作。确认虚拟界面已连接，点击"系统检查"按钮，进行系统检查，检查完毕，点击"初始化操作"按钮，对其进行初始化，转到"钢包车 F11"界面，再指定要加热的钢包，将钢包吊到钢包车上，点击"接Ar管"按钮，将Ar管接上，（随便）设定氩气流量（按钮分别代表10mL/min、20mL/min、40mL/min、80mL/min、160mL/min、320mL/min），选择"手动"打开两个氩气阀，开始吹氩，点击"加碳粉"按钮，加入几包碳粉，点击"钢包车"按钮，切换到钢包车行走操作对话框，点击"加热方向启动"按钮，将指定的钢包开到加热工作，钢包运到加热工位。操作界面如图5-38所示。

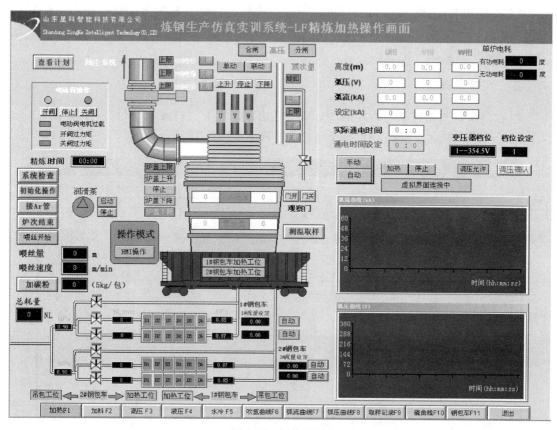

图5-38 操作界面

在上方选择联动方式，点"下降"按钮，将所有电机进行下降，准备加热，点"炉盖下降"按钮，下降炉罩，设定好变压器档位（1~13个档位随便选择）、弧流（55）、时间设定（10min），切换到合闸方式，准备加热。操作界面如图5-39所示。

图5-39 钢包车行走操作界面

喂丝速度设为 100，点"喂丝开始"按钮，开始进行喂丝。

（3）加热操作。点"加热"按钮，进行加热操作，然后点"测温取样"按钮，对其成分及温度进行取样，可根据目标成分及原始成分加入相应的料，切换到"加料 F2"界面，加石灰 300kg，点击 1 组半开料仓振动，萤石 400kg，点击 2 组半开料仓振动，高谈锰铁 200kg，点击 3 组半开料仓振动，点击投入，点击 1~3 号称量装置并启动，掌握好加热时间。操作界面如图 5-40 所示。

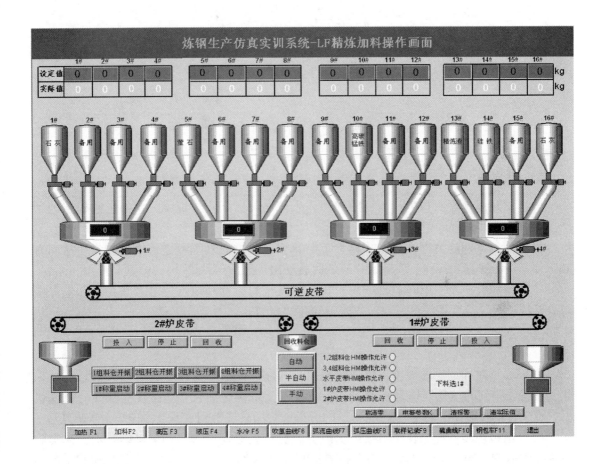

图 5-40 操作界面

（4）炉次结束操作。等加热结束后，点"结束"按钮，将电极上升、烟罩上升，然后点"炉次结束"按钮，会弹出成分报告（见图 5-41），该炉次就结束了，可进入到下一炉次的操作。

四、思考题

（1）LF 精炼有何作用，配料计算的原则有哪些？

（2）在 LF 精炼过程中，各元素的变化有何规律？

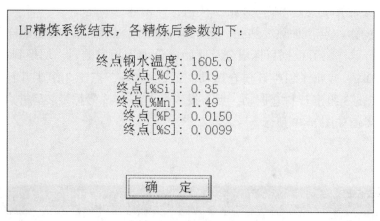

图 5-41 成分报告界面

实验 56 连　　铸

一、实验目的

（1）通过虚拟现实和生产现场的互动式生产、现场操作等训练，使学生掌握连铸生产工艺，培养其工程应用能力。

（2）熟练掌握连铸操作技能并熟悉工艺流程；通过反复练习连铸模拟操作，从而有效弥补真机无法真实操作、实际操作连铸时容易出现事故等缺陷。

（3）了解大包台、中间包、结晶器和换包操作的原理和要点，培养其在实际生产中综合系统设计、综合系统分析和解决实际问题的能力。

二、实验原理

（1）通过对炼钢生产现场虚拟现实模拟，将虚拟现实中受控对象的相关信息进行采集，并将采集到的信息回馈到控制设备，由控制设备传送到装有虚拟现实软件的计算机上，在软件的控制下，将"生产现场"的虚拟现实场景展示到大幕上，让学生身临其境。

（2）虚拟现实系统综合利用数字化声音、视频、动画、图像等多媒体技术，在实验室内模拟炼钢生产各工位的实际操作和工业现场的实际环境，学生进行虚拟现实和生产现场的互动式生产现场操作等训练。

（3）连铸就是将精炼后的钢水连续铸造成不同类型、不同规格的钢坯的生产工序，主要设备包括回转台、中间包，结晶器、拉矫机等。具体流程是将装有精炼好钢水的钢包运至回转台，回转台转动到浇注位置后，将钢水注入中间包，中间包再由水口将钢水分配到各个结晶器中去。结晶器可使铸件成形并迅速凝固结晶。拉矫机与结晶振动装置共同作用，将结晶器内的铸件拉出，经冷却、电磁搅拌后，切割成一定长度的板坯。

三、实验步骤

（1）登录。双击可执行程序的图标或者右击鼠标点击"打开"，可以启动该系统。输入正确的学号或姓名、密码进入该程序（见图5-42）。

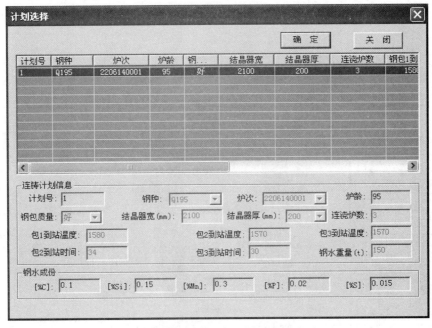

图 5-42　登录界面

（2）系统检查。确认虚拟界面已连接，打开连铸机动态轻压下仿真系统，点击"检查系统"按钮（见图5-43），进行系统检查，检查完毕，点"确定"按钮，进行检查结果提交。

图 5-43　检查系统界面

（3）装大包和中间包。系统检查完毕，点击"送引锭"按钮，先将引锭杆送过去。切换到监控画面中，分别将两个大包台上升到上限位，再将中包移动到工作位上，将中包上升到位后，把中包水口装上，再下降到浇铸位。将大包台进行旋转，将带有钢包的包臂旋转到工作位，下降包盖，将包盖进行旋转，保证将大包盖好，再把大包水口装上。操作界面如图 5-44 所示。

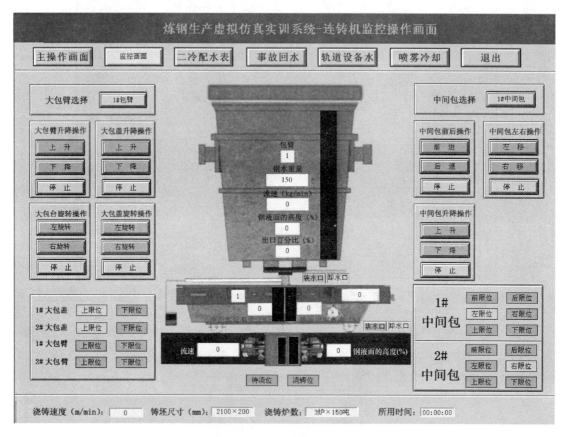

图 5-44　连铸机监控操作界面

（4）开浇操作。大包水口装好后，下降大包臂，就可设定大包的流量，打开大包的滑动水口。根据需要设定大包的流量，待中包中液面达到 40% 时，就可将中包开浇了，可根据需要设定中包的流量（注意出苗时间），等结晶器液面达到 85% 时，就可将结晶器进行开浇操作了。操作界面如图 5-45 所示。

（5）换包操作。该程序模拟的是三包连浇的，当一包浇铸完成后，可进行换包操作，先将下一包的钢包装到大包台上，再进行旋转操作，将已经浇铸完成的空的钢包卸载掉，进行新一轮的浇铸操作。

（6）连铸结束。当三包都浇铸完成后，会出现如图 5-46 所示的提示，点"是"按钮，程序就退出了，点"否"按钮，开始新的计划。

四、思考题

（1）连铸操作为什么容易出现结晶器溢出，如何避免？
（2）浇铸速度的大小对产品和生产系统有何影响？

实验 56　连　　铸

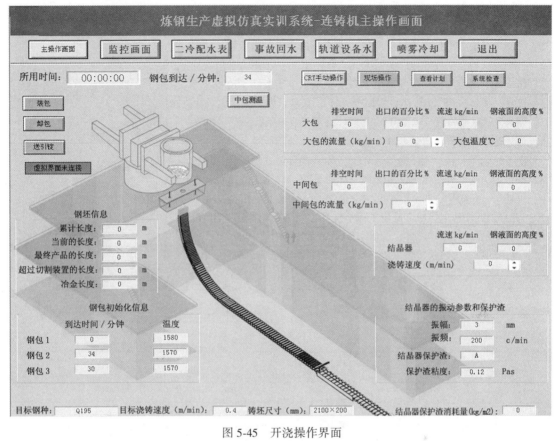

图 5-45　开浇操作界面

图 5-46　提示界面

参 考 文 献

[1] 张明远. 冶金工程实验教程 [M]. 北京：冶金工业出版社，2012.
[2] 马雅琳. 冶金工程专业课实验教程 [M]. 长沙：中南大学出版社，2017.
[3] 伍成波. 冶金工程实验 [M]. 重庆：重庆大学出版社，2005.
[4] 陈卓，周萍，梅炽. 传递过程原理 [M]. 长沙：中南大学出版社，2011.
[5] 翟秀静. 重金属冶金学 [M]. 北京：冶金工业出版社.
[6] 周亨达. 工程流体力学 [M]. 北京：冶金工业出版社，1988.
[7] 李玉柱，苑明颖. 流体力学 [M]. 北京：高等教育出版社，2020.
[8] 邹仁鋆. 基本有机化工反应工程 [M]. 北京：化学工业出版社，1981.
[9] 王建军，包燕平，曲英. 中间包冶金学 [M]. 北京：冶金工业出版社，2001.
[10] 肖兴国，谢蕴国. 冶金反应工程学 [M]. 北京：冶金工业出版社，1997.
[11] 吴迪胜. 化工基础 [M]. 北京：高等教育出版社，1989.
[12] 冯聚和. 氧气顶吹转炉炼钢 [M]. 北京：冶金工业出版社，1995.